西安电子科技大学科技专著出版建设项目

# 海杂波背景下雷达目标自适应检测理论与方法

许述文　水鹏朗　著

西安电子科技大学出版社

## 内 容 简 介

本书探讨海杂波背景下雷达目标自适应检测的理论与方法，书中重点关注了非高斯杂波背景下的自适应类检测方法，梳理并分析了该领域经典方法的设计流程及检测性能。全书由11章组成，主要内容为复合高斯模型海杂波背景下的自适应检测器设计，包括海杂波数学模型建立及参数估计、不同杂波概率分布下检测性能最优与近最优的自适应检测器设计以及不同目标模型下的自适应检测器设计等。

本书可供研究海杂波统计特性、雷达目标检测算法设计、统计信号处理等方向的科技人员阅读和参考，也可作为以上研究方向的研究生的专业课教材。

**图书在版编目(CIP)数据**

海杂波背景下雷达目标自适应检测理论与方法 / 许述文，水鹏朗著. —西安：西安电子科技大学出版社，2023.3

ISBN 978-7-5606-6732-4

Ⅰ. ①海…　Ⅱ. ①许…　②水　Ⅲ. ①雷达目标—目标检测—研究　Ⅳ. ①TN951

中国国家版本馆CIP数据核字(2023)第021629号

策　　划　高　樱
责任编辑　雷鸿俊
出版发行　西安电子科技大学出版社(西安市太白南路2号)
电　　话　(029)88202421　88201467　　邮　　编　710071
网　　址　www.xduph.com　　电子邮箱　xdupfxb001@163.com
经　　销　新华书店
印刷单位　陕西精工印务有限公司
版　　次　2023年3月第1版　2023年3月第1次印刷
开　　本　787毫米×1092毫米　1/16　印张 13
字　　数　239千字
印　　数　1～1000册
定　　价　55.00元

ISBN 978-7-5606-6732-4/TN

**XDUP 7034001-1**

# 前言

雷达作为一种能够对远距离目标进行探测和测距，并能全天时全天候工作的电子系统，已经成为信息化时代不可缺少的设备。通过接收并处理由发射电磁波与物体作用产生的回波信号，雷达能够检测监视区域内存在的感兴趣目标，测量其位置与速度等信息。雷达接收到的回波信号中除感兴趣目标产生的回波外，更常见的是目标所处环境产生的回波，这些通常会影响常规监视雷达工作性能的环境回波被称为杂波。在实际工作中，雷达遇到的杂波可能来自地物、海浪、云雨及人为释放的金属箔等。当杂波功率较高且具有与目标相近的多普勒频移和一定的多普勒带宽时，消除杂波对雷达检测感兴趣目标产生的影响并非一件易事。

我国海岸线长达1.8万千米，海洋国土面积有300多万平方千米，海洋资源非常丰富，因此无论是在军事还是民用方面，对海洋的研究都至关重要。相对于陆地环境，海面环境瞬息万变，海事雷达在照射海面时产生的海杂波相比来自陆地的地杂波更难处理。受雷达分辨率、极化方式、入射角等雷达工作参数和海况、风速、风向等海面环境参数的影响，海杂波的物理组成机理非常复杂，难以用准确的数学模型来描述。因此，海杂波背景下的雷达目标检测问题自雷达应用于目标探测以来，一直是雷达领域关注和研究的重点问题，相关学者和工程师提出了大量的海杂波中雷达目标检测方法。

海杂波背景下雷达目标自适应检测是近三十年来不断发展的一门重要技术，理论内容丰富，在多种雷达体制中均具有广阔的应用前景。随着理论进步和硬件实时处理能力的提升，海杂波中雷达目标自适应检测技术仍处于快速发展的阶段。尽管研究人员已针对海杂波中雷达目标检测问题提出了众多自适应检测方法，但如今仍有许多新颖、高效的方法在不断涌现。对该研究方向感兴趣的读者期望看到一本既能全面、系统地阐述海杂波特性与雷达目标自适应检测理论，又能介绍该领域最新研究成果与方法的专著。因此，基于对系统性和前沿性的追求，本书对海杂波背景下现有的雷达目标自适应检测方法进行了梳理与总结，内容主要集中在复合高斯模型海杂波或海杂波加白噪声背景下的自适应检测器设计方面，包括不同概率分布杂波和不同目标模型下的最优与近最优检测器推导、模型参数估计以及检测性能分析与评价等。

本书共11章，各章内容简介如下：

第1章介绍雷达目标检测的基本含义与特点，回顾雷达目标检测的发展历程以及相参体制雷达中传统的目标检测方法；简单介绍自适应检测方法的基本理论和经典的强海杂波自适应检测方法；介绍检测方法性能分析中常用的公开海杂波数据集。本章讨论的检测理论和常见方法都是后续设计海杂波中目标自适应检测器所需的基础知识。

第2章介绍用于描述海杂波幅度分布特性的瑞利分布、对数正态分布和韦布尔分布等传统的海杂波幅度分布以及目前学术研究中常用的K分布、广义Pareto分布、CG-IG分布和CG-GIG分布等复合高斯海杂波幅度模型。复合高斯模型能够描述海杂波局部功率随空间和时间的变化情况，比传统的瑞利分布更适合高分辨和低擦地角情形下的海杂波幅度建模。本章随后给出用于估计杂波幅度模型中未知参数的矩估计、最大似然估计和分位点估计等参数估计方法，这些方法是复合高斯杂波幅度分布模型能够在雷达实际工作中应用的保证。

第3章讨论海杂波的多普勒谱特性。本章首先介绍海表面的物理结构以及对应的散射机理，在此基础上引出在海杂波多普勒特性分析中常用的三分量散射机制；随后给出一些海杂波平均多普勒谱的模型；最后通过分析实测海杂波数据，展示实际海杂波多普勒谱的形状、谱宽和频移等基本特性，使读者初步认知海杂波多普勒谱，从而为后续内容中与自适应检测器设计以及性能评价有关的仿真实验提供设计思路。

第4章介绍高斯杂波以及复合高斯杂波背景下的广义似然比检测器、自适应匹配滤波检测器和自适应归一化匹配滤波检测器等经典的自适应检测器，这些检测器可以看作是在色噪声背景下最优的匹配滤波器的推广，也是不同杂波和目标模型下各种自适应检测器的基础形式。本章首先推导三种检测器的表达式，随后介绍三种常用的杂波协方差矩阵估计方法，其中提到的自适应检测器设计思路和杂波协方差矩阵结构估计方法，是后续章节中推导不同杂波和目标模型下自适应检测器的基础。

第5章针对不同杂波幅度分布模型推导相应纹理分布下的广义似然比检测器，并在仿真和实测海杂波数据中验证这些检测器的检测性能。当检测器中与杂波特性有关的参数和实际杂波统计特性匹配时，这些匹配杂波纹理分布的检测器在理论上能够取得比不考虑纹理分布检测器更好的检测性能。在几种自适应检测器中，广义Pareto分布杂波下匹配纹理的广义似然比线性门限检测器形式简单。K分布和CG-IG分布杂波下匹配纹理的广义似然比检测器较大的计算量限制了这两种检测器在实际工程中的应用。

第6章主要解决第5章中提到的K分布和CG-IG分布杂波下匹配纹理的广义似然比检测器无法直接在工程中进行应用而需要对检测器形式进行简化的问题。复合高斯杂波模型下的广义似然比自适应检测器可以写作匹配滤波器与依赖数据项的门限相比较的形式，通过对依赖数据项门限函数进行近似可以形成更加简洁的自适应检测器。本章通过使用数据依赖项的功率函数对原检测器中的门限函数进行近似，得到了K分布和CG-IG分布杂波下的$\alpha$-MF检测器，该检测器可以看作是匹配滤波器与归一化匹配滤波器通过调控参数$\alpha$进行融合的形式。$\alpha$-MF检测器在可以快速计算的同时具有与匹配纹理的广义似然比检测器近似的检测性能，因此较好地解决了部分广义似然比检测器形式复杂的问题。

第7章讨论复合高斯杂波加白噪声背景下的自适应检测器设计问题。当杂噪比很低时，接收机热噪声对目标检测的影响无法忽略，在强杂波背景下推导得到的自适应检测器往往会出现检测性能损失或无法保证恒虚警特性。本章首先讨论在复合高斯杂波模型基础上加入噪声分量而提出的等效形状参数的概念与应用，给出不同杂波分布在替换为等效形状参数后对复合高斯杂波加噪声数据的拟合效果以及相应检测器的检测性能，并说明等效形状参数理论的局限性。随后，本章根据检测器融合思想给出一种基于杂噪比加权的自适应检测器，该检测器相比于白噪声或复合高斯分布下推导的检测器在不同信杂比条件下检测性能均有所改善。

第8章讨论子空间目标模型下的检测器设计问题。当雷达分辨率提高从而待检测目标在多普勒维上发生扩展时，根据秩1目标模型推导得到的自适应检测器会因目标模型失配而出现检测性能损失，因而需要使用多秩线性子空间对目标信号进行建模。本章分别讨论在目标多普勒导向矩阵和目标多普勒分量个数已知但具体数值未知，以及多普勒分量个数未知条件下的自适应检测器设计。这些子空间检测器在目标出现多普勒维扩展情形下的检测性能要优于秩1目标模型下的自适应检测器。

第9章在第8章的基础上讨论距离扩展目标模型下的自适应检测器设计问题。在宽带高分辨雷达体制下，目标除了会出现多普勒扩展外，在径向距离上也将占据多个距离单元，从而出现距离扩展。推导不同杂波分布下的距离扩展目标检测器，这些检测器在检测分布式目标时能够取得比点目标检测器更好的检测性能。本章随后考虑目标同时存在距离扩展和多普勒扩展的情况，利用距离扩展以及子空间信号模型进行检测器设计。相比于使用秩1目标模型的距离扩展目标检测器，子空间距离扩展目标检测器能够进一步提高相同参数条件下的检测概率。

第10章讨论用于估计杂波协方差矩阵的辅助数据数量不足时自适应检测器的设计问题。自适应检测器的检测性能很大程度上依赖假设具有与待检测数据相同协方差矩阵结构的辅助数据的数量，但在非均匀杂波环境下很难沿着距离维在待检测单元附近获取足够数量的辅助数据。对于采用对称间隔线性阵列进行空间域处理或对称间隔脉冲串进行时间域处理的雷达系统来说，杂波协方差矩阵会表现出斜对称特性，斜对称特性在理论上能够改善辅助数据不足时检测器的性能。本章考虑杂波散斑协方差矩阵未知但具有斜对称结构的复合高斯杂波背景下点目标信号自适应检测器设计问题，给出三种检验准则下的斜对称自适应检测器。相比于未利用杂波协方差矩阵先验知识的检测器，这些斜对称检测器在辅助数据数量不足时能够取得明显的检测性能改善，间接降低了目标检测对辅助数据数量的需求。

第 11 章讨论极化自适应检测器设计问题。近年来，极化分集技术被广泛用于提高雷达性能，极化雷达能够接收到不同极化方式的回波信号，海杂波和目标信号呈现出的不同极化特性为改善雷达对海探测性能提供了途径。本章首先介绍联合多极化通道回波数据的目标检测问题模型，随后在高斯杂波和复合高斯杂波背景下推导基于极化协方差矩阵先验模型的检测器，这些检测器相比于单通道自适应检测器均能得到不同程度的检测性能改善。

本书是针对多年来国内外学者关于海杂波中雷达目标自适应检测问题提出的理论与方法，以及作者所在西安电子科技大学雷达信号处理国家级重点实验室对海探测课题组多年来研究工作的总结。本书的研究工作得到了国家自然基金(61871303，61201296，62071346)、国家安全重大基础研究计划、装备发展部预先研究计划和预研基金、军科委基础加强等项目的资助。本书由许述文教授和水鹏朗教授执笔完成，许述文教授对全书进行了统稿。书中的一些结果来自本课题组已毕业的刘明、薛健、施赛楠博士和石星宇、封天硕士等的学位论文与研究成果。书稿的校核工作得到了课题组周昊、白晓惠、郝伊凡、何绮、茹宏涛等博士生和硕士生的帮助。本书的完成离不开作者的老师、同行和西安电子科技大学出版社的相关人员以及西安电子科技大学雷达信号处理国家级重点实验室同事们的热心帮助与大力支持，在此一并表示感谢。

实际上，作者所在课题组在复合高斯海杂波中的自适应目标检测问题上取得的研究成果，相比于整个理论与工程体系来说仅是很小的一部分，所做的研究工作难以覆盖该领域的方方面面。由于本学科发展极为迅速，因此很难将所有海杂波中自适应检测问题下的理论研究与工程应用内容完全集成在本书中。在编写本书的过程中，作者深刻体会到要写好一本能够全面反映海杂波中雷达目标自适应检测技术研究进展的科技著作是十分困难的。尽管如此，我们还是以最大努力编写了本书，希望能为从事该领域研究工作的专家学者、工程技术人员以及广大师生提供一本同时具有学术理论深度与工程实践指导的参考书或教学用书。

由于作者学识有限，书中难免存在不足之处，恳请广大读者批评指正。

许述文　水鹏朗<br>2022 年 9 月<br>于古都西安

# 第1章 概 论

以对海监视搜索和警戒雷达为代表的海事雷达在工作过程中会不可避免地受到海杂波的影响，在强海杂波背景下进行目标检测一直是雷达领域研究的重点和难点问题之一。在低分辨雷达中，通常使用高斯分布来描述均匀环境下的海杂波。随着现代雷达分辨率的提高和观察场景的扩大，海杂波常表现出非高斯、非均匀和非平稳特性，复杂多变的海面环境更是增大了海事雷达进行目标检测的难度。

目前，基于海杂波统计模型的自适应检测方法是雷达在强海杂波中快速且有效完成感兴趣目标检测的常用方法，该方法已经发展了几十年并且仍在创新与提高。本章将简单回顾雷达目标检测技术的发展历程，论述各种常见的目标检测方法尤其是自适应检测方法的含义与特点，简单介绍强杂波背景下基础检测方法的应用并对实验分析中常用的实测海杂波数据进行说明，从而为读者理解后续章节中各种杂波与目标模型下的自适应检测方法打下基础。

## 1.1 雷达目标检测概述

### 1.1.1 雷达目标检测的发展历程

雷达的主要用途可以分为检测、跟踪和成像三个方面，而检测感兴趣目标在监视区域内是否存在则是一部雷达基础和核心的功能。在军用雷达诞生以前，世界各国只能依靠人工对非合作方的舰船、飞机等目标进行搜索。由于目视距离有限且会受天气条件的影响，早期利用声响来检测目标的“顺风耳”设备应运而生(如图 1.1 所示)。

1904 年，德国工程师 Christian Hülsmeyer 使用能够发射和接收电磁波的在当时被称作“移动望远镜”的雷达系统成功探测到了河流上的船只。尽管本次试验只检测到了远处的目标而无法测量其距离，但是“移动望远镜”仍然成为首个取得专利的雷达设备[1]。20 世纪

图 1.1 早期用于目标检测的“顺风耳”设备

20 年代至 30 年代，雷达逐渐投入到实际应用中，第二次世界大战爆发带来的军事需求更是加快了雷达技术的发展，各国都开始进行雷达系统的研制工作。美国海军研究实验室的 Taylor 和 Young 在 1922 年使用雷达探测到了建筑和轮船，Hyland 在 1930 年使用雷达偶然地探测到了飞机，但此时的雷达仍无法测量目标的位置和速度。在英国，为满足快速发现敌方飞机等具有攻击性目标的军事需求，由 Watson-Watt 领导的研究团队致力于利用无线电回波信号进行目标检测的科学研究，并于 1935 年设计出具有测距功能的脉冲雷达系统。1938 年，英国建成了如图 1.2 所示的“本土链”雷达预警网。用于探测和跟踪飞机的“本土链”是世界上首部达到实战状态的军事雷达系统，极大地影响了战争的走向。除美国和英国外，德国、法国、意大利和俄国等国家同时期也在进行雷达目标检测研究，一系列装备在不同平台上的预警雷达和火控雷达开始投入使用[2-3]。

图 1.2 著名的“本土链”雷达预警网

二战结束以后，由于各国已经意识到雷达在目标检测上显现出的巨大威力，雷达技术与应用仍保持着高速发展。20世纪40年代，动目标显示(Moving Target Indication，MTI)、单脉冲测角和跟踪以及脉冲压缩技术开始应用在雷达目标检测中；50年代至80年代，稳定性较高的全相参微波雷达逐渐替代了过去使用的非相参体制雷达。为提升检测性能，常规脉冲搜索雷达会在天线波束指向目标时发射多个脉冲，并在后续处理中将这数个脉冲产生的回波累积在一起，以增强微弱的目标信号。在累积过程中，若只利用脉冲的幅度信息而不考虑其相位关系，则对应的累积方式称为非相干累积；若同时利用脉冲的幅度和相位信息，使得相邻的回波信号能够按严格的相位信息同相相加，则对应的累积方式称为相干累积。处理多个累积脉冲对应的时间段称为相干处理间隔(Coherent Processing Interval，CPI)，即对一个CPI内的回波信号进行相干处理。非相参体制雷达只能进行非相干累积，随着全相参雷达的应用，目前大多数雷达都采用相干累积，从而在进行目标检测时能够使用众多的相干检测方法。常见的相干检测方法包括动目标显示、动目标检测(Moving Target Detector，MTD)、空-时自适应处理以及本书论述的自适应类检测方法等。在多数情况下，相干检测方法会取得比非相干检测方法更好的检测性能，但这并不意味着非相干检测失去了实用价值。这是因为非相干检测方法的工程实现相对简单，且在目标回波起伏和相位闪烁会明显破坏相邻回波信号相干性的情况下，非相干检测方法可能会获得更好的检测性能。

20世纪90年代以后，为满足高精度、高可靠性、高分辨力、高抗干扰能力、多目标跟踪能力等要求，大规模集成电路、全固态和相控阵等技术被应用于雷达系统中，雷达开始向数字化、软件化、智能化方向发展。如今，在空中防御、对海监测、航空管制、气象观测、公路测速等诸多军用和民用领域中，雷达目标检测技术都在发挥着重要作用，这使得雷达目标检测成为一项传统但经久不衰且仍具有挑战性的课题。在各种复杂场景下有效检测感兴趣目标，一直是雷达工程师以及相关学者关注和研究的方向。目前，空间高分辨、多普勒高分辨的“双高”体制下的精细化观测是检测各种弱小目标的主要技术途径，许多学者还提出了传统检测理论与机器学习、模式识别等其他学科相融合的目标检测方法，这些新颖的检测方法有时能够突破传统检测瓶颈，进一步提高检测性能。因此，随着理论认知和硬件水平的快速发展，雷达目标检测方法仍具有广阔的发展空间。

### 1.1.2 雷达目标检测的含义与特点

雷达在工作时会不可避免地面临各种各样的干扰信号，雷达目标检测就是指在干扰信号存在并可能影响雷达正常工作的情况下，判断监视区域内是否存在感兴趣的非合作目标，并测量这些目标的距离、速度和方位等信息，这也是雷达信号处理最基本的需求。

由于雷达接收到的回波信号未知且复杂，通常采用统计模型描述和分析回波数据，因此研究雷达目标检测方法需要在统计检测理论下进行。判断目标存在与否这一问题可以使用二元假设检验来描述，判断过程则由检测器来完成。检测器分为检验统计量和检测门限两部分，其中检验统计量由雷达接收到的回波数据计算得到，检测门限根据雷达系统参数和检测需求来设定。目标检测就是将当前时刻雷达回波数据对应的检验统计量同检测门限进行数值比较，若检验统计量小于检测门限，则认为当前回波中不存在目标信号或者仅存在干扰信号；若检验统计量大于检测门限，则认为当前检测区域内存在感兴趣的目标。

显然，这种依赖门限的检测模式存在判决错误的概率。例如，当存在的目标信号较弱而设定的检测门限较高时，计算得到的检验统计量会低于门限，造成“漏判”错误；当无目标信号存在而干扰信号较强时，计算得到的检验统计量有可能超过门限，造成“虚警”错误。在雷达目标检测中通常关注两种情形下的概率：一种是目标存在并且正确检出的概率，称为检测概率(Probability of Detection，PD)；另一种是目标不存在却误认为目标存在的概率，称为虚警概率(Probability of False Alarm，PFA)。我们希望虚警概率尽可能地小而检测概率尽可能地大，但这是矛盾的，因为在相同条件下调整检测器门限使检测概率增大的同时必定会导致虚警概率的增加。由于虚警错误往往会比漏判错误带来更加严重的后果，因此在设计检测方法时最常用的准则是固定虚警概率而尽可能地增大检测概率，该准则被称为 Neyman-Pearson 准则(简称 NP 准则)。从后续章节中可以看到，本书介绍的所有检测方法都是在 NP 准则的基础上进行的。

总的来说，常规雷达目标检测方法设计可以转化为二元假设检验问题下的检测器设计。所设计的检测器需要在保证虚警概率近似不变的同时尽可能地提升检测概率，这就要求检测器能够利用目标与干扰信号的先验知识，感知环境特性并从回波数据中提取有用信息，从而保证复杂环境下各类目标特别是弱小目标的有效检测。

## 1.2 噪声、干扰及杂波

评价雷达目标检测方法性能的优劣在于该方法能否在各种干扰信号中准确判定目标的存在，而了解干扰信号的统计特性是设计和评价众多目标检测方法的前提。根据来源和性质的不同，这些干扰信号通常被划分为噪声、杂波和人为干扰等三种可能会影响目标检测准确性的信号类型。

噪声是一种在各种电子系统中都存在却不带有用信息的信号类型。对于雷达系统，噪声既有从雷达天线进入接收机的外部噪声，又有雷达接收机自身产生的内部热噪声。术语"噪声"在信号处理问题中常代表一切无用信号，但在本书中特指接收机热噪声。理论证明，接收机热噪声的电压值是零均值的高斯随机过程[3]，在目标检测过程中，接收机热噪声总是会伴随着目标信号一同出现，其大小正比于接收机带宽和输入电路电阻部分的绝对温度[4]。在相参雷达接收机中，I、Q 通道中的热噪声相互独立且均为零均值高斯随机过程，每个通道中热噪声的功率谱在雷达系统带宽内的各频点上可以认为是相等的常数，从图像上来看即为一条水平直线，则各噪声样本之间是独立的。因此，在设计检测器时，回波信号中的噪声分量 $\boldsymbol{n}$ 可以建模为加性零均值复白高斯随机向量，记为 $\boldsymbol{n}\sim\mathcal{CN}(0,\boldsymbol{I})$，其中 $\boldsymbol{I}$ 表示单位矩阵，$\mathcal{CN}(0,\boldsymbol{I})$表示零均值、协方差矩阵为 $\boldsymbol{I}$ 的复高斯分布，～表示随机变量服从于某概率分布。

人为干扰在目标检测问题中通常简称为"干扰"。尽管噪声和杂波都会对目标检测造成干扰，但雷达工程师使用"干扰"这个术语时，大部分情况下是指人为活动或者雷达照射到带有干扰目的的非感兴趣目标物体形成的干扰信号。干扰可能是有意的，如在战争中敌方特意向己方雷达系统发射大功率干扰信号，以影响己方雷达的正常工作；干扰也可能是无意的，如两部雷达采用了相近的发射/接收频段，那么双方的发射电磁波都可能会影响对方的信号接收与目标检测。早在二战时期，就已经出现了敌对双方使用辐射源进行无线电干扰的例子，干扰的应用也一直在推动电子对抗和电子反对抗课题的发展。本书内容集中在海杂波背景下的雷达目标检测上，因此不对人为干扰背景下的检测问题作讨论，对干扰信号建模与处理问题感兴趣的读者可以参考与电子战或者雷达对抗有关的专著，如参考文献[5]、[6]等。

下面介绍本书重点关注的杂波信号。杂波是指雷达照射陆地、海洋、气象散射和人造散射体等不感兴趣目标产生的回波，和噪声一样被建模为随机过程，不同的是杂波并非一直是无用信号。例如，合成孔径雷达照射地表进行成像时，地面杂波对雷达而言就是有用的目标回波。但是对于常规的目标检测，杂波一般是无法避免的无用信号，因为来自地面、海洋、云雨等的无用回波会和噪声一样影响雷达从接收回波中发现微弱的感兴趣目标。相比于噪声，杂波对目标检测的影响通常更为严重，这是由于噪声只受天线和接收机的影响，数学模型较为简单，而具有相关性的杂波的功率谱不是一条直线且回波功率一般远大于噪声，其时间特性和空间特性较为复杂，与散射体结构、雷达系统参数和空间几何位置都有关系。不同类型的杂波在幅度分布、时间相关性、空间相关性以及雷达极化特性等回波特征上都会有差异。

地杂波是一种常见且重要的杂波类型，由雷达照射山丘、树林、沙漠或城市建筑等地面产生的后向散射所形成。地杂波是一种面杂波，其特性可以用面反射系数 $\sigma^0$、时间相关性和空间相关性等来刻画。面反射系数 $\sigma^0$ 定义为单位面积上回波对应的平均雷达截面积(Radar Cross Section，RCS)，当雷达分辨单元照射地面的有效散射面积(其大小与雷达到照射中心的距离、雷达距离分辨率、波束宽度和擦地角有关)为 $A$ 时，杂波对应的 RCS 为 $\sigma^0 A$。有效散射面积 $A$ 和反射系数 $\sigma^0$ 越大，雷达接收到的地杂波功率就会越高，有时可以比接收机噪声大 70 dB 以上[7]。当地杂波由照射区域内大量散射单元回波构成，且没有在功率上占据主导的散射体存在时，根据中心极限定理，地杂波的概率分布可以用高斯分布来描述。当照射区域内存在相对较强的点反射单元时，地杂波的起伏特性不再符合高斯分布，需要使用其他的非高斯分布来描述，如使用莱斯分布描述地杂波的幅度分布。

海杂波是另一种非常重要的杂波类型，是本书论述的主题之一。海杂波由雷达照射海表面所产生，其特性极为复杂，雷达工作频率、极化方式、距离和方位分辨率、雷达架设高度、波束照射区域的海况等级、风速风向等雷达参数和环境因素都会改变海杂波的统计特性。在低分辨雷达体制下，由于分辨单元面积较大，各分辨单元对应的海杂波由大量海面散射体回波的向量和构成，并且没有起主导作用的散射体存在，此时可以使用高斯分布来描述低分辨海杂波，其幅度服从瑞利分布，功率服从指数分布。当雷达分辨率提高以及观测擦地角减小时，由于分辨单元面积减小，单个分辨单元内构成杂波的散射体数目减少，此时功率较大的散射体对整个分辨单元对应的海杂波影响变大，各分辨单元之间海杂波的起伏较为明显，整体幅度分布偏离瑞利分布且表现出严重的拖尾现象，海杂波呈现出明显的非高斯特性。此外，对于雷达接收到的大擦地角情形下的海杂波，由于垂直的镜面散射导致分辨单元内都是大功率回波，各散射单元回波功率差异不大，使用高斯分布描述海杂波较为合适。然而，对雷达接收到的来自远处小擦地角情形下的海杂波，分辨单元内回波功率整体变弱，此时大功率散射体的影响将无法忽视，从而低擦地角情形下接收到的海杂波也会表现出非高斯特性。

针对高斯分布海杂波提出的目标检测方法在非高斯海杂波背景下会出现严重的性能损失，为此需要提出新的杂波模型来对海杂波进行建模。根据微波波段的复合散射理论和对实测海杂波数据的分析与总结，有学者提出使用复合高斯模型建模海杂波[8-10]。复合高斯模型是目前国内外使用最广泛的用于建模海杂波的概率模型，该模型基于海杂波的物理形成机理并经过理论分析和实际检验，常应用于雷达高分辨及小擦地角情形下的海杂波建模。在第 2 章中会对复合高斯海杂波模型进行详细介绍。

尽管雷达的检测性能受目标、环境和雷达系统参数等众多因素的影响，但目标信号与噪声或杂波等无用信号的功率比是最终决定各种目标检测方法检测概率的核心参数之一。在强杂波背景下，目标极有可能埋没在杂波信号中，从而导致检测器认为回波数据中不存在感兴趣的目标信号。因此，影响检测器检测概率的不是回波信号的总功率，而是待检测数据中期望信号与无用信号的功率比。当考虑的无用信号为接收机噪声时，该功率比称为信噪比(Signal-to-Noise Ratio，SNR)；当考虑的无用信号为杂波时，该功率比称为信杂比(Signal-to-Clutter Ratio，SCR)。此外，在分析和应用中还常用到杂波与噪声的功率比以及期望信号与杂波加噪声的功率比，分别称为杂噪比(Clutter-to-Noise Ratio，CNR)和信杂噪比(Signal-to-Clutter-plus-Noise Ratio，SCNR)。

下面以信噪比为例说明目标信号与无用信号的功率比是如何影响检测器的检测概率的。考虑在高斯白噪声背景下检测已知幅度的确定性直流信号是否存在的问题，待检测数据为一组长度为 $N$ 的实数据样本 $x[n](n=1, 2, \cdots, N)$，其中 $n$ 代表样本序号。当直流信号不存在时，待检测数据仅由高斯白噪声样本构成，表示为 $x[n]=w[n](n=1, 2, \cdots, N)$，其中独立同分布的白噪声样本 $w[n](n=1, 2, \cdots, N)$ 服从均值为零、方差为 $\sigma^2$ 的高斯分布；当直流信号存在时，待检测数据由幅度记为 $A$ 的直流信号样本与高斯白噪声样本构成，表示为 $x[n]=A+w[n](n=1, 2, \cdots, N)$。该检测问题可以使用二元假设检验描述为

$$\begin{cases} H_0: x[n]=w[n], n=1, 2, \cdots, N \\ H_1: x[n]=A+w[n], n=1, 2, \cdots, N \end{cases} \tag{1.2.1}$$

其中，原假设 $H_0$ 表示待检测数据中不存在直流信号，对立假设 $H_1$ 表示待检测数据中存在直流信号。一个合理的检测方法是计算待检测数据 $x[n]$ 的样本均值，将之作为检验统计量 $\Lambda$ 并与某个检测门限 $\gamma$ 作比较，当检验统计量 $\Lambda$ 大于检测门限 $\gamma$ 时，认为对立假设 $H_1$ 成立；当检验统计量 $\Lambda$ 小于检测门限 $\gamma$ 时，认为原假设 $H_0$ 成立，即

$$\Lambda = \frac{1}{N}\sum_{n=0}^{N-1} x[n] \underset{H_0}{\overset{H_1}{\gtrless}} \gamma \tag{1.2.2}$$

分析原假设 $H_0$ 和对立假设 $H_1$ 下检验统计量 $\Lambda$ 的统计特性，可以得到

$$\begin{cases} E(\Lambda; H_0)=0 \\ E(\Lambda; H_1)=A \\ \mathrm{Var}(\Lambda; H_0)=\dfrac{\sigma^2}{N} \end{cases}$$

其中，$E(\cdot)$表示求随机变量的期望，$\mathrm{Var}(\cdot)$表示求随机变量的方差。在检测器设计问题中，常使用偏转系数 $d^2$ 分析检测器的检测性能，当偏转系数 $d^2$ 增大时检测性能会得到提

升。偏转系数 $d^2$ 的定义为

$$d^2=\frac{(E(\Lambda;\ H_1)-E(\Lambda;\ H_0))^2}{\mathrm{Var}(\Lambda;\ H_0)} \tag{1.2.3}$$

则对于式(1.2.1)给出的检测问题，偏转系数 $d^2$ 为

$$d^2=\frac{NA^2}{\sigma^2} \tag{1.2.4}$$

从式(1.2.4)中可以看出，提高信噪比 $A^2/\sigma^2$ 或增加样本数 $N$ 均能提高式(1.2.2)给出的检测方法的检测性能。这是因为样本数或信噪比的提升增大了待检测数据在 $H_0$ 和 $H_1$ 两种假设下的差异，使检测器能以更大概率给出正确的判决结果。因此，在样本数据有限的情况下，增大信噪比或信杂比是改善检测方法性能的主要途径之一。

在雷达信号处理中，常利用目标信号与噪声或杂波等无用信号在时域或频域上的差异增大信噪比或信杂比。例如，当雷达发射并接收多个脉冲进行相干累积时，由于接收机热噪声被认为是零均值高斯过程且样本之间相互独立，累积后的噪声功率仅为各噪声样本的功率和，而当目标信号在多次采样中起伏不大时，累积后目标信号功率获得的增益远大于噪声。仍以上文中确定性直流信号检测问题为例，并将实信号扩展为复信号，则作为目标信号的确定性直流信号变为 $A\mathrm{e}^{\mathrm{j}\varphi}$，无用噪声信号 $w[n]$变为独立同分布的复高斯白噪声。对待检测数据 $x[n](n=1,\ 2,\ \cdots,\ N)$进行相干累积，得

$$T=\sum_{n=1}^{N}(A\mathrm{e}^{\mathrm{j}\varphi}+w[n])=NA\mathrm{e}^{\mathrm{j}\varphi}+\sum_{n=1}^{N}w[n] \tag{1.2.5}$$

则累积后目标分量的功率变为 $N^2A^2$，噪声分量的功率为 $N$ 个样本功率相加，即

$$P_n=E\left(\left|\sum_{n=1}^{N}w[n]\right|^2\right)=\sum_{n=1}^{N}E(|w[n]|^2)=N\sigma^2 \tag{1.2.6}$$

此时信噪比提高了 $N$ 倍，比值 $NA^2/\sigma^2$ 又称作能噪比[11]。从这里可以看出，式(1.2.2)给出的样本均值检测方法就是在对待检测数据 $x[n]$进行累积，通过对样本求平均消除了待检测数据中噪声分量带来的随机性。事实上，式(1.2.2)给出的检测器即为 NP 准则下的最优检测器。然而在实际应用中，目标信号具有起伏特性，几乎不可能是确定性信号，因此 $N$ 个样本值相干累积对信噪比的改善通常小于 $N$。放弃相位信息仅利用幅度信息的非相干累积对信噪比的改善在$\sqrt{N}$和 $N$ 之间，当脉冲数 $N$ 很大时，信噪比的改善趋近于$\sqrt{N}$。

## 1.3 雷达目标自适应检测的基本方法

在早期的雷达目标检测中，雷达接收机将接收到的回波信号简单处理后就送入视频显

示器，观察显示器的雷达操作员凭借经验判断当前时刻是否出现目标。伴随着理论和硬件的发展，目标的发现不再依赖操作员，而是由雷达系统自动检测并给出判决结果，这就要求雷达在检测环节能处理好感兴趣的目标信号同无用的噪声和杂波信号之间的关系。从信号处理的角度来看，目标检测方法要能够自主适应不同工作环境下噪声以及杂波信号的功率水平，尽可能地压制杂波以提升检测性能。例如，检测器的检测门限可以由当前工作环境下噪声与杂波的功率水平计算得到，其大小应满足无目标出现时纯噪声与杂波数据对应的检验统计量超过门限的概率小于设定的虚警概率，在最大可检测距离处出现特定 RCS 目标时回波数据对应的检验统计量超过门限的概率，达到期望的检测概率。设计目标检测方法的难点在于来自待检测单元附近分辨单元的杂波功率波动范围较大，因此检测器需要计算当前局部杂波的功率水平并实时地调整检测门限，从而保证虚警概率稳定在设定的数值，实现恒虚警率(Constant False Alarm Rate，CFAR)检测。

在海杂波背景下，雷达在时域中的目标自适应检测方法可以分为非相干检测和相干检测。下面简要介绍一些基础和常用的目标自适应检测方法。

### 1.3.1 非相干检测

非相干恒虚警检测实现简单，常用于早期非相参体制雷达，其核心思想是目标能量和周围杂波能量水平的竞争。非相干检测使用待检测单元周围参考窗中的回波数据估计局部杂波功率，随后比较杂波功率与门限因子的乘积和待检测单元功率的大小。当目标信号存在时，待检测数据的功率水平较大；当待检测数据仅存在噪声和杂波时，杂波功率与门限因子的乘积较大。

设计非相干恒虚警检测器主要考虑回波在脉冲维的累积方式、使用参考窗估计杂波功率的方式和门限因子的计算等三方面问题。回波在脉冲维的累积方式有算术平均和几何平均等，其中当目标功率脉冲间起伏不大时，几何平均具有更好的检测性能。使用参考窗估计杂波功率的方式有很多，有单元平均恒虚警[12-13]、选大恒虚警[14]、选小恒虚警[15]和序贯统计类恒虚警[16]等。单元平均恒虚警方法直接使用窗内数据均值作为杂波功率估计值，而回波数据中的异常值会影响杂波功率水平的估计结果，导致检测概率下降或虚警概率上升。为解决这一问题，选大恒虚警先对待检测单元前后窗内数据分别求平均，取两者中的较大值作为杂波功率估计值，选小恒虚警则是取两者中的较小值作为杂波功率估计值。选大恒虚警在杂噪混合环境中可以较好地控制虚警概率，但是参考窗中出现多个目标时，估计得到的杂波功率水平会被抬高，导致无法检出待检测单元中的目标。选小恒虚警可以解决前或后参考窗存在干扰时的目标遮蔽问题，但无法控制整体的虚警概率。序贯统计类恒虚警方法将前后参考窗中的数据按功率进行升序排列，随后选择某一分位点值作为杂波功率的估计值。当回波数据出现异常值时，序贯统计类方法可以很好地避开异常值的影响。

需要注意的是，在高斯海杂波背景下，当雷达系统参数和参考窗的窗长固定时，检测器的门限因子在给定虚警概率下为固定的常数，即在整个海面探测场景中检测器使用的是同一个门限因子。然而，当海杂波表现出非高斯特性时，海杂波的统计特性会随空间发生变化，此时门限因子不再是常数，从而检测器在进行门限判决时使用的门限因子需要随时间和空间变化不断调整。

### 1.3.2 相干检测

相干检测方法是应用于相参体制雷达中对复数据进行相干累积的目标检测方法，处理时域数据时包含动目标显示(MTI)、动目标检测(MTD)和基于杂波协方差矩阵白化的自适应类相干检测等方法。

MTI 方法通过高通滤波器滤除回波信号中位于主杂波区的杂波分量，在滤波后的回波数据中检测目标。MTI 抑制地杂波的效果较好，但海面不断运动的涌浪使得海杂波常具有一定的多普勒带宽和频移，主杂波区可能偏移零频区域。为此可以计算海杂波的带宽和频移，继而设计海杂波背景下的 MTI 滤波器。但是，脉冲累积数少的雷达很难准确计算出海杂波多普勒谱，较低的多普勒分辨率使得运动速度在主杂波区附近的目标很可能被滤除掉。因此，在雷达对海目标检测问题中，MTI 方法可以用于滤除岛礁等静止回波，但在海杂波中检测目标能力有限。

MTD 方法通过一组具有不同中心频率的窄带多普勒滤波器，提取时域回波数据中各频率分量并在频域中划分回波信号。当在每个窄带滤波器对应的频带内检测目标时，该滤波器外的回波信号被抑制。MTD 方法可用于海杂波背景下如直升机和掠海导弹等多种类型的快速运动目标检测，对应的硬件实现水平也较为成熟。MTI 和 MTD 方法均可改善信杂比，但 MTD 方法可以给出目标大致的速度信息，MTI 方法仅能判断目标是否存在，无法给出目标的速度信息。

基于杂波协方差矩阵白化的自适应类目标检测方法(简称自适应检测方法)是指在相参体制雷达中将杂波建模为特定的统计模型，利用广义似然比检验(Generally Likelihood Ratio Test，GLRT)、Rao 检验或 Wald 检验等发展出的一系列匹配杂波统计模型的 NP 准则下最优或近最优检测器。该方法的基本流程图如图 1.3 所示。

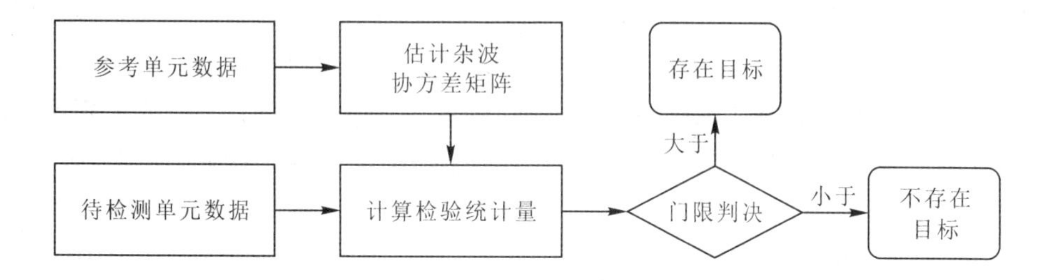


图 1.3 自适应检测方法基本流程图

20 世纪 70 年代，Reed、Mallett 和 Brennan 三位学者提出了一种通常被称为 RMB 检验的自适应检测方法，用于高斯色噪声背景下已知形式信号的检测问题[17-18]。RMB 检验可以表示为标准的色噪声匹配滤波器(Matched Filter，MF)与标量值门限进行比较的形式，因此该方法需要确定色噪声或杂波分量的协方差矩阵，但在实际应用中噪声或杂波项的协方差矩阵是未知的。因此，除了使用待检测数据判断目标是否存在外，自适应检测方法还需要使用一组来自参考单元的辅助数据，用于估计杂波项的协方差矩阵。最简单且常用的协方差矩阵估计方法为样本协方差矩阵(Sample Covariance Matrix，SCM)估计，计算过程为

$$\hat{\boldsymbol{R}} = \frac{1}{K}\sum_{k=1}^{K}\boldsymbol{z}_k\boldsymbol{z}_k^{\mathrm{H}} \tag{1.3.1}$$

其中：$\hat{\boldsymbol{R}}$ 为杂波协方差矩阵估计值；辅助数据 $\boldsymbol{z}_k(k=1, 2, \cdots, K)$来自待检测单元附近的 $K$ 个参考单元，被假定为仅由噪声和杂波等无用信号构成；$(\cdot)^{\mathrm{H}}$ 为共轭转置运算。使用辅助数据进行杂波协方差矩阵估计的处理流程见图 1.3，在 4.4 节中将介绍更多的杂波协方差矩阵估计方法。

20 世纪 80 年代，Kelly 教授将广义似然比检验运用到自适应目标检测中，给出了高斯杂波背景下的 GLRT 检测器[19]。GLRT 检测器使用待检测数据和辅助数据的联合概率密度函数(Probability Density Function，PDF)推导广义似然比，给出了目标信号复幅度以及杂波协方差矩阵的最大似然估计，并且 GLRT 检测器关于杂波协方差矩阵结构是恒虚警的。在此基础上，Robey 等学者仅使用待检测数据 PDF 推导广义似然比检验，将检测器中未知的杂波协方差矩阵通过由辅助数据得到的估计值代替，得到了计算复杂度较低的自适应匹配滤波器(Adaptive Matched Filter，AMF)。AMF 检测器在 RMB 检验的基础上进行了归一化处理，以保证恒虚警性质[20]。

上述工作通常被视为雷达目标自适应检测方法的奠基之作，大多数自适应检测器都可以认为是在 GLRT 检测器或 AMF 检测器的基础上，根据不同需求对检测器形式进行的拓

展，如后续章节将介绍的复合高斯模型海杂波背景下的检测器设计、子空间目标模型和距离扩展目标下的检测器设计等。近几十年来，在强海杂波以及海杂波加噪声背景下的雷达目标自适应检测一直是雷达领域中的热点问题。随着雷达分辨率的提高和观测擦地角的减小，海杂波常表现出非高斯特性，在高斯杂波背景下推导得到的自适应检测器因模型失配，会出现严重的性能损失，因此需要根据海杂波统计特性提出自适应检测新方法。

### 1.3.3 非高斯海杂波中的目标检测方法

复合高斯模型是目前国内外使用最广泛的应用于非高斯海杂波建模的数学模型。在复合高斯模型杂波背景下，Gini 和 Conte 等学者使用基于杂波协方差矩阵白化的自适应检测方法，提出了归一化匹配滤波器(Normalized Matched Filter，NMF)和自适应 NMF 检测器等[21-23]。在不考虑杂波先验分布时，NMF 检测器是复合高斯模型杂波下的渐进最优检测器[24]。

为进一步提高检测器的检测性能，可以将海杂波的一些先验信息融入检测器的设计中，最常见的做法就是推导检测器时考虑海杂波的幅度统计特性。参考文献[25]指出，在复合高斯模型杂波下和目标信号已知时，NP 准则下的最优检测器可以表述为匹配滤波器与依赖数据的检测门限相比较的形式，即

$$\mathrm{Re}\{\boldsymbol{s}^{\mathrm{H}}\boldsymbol{M}^{-1}\boldsymbol{z}\}\underset{H_0}{\overset{H_1}{\gtrless}}f_{\mathrm{opt}}(\boldsymbol{z}^{\mathrm{H}}\boldsymbol{M}^{-1}\boldsymbol{z},\ T)+\frac{1}{2}\boldsymbol{s}^{\mathrm{H}}\boldsymbol{M}^{-1}\boldsymbol{s} \tag{1.3.2}$$

其中：$\boldsymbol{z}$ 表示回波向量；$\boldsymbol{s}$ 表示目标向量；$\boldsymbol{M}$ 表示杂波协方差矩阵结构；$T$ 表示与虚警概率有关的检测门限；$f_{\mathrm{opt}}(\cdot)$表示由杂波特性决定的函数；$\mathrm{Re}\{\cdot\}$为取实部运算。当式(1.3.2)中包含杂波模型参数的 $f_{\mathrm{opt}}(\boldsymbol{z}^{\mathrm{H}}\boldsymbol{M}^{-1}\boldsymbol{z},\ T)$匹配于工作环境下的杂波统计特性时，该检测器即为复合高斯模型下匹配杂波幅度特性的最优相干检测器。在实际应用中，目标复幅度值、海杂波幅度分布和协方差矩阵通常是未知的，因此检测器中的相关参数需要使用估计值来代替。参数的估计误差将导致式(1.3.2)给出的最优检测器检测性能损失，不再满足最优性。

本书重点讨论复合高斯模型海杂波背景下的自适应检测器设计。由于海杂波的统计特性随空间和时间不断变化，检测器中和杂波有关的参数也需要同步更新。在实际应用中，自适应检测器需要感知复合高斯模型海杂波下的幅度统计特性和杂波协方差矩阵的变化情况，自动调整检测门限中的相关参数，实现全场景的恒虚警检测。当推导检测器时使用的概率模型与实际杂波统计特性相匹配时，自适应检测器在理论上能够取得最优的检测性能，如本书第 5 章将介绍的最优 K 检测器、广义似然比线性门限检测器和逆高斯纹理复合

高斯杂波下的最优相干检测器等。

此外，在设计自适应检测器时，需要考虑检测器结构复杂和辅助数据不足导致检测性能严重下降等问题。在理论上检测性能最优的检测器常面临着检验统计量形式复杂、不易工程实现的情况，因此需要适当改变检测器结构，使新检测器易于工程应用的同时仍能保证较好的检测性能。当无法从待检测环境中获取足够多的辅助数据时，自适应检测器会因杂波协方差矩阵估计不准确而产生严重的性能损失，此时需要利用杂波协方差矩阵的先验知识以改善辅助数据数量不足情况下的检测性能。上述这些问题都是自适应检测器在实际工程应用中常面临的问题，本书在后续章节中也将介绍相应的解决方案。

除基于统计检测理论的自适应检测方法外，基于特征的检测方法也是一种在强海杂波背景下检测海面弱小目标的有力手段。高分辨探测雷达在检测海面小目标时需要面对特性复杂的高分辨海杂波和小目标回波，突破临界信杂比检测性能的关键在于对杂波特性的深度认知、精细感知和充分利用。随着观测手段的精细化，背景杂波和目标回波变得极其复杂，以致难以使用统计模型准确描述，于是特征检测方法采用杂波和目标回波的单个或多个差异性特征实现联合检测。特征是用于描述杂波与目标之间差异性的指标，在检测中不必局限于指定特征，而是根据实际环境和雷达设备信息，从雷达回波的幅度、多普勒谱、时频图和极化信息等不同方面进行提取并检测。特征的增多能够更全面地反映目标和杂波的差异性，从而提高目标检测性能。目前国内外学者已将基于海面分形和混沌特征的方法、时频分析方法、人工智能类方法等特征检测方法应用于海杂波背景下的目标检测，取得了大量的研究成果，并且特征检测方法仍具有广阔的发展空间。感兴趣的读者可以阅读参考文献[26]以及文中引用的相关文献。

## 1.4 常用海杂波实测数据集介绍

无论是海杂波统计建模还是检测器性能分析，最终都需要借助雷达实测海杂波数据集进行验证与评估。目前在科学研究中常用的公开海杂波实测数据集有(探测)冰块X波段多参数成像雷达(Ice Multiparameter Imaging X-Band Radar，IPIX)采集的高分辨海杂波数据集和科学与工业研究委员会(Council for Scientific and Industrial Research，CSIR)的Fynmeet雷达采集的X波段高分辨海杂波数据集。本书在后续各章节的有关实验中将利用这两组实测海杂波数据集验证各类检测器的检测性能，因此本节先对这两组数据集进行介绍。

### 1.4.1 IPIX 雷达数据集

IPIX 雷达实测海杂波数据集为加拿大 McMaster 大学的 Haykin 教授所在团队分别于 1993 年和 1998 年利用 IPIX 雷达采集的大量高分辨海杂波数据，该数据集可以在 Haykin 教授团队网站上公开获取。IPIX 雷达可以发射水平极化和垂直极化电磁波，并可以利用两个线性接收器完成水平接收和垂直接收，因此 IPIX 雷达采集数据时通常可以得到 HH、VV、HV 和 VH 等四种不同极化通道下的雷达回波数据。

在该数据集中，于 1993 年和 1998 年两次采集数据时雷达工作地点、数据采集参数和合作目标有一定区别。于 1993 年采集数据时，雷达架设在加拿大东海岸新斯科舍省达特茅斯附近约 30 m 高的悬崖上，雷达朝大西洋海面照射，合作目标是被铝丝包裹的直径为 1 m 的漂浮圆球。雷达工作在驻留模式，工作频率为 9.3 GHz，波束宽度为 0.9°，距离分辨率为 30 m，脉冲重复频率为 1000 Hz，驻留时间约为 131 s，每组数据包含 14 个距离单元。由于雷达以低掠射角照射目标，目标起伏和摆动导致了目标能量扩散，并且在采集数据时进行了距离过采样，因此目标所在距离单元周围的临近单元会受到目标能量的影响，在分析中应被记为受影响单元。1993 年数据中的 10 组数据采集时的风速、浪高和目标所在单元等信息如表 1.1 所示。

表 1.1 IPIX 雷达 1993 年部分数据说明

| 数据名称 | 浪高/m | 风速/(km/h) | 目标所在单元 | 受影响单元 |
|---|---|---|---|---|
| #17 | 2.2 | 9 | 9 | 8, 10, 11 |
| #26 | 1.1 | 9 | 7 | 6, 8 |
| #30 | 0.9 | 19 | 7 | 6, 8 |
| #31 | 0.9 | 19 | 7 | 6, 8, 9 |
| #40 | 1.0 | 9 | 7 | 5, 6, 8 |
| #54 | 0.7 | 20 | 8 | 7, 9, 10 |
| #280 | 1.6 | 10 | 8 | 7, 10 |
| #310 | 0.9 | 33 | 7 | 6, 8, 9 |
| #311 | 0.9 | 33 | 7 | 6, 8, 9 |
| #320 | 0.9 | 28 | 7 | 6, 8, 9 |

IPIX 雷达于 1998 年采集数据时被放置在安大略湖的格里姆斯比镇，雷达架设高度为

20 m，距离分辨率为 30 m，距离上临界采样，脉冲重复频率为 1000 Hz，驻留时间为 60 s，每组数据包含 28 个距离单元，待测目标为漂浮的小船。表 1.2 仅展示了其中两组数据对应的目标所在单元和雷达照射方向等信息。

**表 1.2　IPIX 雷达 1998 年部分数据说明**

| 数据名称 | 距离范围/m | 目标所在单元 | 受影响单元 | 雷达照射方向 |
|---|---|---|---|---|
| ＃202225 | 3201～4011 | 24 | 23，25 | |
| ＃202525 | 3201～4011 | 7 | 6，8 | |

## 1.4.2　Fynmeet 雷达数据集

CSIR 开发的 Fynmeet 雷达系统在 2016 年采集海杂波数据时部署在位于南非南海岸奥弗山试验场的 3 号测量站上，具体位置为南纬 34°36′56.52″、东经 20°17′17.46″，试验场平面图和雷达架设现场分别如图 1.4(a)、(b)所示，试验场测量站的主要特性以及 Fynmeet 雷达系统的部分关键参数分别如表 1.3 和表 1.4 所示。在试验期间，两个气象站分别以 15 min 和 1 h 的间隔记录环境状况，利用波浪浮标以 30 min 为间隔记录最大波浪高度、波浪方向和波浪周期等信息。试验时的合作目标包括刚性充气船、快艇和渔船等不同船只类型，Fynmeet 雷达在记录目标回波数据的同时也采集了不同发射频率、波形、方位角和距离范围下的海杂波数据。

(a) 试验场平面图　　　　(b) 雷达架设现场

图 1.4　Fynmeet 雷达采集数据位置及现场

**表 1.3　奥弗山试验场 3 号测量站的主要特性**

| 参　数 | 数　　值 |
| --- | --- |
| 纬度 | 34°36′55.32″S |
| 经度 | 20°17′20.11″E |
| 地面高度 | 53 m |
| 天线高度 | 56 m |
| 离海距离 | 1.2 km |
| 方位角范围 | 208°～80°N (SSW - ENE) |
| 距离 | (CNR>15 dB)1.25～4.5 km |
| 擦地角 | (<15 km)3°～0.16° |
| | (CNR>15 dB)3°～0.7° |

**表 1.4　Fynmeet 雷达系统部分关键参数**

| 系统组成 | 参数名称 | 参 数 设 置 |
| --- | --- | --- |
| 发射机 | 频率范围 | 6.5～17.5 GHz |
| | 峰值功率 | 2 kW |
| | 脉冲重复频率范围 | 0～30 kHz |
| | 波形 | 固定频率或脉间频率捷变(500 MHz) |
| 天线 | 类型 | 双偏置反射天线 |
| | 增益 | ≥30 dB |
| | 波束宽度 | ≤2°　(3 dB 波束宽度) |
| | 旁瓣 | ≤－25 dB |
| 接收机 | 动态范围 | 60 dB(瞬时)/120 dB(总计) |
| | 灵敏度 | 0.1 $m^2$@10 km |
| | 捕获范围 | 200 m～15 km |
| | 距离门 | 1～64；$\Delta R$＝15 m 或 45 m |
| | 采样器类型 | I/Q 中频采样器 |
| | 编码类型 | 正交编码 |
| | 镜像抑制 | ≤－41 dBc |

Fynmeet雷达在试验期间采集了约156组海杂波数据集，对应时长约为160 min，此外还采集了113组目标回波数据集，对应时长约为127 min，因此在试验过程中Fynmeet雷达共记录了269组数据集，总时长约为287 min。在众多组数据集中，大多数数据为发射频率9 GHz和6.9 GHz以及15 m分辨率对应的海杂波和目标回波。这些在小擦地角以及不同海况下采集到的海杂波数据为研究海杂波各种统计特性提供了重要帮助。例如，数据集CFC16-001为在固定发射频率、脉宽为100 ns、擦地角为1°以及高海况条件下采集获得，其时间-距离强度图以及对应绝对距离为3795.3125 m的第54距离门的时频图分别如图1.5(a)、(b)所示，利用该数据可以分析海杂波在指定参数条件下的面反射系数、幅度分布、时间相关性以及距离相关性等。类似地，Fynmeet雷达数据集中的说明文档给出了每组数据具体对应的雷达系统参数和环境参数，读者在研究过程中可以参考文献[27]中关于该数据集的参数说明与数据分析。

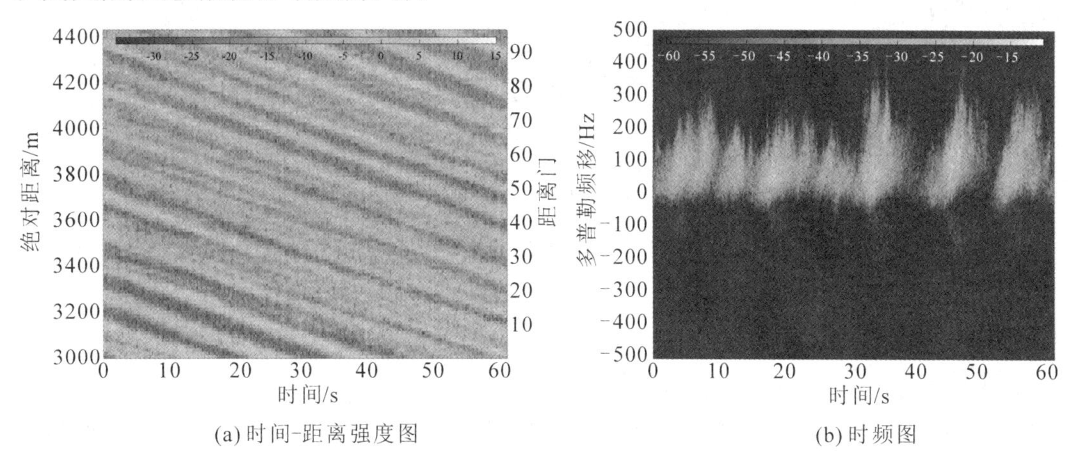


(a) 时间-距离强度图

(b) 时频图

图1.5 数据集CFC16-001的时间-距离强度图与时频图

# 本章小结

在杂波和噪声中进行目标检测是雷达领域中传统但至今仍具有挑战性的问题，一直处于目标环境出题、雷达答题的状态。大量学者和工程师致力于解决以海杂波为代表的复杂杂波背景下雷达目标检测问题并给出了众多检测方法。随着理论的进步和硬件水平的提高，人们对各种方法的检测性能提出了更高的要求。同时，随着雷达观测的精细化，海杂波的统计特性变得更加复杂，在低分辨雷达中取得较好检测效果的检测方法在高分辨雷达中往往存在严重的检测性能损失。在相参体制雷达中，常用的相干检测方法有 MTI、MTD 和基于杂波协方差矩阵白化的自适应检测方法等，这些方法能够改善回波数据中的信杂比从而提升检测概率。

在海杂波背景下，基于杂波统计模型和杂波协方差矩阵白化的自适应检测方法是最常用的目标检测方法之一。当检测器对应的杂波幅度统计模型与工作环境中的杂波幅度特性匹配时，自适应检测器在理论上能够取得最优的检测性能。为满足恒虚警检测，自适应检测器需要感知当前回波中的杂波特性并调整检测器中的有关参数。在各种杂波和目标模型下推导得到的自适应检测器可用于不同平台和功能的雷达设备，并且能取得较好的检测效果。在实验分析和性能评价中，公开的 IPIX 雷达数据集和 Fynmeet 雷达数据集是目前两种常用的实测海杂波数据集。后续章节将基于这些公开数据来对本书介绍的检测器进行描述和验证。

# 参考文献


[1] WILLIS N. Bistatic radar[M]. Raleigh: SciTech Publishing, 2005.

[2] DE MAIO A, GRECO M. Modern radar detection theory[M]. Raleigh: SciTech Publishing, 2015.

[3] RICHARDS M. Fundamentals of radar signal processing[M]. 2nd ed. New York: McGraw-Hill, 2014.

[4] SKOLNIK M. Introduction to radar system[M]. 3rd ed. New York: McGraw-Hill, 2001.

[5] 赵国庆. 雷达对抗原理[M]. 西安：西安电子科技大学出版社，1999.

[6] ADAMY D. EW 101: A first course in electronic warfare[M]. Boston: Artech House, 2001.

[7] 吴顺君，梅晓春. 雷达信号处理和数据处理技术[M]. 北京：电子工业出版社，2008.

[8] WARDK. Compound representation of high resolution sea clutter[J]. Electronics Letters, 1981, 17(16): 561-563.

[9] CONTE E, DE MAIO A, GALDI C. Statistical analysis of real clutter at different range resolutions[J]. IEEE Transactions on Aerospace and Electronic Systems, 2004, 40(3): 903-918.

[10] CARRETERO-MOYA J, GISMERO-MENOYO J, BLANCO-DEL-CAMPO A, et al. Statistical analysis of a high-resolution sea-clutter database[J]. IEEE Transactions on Geoscience and Remote Sensing, 2010, 48(4): 2024 - 2037.

[11] KAY S. Fundamentals of statistical signal processing, detection theory[M]. Upper Saddle River: Prentice Hall PTR, 1998.

[12] AL-HUSSAINI E. Performance of a mean level detector processing M-correlated sweeps[J]. IEEE Transactions on Aerospace and Electronic Systems, 1981, 17(3): 329 - 334.

[13] EL-MASHADE M. M-sweeps detection analysis of cell-averaging CFAR processors in multiple target situations[J]. IEE Proceedings-Radar, Sonarand Navigation, 1994, 141 (2): 103 - 108.

[14] HANSEN V. Constant false-alarm-rate processing in search radars [C]. Computer Science, 1973: 323 - 325.

[15] TRUNK G. Range resolution of targets using automatic detectors [J]. IEEE Transactions on Aerospace and Electronic Systems, 1978, 14(5): 750 - 755.

[16] ROHLING H. Radar CFAR thresholding in clutter and multiple target situations[J]. IEEE Transactions on Aerospace and Electronic Systems, 1983, 19(4): 608 - 621.

[17] BRENNAN L, REED I. Theory of adaptive radar [J]. IEEE Transactions on Aerospace and Electronic Systems, 1973, 9(2): 237 - 252.

[18] REED I, MALLETT J, BRENNAN L. Rapid convergence rate in adaptive arrays[J]. IEEE Transactions on Aerospace and Electronic Systems, 1974, 10(6): 853 - 863.

[19] KELLY J. An adaptive detection algorithm[J]. IEEE Transactions on Aerospace and Electronic Systems, 1986, 22(2): 115 - 127.

[20] ROBEY C, FUHRMANN R, KELLY J, et al. A CFAR adaptive matched filter detector[J]. IEEE Transactions on Aerospace and Electronic Systems, 1992, 28(1): 208 - 216.

[21] GINI F. Sub-optimum coherent radar detection in a mixture of K-distributed and Gaussian clutter[J]. IEE Proceedings-Radar, Sonar and Navigation, 2002, 144(1): 39 - 48.

[22] CONTE E, LOPS M, RICCI G. Asymptotically optimum radar detection in compound-Gaussian clutter[J]. IEEE Transactions on Aerospace and Electronic

Systems, 1995, 31(2): 617-625.

[23] CONTE E, LOPS M, RICCI G. Adaptive detection schemes in compound-Gaussian clutter[J]. IEEE Transactions on Aerospace and Electronic Systems, 1998, 34(4): 1058-1069.

[24] DE MAIO A, CONTE E. Uniformly most powerful invariant detection in spherically invariant random vector distributed clutter[J]. IEE Proceedings-Radar, Sonar and Navigation, 2010, 4(4): 560-563.

[25] SANGSTON J, GINI F, GRECO M, et al. Structures for radar detection in compound Gaussian clutter[J]. IEEE Transactions on Aerospaceand Electronic Systems, 1999, 35(2): 445-458.

[26] 许述文，白晓惠，郭子薰，等. 海杂波背景下雷达目标特征检测方法的现状与展望[J]. 雷达学报，2020，9(4)：684-714.

[27] HERSELMAN P, BAKER C. Analaysis of calibrated sea clutter and boat reflectivity data at C-and X-band in South African coastal waters[C]. IET International Conference on Radar Systems. 2007: 1-5.

# 第2章　海杂波幅度分布模型和参数估计

对于海杂波背景下的目标自适应检测问题，海杂波特性认知与建模是基础，海杂波特性参数精细化感知是关键，匹配于海杂波特性的自适应检测器设计是核心。作为海杂波的主要统计特性之一，海杂波的幅度分布模型和相应的参数估计方法对自适应检测器的检测性能至关重要。在实际应用中，通常需要对当前雷达工作环境中接收到的海杂波数据进行统计分析，选择最合适的杂波幅度分布模型并使自适应检测器中对应的杂波幅度特性与之匹配，而杂波幅度分布的正确选取又依赖准确且稳健的杂波模型参数估计方法。本章将介绍海杂波幅度特性建模中传统的杂波幅度分布和目前最常用的复合高斯模型下的杂波幅度分布，并给出相应的参数估计方法。

## 2.1　传统海杂波幅度分布模型

早期的海杂波幅度分布模型包括瑞利分布、对数正态分布和韦布尔分布等，其中瑞利分布适合描述低分辨雷达接收到的海杂波数据，而对数正态分布和韦布尔分布常用来描述表现出非高斯和幅度重拖尾特性的海杂波。相比于复合高斯杂波模型，这些传统的幅度分布模型仅给出了海杂波的幅度概率密度函数，不能描述海杂波的结构性变化趋势和空间上表现出的相关性。

### 2.1.1　瑞利分布

早期低分辨雷达观测到的海杂波环境较为均匀，各分辨单元对应的海杂波由大量散射体后向散射的向量和叠加构成，分辨单元之间的杂波起伏没有明显差异。根据中心极限定理，来自各分辨单元海杂波 $c$ 的 I、Q 通道分量服从高斯分布，其幅度 $r=|c|$ 服从瑞利分布，即

$$f(r)=\frac{2r}{\tau}\exp\left(-\frac{r^2}{\tau}\right),\quad r>0 \tag{2.1.1}$$

其中，$\tau$ 表示海杂波的平均功率，与海面平均后向散射有关。幅度 $r$ 的一阶矩为 $E(r)=\sqrt{\pi\tau}/2$，二阶矩为 $E(r^2)=\tau$。杂波功率 $z=|c|^2$ 服从指数分布，即

$$f(z)=\frac{1}{\tau}\exp\left(-\frac{z}{\tau}\right),\quad z>0 \tag{2.1.2}$$

功率 $z$ 的一阶矩为 $E(z)=\tau$。杂波平均功率 $\tau$ 分别为 0.5、1 和 2 时，服从瑞利分布的杂波幅度 PDF 曲线如图 2.1 所示。

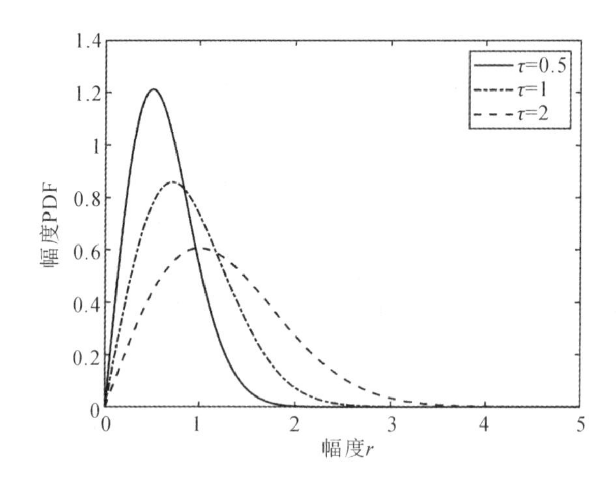


图 2.1　不同平均功率下瑞利分布海杂波幅度 PDF 曲线图

瑞利分布仅适合描述雷达分辨单元远大于涌浪波长时海杂波的幅度分布。当雷达空间分辨率提高时，雷达将能观察到海面大尺度涌浪的起伏结构，此时幅度比平均值较大的杂波占比提高，即海杂波将表现出明显的重拖尾现象，海杂波局部功率将受海面涌浪结构的调制，因此瑞利分布不再适合描述具有结构性变化趋势的海杂波幅度。

### 2.1.2　对数正态分布

相比于瑞利分布，对数正态分布能够更好地描述非高斯海杂波表现出的重拖尾特性。对数正态分布既可以用于建模杂波幅度，也可以用于建模杂波功率[1]。以杂波功率分布为例，当杂波功率 $z$ 的自然对数服从均值为 $\mu$、标准差为 $\sigma$ 的高斯分布时，杂波功率 $z$ 服从对数正态分布，即

$$f(z)=\frac{1}{\sqrt{2\pi\sigma^2}\,z}\exp\left(-\frac{(\ln z-\mu)^2}{2\sigma^2}\right),\quad z>0 \tag{2.1.3}$$

$z$ 的 $k$ 阶原点矩为

$$m_k = E(z^k) = \exp\left(k\mu + \frac{k^2\sigma^2}{2}\right) \tag{2.1.4}$$

因此，用对数正态分布描述杂波功率分布时，杂波平均功率为 $E(z)=\exp(\mu+\sigma^2/2)$。当使用对数正态分布对实测海杂波数据幅度或功率进行拟合时，需要估计对数正态分布中未知的对数均值 $\mu$ 和对数方差 $\sigma^2$，相应的矩估计方法为

$$\begin{cases} \hat{\mu} = \ln m_1 - \dfrac{1}{2}\ln\left(1+\dfrac{m_2}{m_1^2}\right) \\ \hat{\sigma}^2 = \ln\left(1+\dfrac{m_2}{m_1^2}\right) \end{cases} \tag{2.1.5}$$

当对数均值 $\mu$ 和对数方差 $\sigma^2$ 分别变化时，对数正态分布相应的 PDF 曲线如图 2.2 所示。从图中可以看出，具有双参数的对数正态分布能够描述的海杂波幅度或功率分布的动态范围更大，能更好地拟合海杂波的拖尾特性，比瑞利分布更适于描述高分辨和小擦地角条件下海杂波的幅度分布。

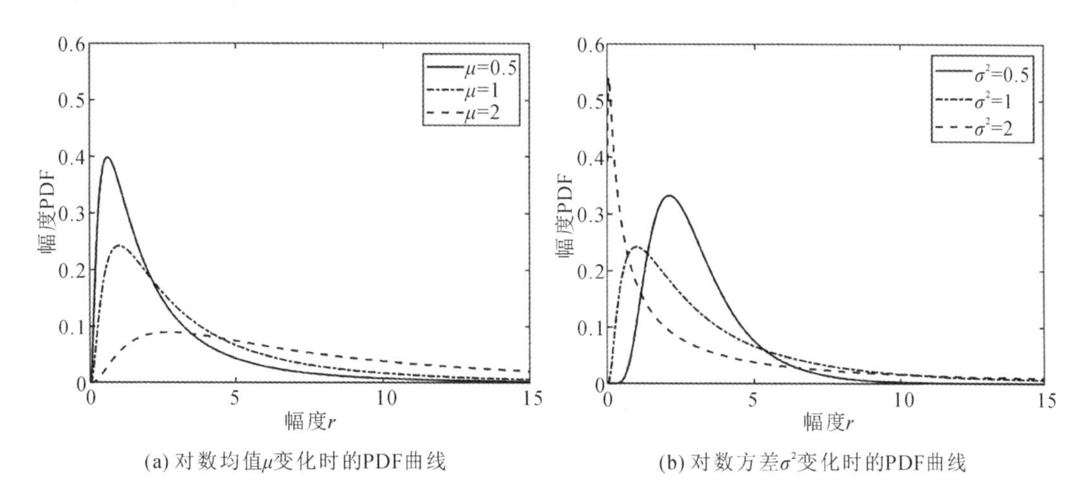


(a) 对数均值μ变化时的PDF曲线　　(b) 对数方差σ²变化时的PDF曲线

图 2.2　双参数变化时的对数正态分布 PDF 曲线图

## 2.1.3 韦布尔分布

韦布尔分布是一种介于瑞利分布与对数正态分布之间的杂波幅度分布模型，该模型能提供较合理的动态范围，广泛应用于地杂波和海杂波的拟合[2]。当海杂波幅度分布被建模为韦布尔分布时，杂波幅度 $r$ 的 PDF 为

$$f(r) = \frac{\nu r^{\nu-1}}{b^\nu}\exp\left(-\left(\frac{r}{b}\right)^\nu\right), \quad r>0 \tag{2.1.6}$$

其中：$\nu$ 称为形状参数，取值范围为(0，2]；$b$ 称为尺度参数。形状参数反映了韦布尔分布的拖尾特性，较小的 $\nu$ 对应杂波幅度分布具有更重的拖尾，而 $\nu=2$ 时韦布尔分布退化为瑞利分布，因此 $\nu>2$ 对杂波幅度分布建模而言通常是没有意义的。当形状参数 $\nu$ 和尺度参数 $b$ 分别变化时，韦布尔分布相应的 PDF 曲线如图 2.3 所示。

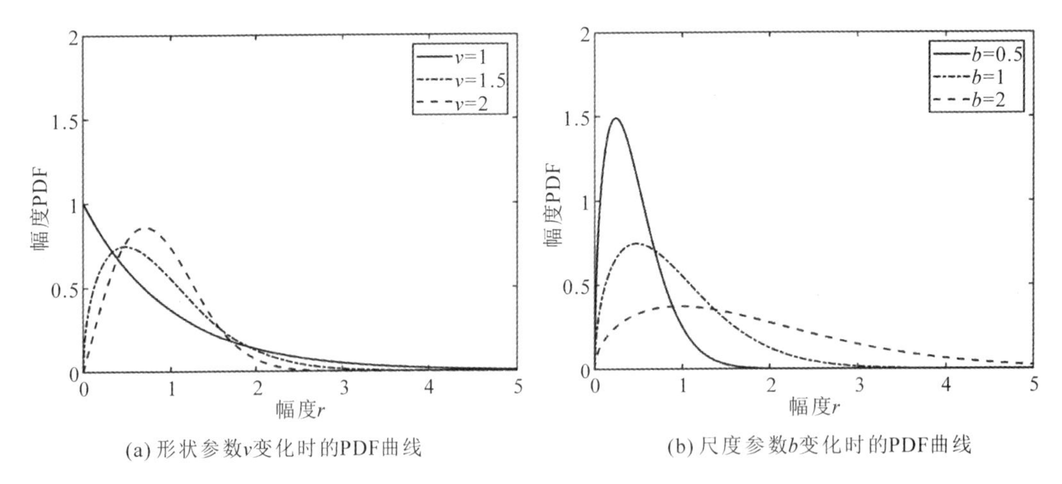


(a) 形状参数v变化时的PDF曲线　　(b) 尺度参数b变化时的PDF曲线

图 2.3　双参数变化时的韦布尔分布曲线

韦布尔分布的 $k$ 阶原点矩为

$$m_k=E(r^k)=b^k\Gamma\left(1+\frac{k}{\nu}\right) \tag{2.1.7}$$

其中 $\Gamma(\cdot)$ 为 Gamma 函数。当使用韦布尔分布对实测海杂波数据幅度进行拟合时，未知形状参数 $\nu$ 和尺度参数 $b$ 的矩估计方法为

$$\begin{cases}\dfrac{\Gamma(1+2/\hat{\nu})}{\Gamma^2(1+1/\hat{\nu})}=\dfrac{m^2}{m_1^2}\\[2ex] \hat{b}=\dfrac{m_1}{\Gamma(1+1/\hat{\nu})}\end{cases} \tag{2.1.8}$$

## 2.2　复合高斯杂波幅度分布模型

随着空间分辨率的提高，雷达能够观察到海面的涌浪结构，此时海杂波的局部功率将受这些海面大尺度涌浪的调制。通过研究散射理论和分析大量实测海杂波数据，有学者提出使用复合高斯模型来描述海杂波的统计特性[3-5]。复合高斯模型是目前使用最广泛的海

杂波模型，可以同时建模海杂波的幅度分布、空间相关性和时间相关性。

复合高斯模型认为每个空间分辨单元中存在一些小尺度散射结构，这些小尺度散射结构形成了快起伏的称为“散斑”的杂波分量。散斑分量具有较短的去相关时间，同时会受到海面上缓慢变化的大尺度涌浪结构的调制，使得各分辨单元对应的局部功率在不断变化。在复合高斯模型中，用于调制散斑分量以反映局部功率变化的杂波分量称为“纹理”。因此，复合高斯模型将非高斯海杂波分解为快速去相关的散斑分量和代表局部功率并且缓慢变化的纹理分量。

对于单个 CPI 内包含 $N$ 个相干累积脉冲的海杂波数据 $\boldsymbol{c}=[c(1), c(2), \cdots, c(N)]^{\mathrm{T}}$，复合高斯模型杂波的散斑分量 $\boldsymbol{u}$ 为零均值、协方差矩阵为 $\boldsymbol{M}$ 的复高斯随机向量，纹理分量 $\tau$ 为服从特定分布的随机变量。由于纹理分量具有较长的相关时间，在单个 CPI 内 $\tau$ 可以认为是不变的随机常数，此时复合高斯模型可以用球不变随机向量(Spherically Invariant Random Vector, SIRV)来表述，即

$$\boldsymbol{c}=\sqrt{\tau}\boldsymbol{u} \tag{2.2.1}$$

当纹理分量 $\tau$ 的 PDF 为 $p(\tau)$时，杂波向量 $\boldsymbol{c}$ 的联合 PDF 为

$$p(\boldsymbol{c}) = \int_0^{\infty} \frac{1}{\pi^N |\boldsymbol{M}| \tau^N} \exp\left(-\frac{\boldsymbol{c}^{\mathrm{H}}\boldsymbol{M}^{-1}\boldsymbol{c}}{\tau}\right) p(\tau)\mathrm{d}\tau \tag{2.2.2}$$

给定纹理分量 $\tau$ 时，杂波幅度 $r$ 的条件 PDF 为

$$f(r|\tau)=\frac{2r}{\tau}\exp\left(-\frac{r^2}{\tau}\right) \tag{2.2.3}$$

则杂波幅度 $r$ 的 PDF 由积分

$$f(r) = \int_0^{\infty} f(r \mid \tau) p(\tau)\mathrm{d}\tau \tag{2.2.4}$$

给出。纹理分量 $\tau$ 服从不同的概率分布时，复合高斯模型杂波具体的幅度分布就不同。通过对实测海杂波数据进行拟合，目前学术研究和工程应用中常见的纹理分量概率分布有 Gamma 分布、逆 Gamma 分布和逆高斯分布等三种概率分布，分别对应 K 分布、广义 Pareto 分布和逆高斯纹理复合高斯分布(下文简记为 CG-IG 分布)等三种杂波幅度分布模型[6-9]。文献[10]尝试令纹理分量 $\tau$ 服从广义逆高斯分布以统一上述三种幅度分布模型，得到了广义逆高斯纹理复合高斯分布(下文简记为 CG-GIG 分布)并取得了较好的拟合效果。下面分别介绍这些复合高斯杂波模型下的幅度分布模型。

### 2.2.1　K 分布

K 分布是由 Jakeman 和 Pusey 于 1976 年首次引入到海杂波幅度分布建模中的一种双

参数模型，随后 Ward 通过分析实验数据讨论了海杂波幅度的复合特性，并通过海杂波的复合性同样给出了 K 分布。当纹理分量 $\tau$ 服从形状参数为 $\nu$、尺度参数为 $b$ 的 Gamma 分布，即

$$p(\tau)=\frac{\nu^{\nu}}{\Gamma(\nu)b^{\nu}}\tau^{\nu-1}\exp\left(-\frac{\nu}{b}\tau\right) \tag{2.2.5}$$

时，复合高斯模型杂波的幅度分布为 K 分布，由式(2.2.4)可得杂波幅度 $r$ 的 PDF 为

$$f(r)=\int_0^{+\infty}p(r\mid\tau)p(\tau)\mathrm{d}\tau=\frac{4(\nu/b)^{\frac{\nu+1}{2}}r^{\nu}}{\Gamma(\nu)}K_{\nu-1}\left(\frac{2r}{\sqrt{b/\nu}}\right) \tag{2.2.6}$$

其中，$K_{\nu}(\cdot)$为第二类 $\nu$ 阶修正 Bessel 函数。根据 K 分布的 PDF，可得杂波幅度 $r$ 的 $k$ 阶矩为

$$m_k=\frac{\Gamma(k/2+1)\Gamma(k/2+\nu)}{\Gamma(\nu)}(b/\nu)^{k/2} \tag{2.2.7}$$

则 K 分布杂波幅度 $r$ 的二阶矩 $m_2=b$ 表示杂波平均功率，即 K 分布中尺度参数 $b$ 反映了杂波的平均功率，而形状参数 $\nu$ 反映了杂波幅度的拖尾特性。在单位功率(即尺度参数 $b=1$)条件下，不同形状参数对应的 K 分布 PDF 曲线如图 2.4 所示。从图中可以看出，形状参数 $\nu$ 越小，杂波幅度分布的拖尾越重。

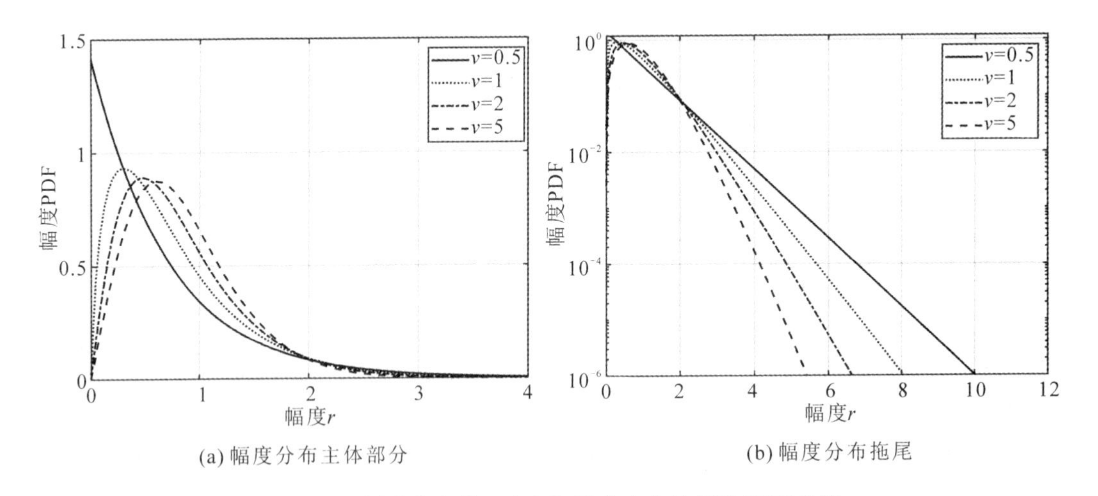


(a) 幅度分布主体部分　　(b) 幅度分布拖尾

图 2.4　不同形状参数 $\nu$ 对应的 K 分布杂波幅度 PDF 曲线

K 分布是最早提出的复合高斯杂波幅度分布模型，相比于对数正态分布和韦布尔分布等纯数学模型，K 分布既有散射理论的支撑，又通过了实测海杂波数据的验证，因此是早期使用非常广泛的海杂波幅度分布模型。然而，随着雷达分辨率的进一步提高以及工作环境的多样化，K 分布也存在对实测海杂波数据拟合效果不佳的情形。相关学者考虑在复合高斯模型的基础上使用新纹理分布对应的幅度分布拟合实测杂波数据，如接下来介绍的逆 Gamma 纹理与逆高斯纹理等对应的杂波幅度分布模型。

### 2.2.2　广义 Pareto 分布

当复合高斯模型杂波中的纹理分量 $\tau$ 服从形状参数为 $\nu$、尺度参数为 $b$ 的逆 Gamma 分布，即

$$p(\tau)=\frac{1}{\Gamma(\nu)b^{\nu}}\tau^{-(\nu+1)}\exp\left(-\frac{1}{b\tau}\right) \tag{2.2.8}$$

时，杂波幅度分布为学生 t 分布。由式(2.2.4)可得杂波幅度 $r$ 的 PDF 为

$$f(r)=\frac{2r\nu b}{(1+br^2)^{\nu+1}} \tag{2.2.9}$$

相应的杂波功率 $z=|r|^2$ 服从广义 Pareto 分布，即

$$f(z)=\frac{\nu b}{(1+bz)^{\nu+1}} \tag{2.2.10}$$

杂波功率 $z$ 的 $k$ 阶矩为

$$m_k=\frac{\Gamma(k+1)\Gamma(\nu-k)}{\Gamma(\nu)}b^{-k} \tag{2.2.11}$$

则杂波平均功率为 $m_1=\dfrac{b^{-1}}{\nu-1}$。本书在后续内容中使用广义 Pareto 分布指代纹理分布为逆 Gamma 分布时的复合高斯杂波幅度分布模型。在单位功率条件下，不同形状参数对应的广义 Pareto 分布杂波幅度 PDF 曲线如图 2.5 所示。从图中可以看出，形状参数 $\nu$ 越小，杂波幅度分布的拖尾越重。

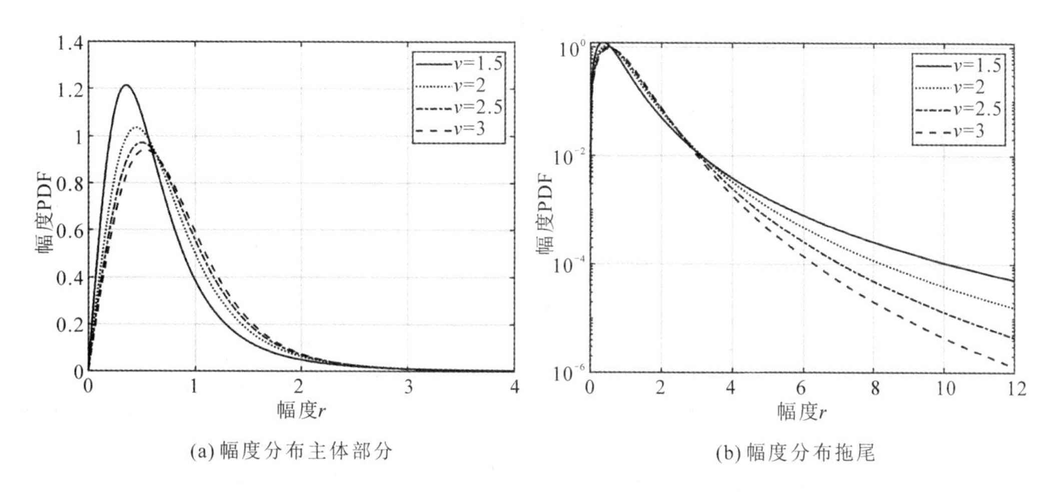


图 2.5　不同形状参数 $\nu$ 对应的广义 Pareto 分布杂波幅度 PDF 曲线

值得注意的是，当形状参数 $\nu<1$ 时，杂波平均功率将为负数，因此在应用广义 Pareto 分布时应保证形状参数 $\nu>1$。相比于 K 分布，广义 Pareto 分布形式更加简单，易于工程应用。此外，广义 Pareto 分布更适合描述具有重拖尾特性的海杂波幅度分布，因此对于高分辨海杂波数据通常能获得比 K 分布更好的拟合效果。

### 2.2.3 CG-IG 分布

当复合高斯模型杂波中的纹理分量 $\tau$ 服从形状参数为 $\nu$、尺度参数为 $b$ 的逆高斯分布，即

$$p(\tau)=\sqrt{\frac{\nu b}{2\pi\tau^3}}\exp\left(-\frac{\nu b\tau}{2}\left(\frac{1}{b}-\frac{1}{\tau}\right)^2\right) \tag{2.2.12}$$

时，杂波幅度分布为 CG-IG 分布。由式(2.2.4)可得杂波幅度 $r$ 的 PDF 为

$$f(r)=\frac{2\mathrm{e}^{\nu}r}{\nu b}\left(1+\frac{2r^2}{\nu b}\right)^{-3/2}\left(1+\nu\sqrt{1+\frac{2r^2}{\nu b}}\right)\exp\left(-\nu\sqrt{1+\frac{2r^2}{\nu b}}\right) \tag{2.2.13}$$

杂波幅度 $r$ 的 $k$ 阶矩为

$$m_k=b^{k/2}\mathrm{e}^{\nu}\sqrt{\frac{2\nu}{\pi}}\Gamma\left(1+\frac{k}{2}\right)K_{(k-1)/2}(\nu) \tag{2.2.14}$$

则 CG-IG 分布杂波幅度 $r$ 的二阶矩 $m_2=b$ 表示杂波平均功率。与 K 分布类似，CG-IG 分布中尺度参数 $b$ 反映了杂波的平均功率，而形状参数 $\nu$ 反映杂波幅度的拖尾特性。在单位功率(即尺度参数 $b=1$)条件下，不同形状参数对应的 CG-IG 分布 PDF 曲线如图 2.6 所示。从图中可以看出，形状参数 $\nu$ 越小，杂波幅度分布的拖尾越重。

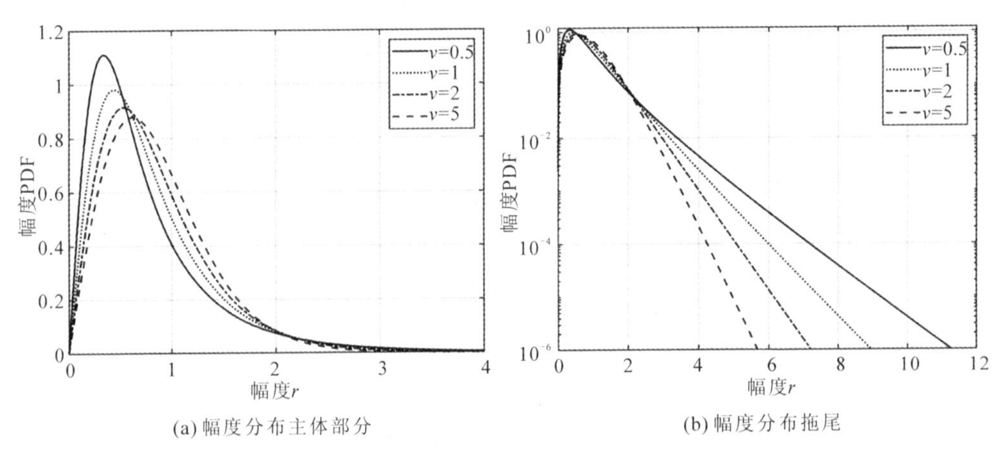


(a) 幅度分布主体部分　　(b) 幅度分布拖尾

图 2.6　不同形状参数 $\nu$ 对应的 CG-IG 分布杂波幅度 PDF 曲线

实际上，K 分布和 CG-IG 分布在幅度拖尾特性上有相似之处，从图 2.4 和图 2.6 中可以看出，当幅度 PDF 曲线图的纵坐标为对数形式时，K 分布和 CG-IG 分布的拖尾部分是一条直线。当杂波幅度 $r\to\infty$时，可以得到 K 分布和 CG-IG 分布拖尾的渐进衰减指数分别为 $\rho_{\mathrm{K}}=2\sqrt{\nu_{\mathrm{K}}}$ 和 $\rho_{\mathrm{CG\text{-}IG}}=\sqrt{2\nu_{\mathrm{CG\text{-}IG}}}$，而广义 Pareto 分布拖尾的衰减指数表现为幂函数形式，因此图 2.5 中广义 Pareto 分布的拖尾与 K 分布和 CG-IG 分布的拖尾有所不同。

### 2.2.4　CG-GIG 分布

在海杂波幅度分布建模中，2.2.1～2.2.3 节介绍的 K 分布、广义 Pareto 分布和 CG-IG 分布是最常使用的三种复合高斯杂波幅度分布模型。但是在实际海洋环境中，海杂波统计特性复杂多变，随着雷达观测场景的不断扩大，单独一种幅度分布有时并不能很好描述全场景海杂波的幅度特性。在概率论和统计学中，广义逆高斯分布是三参数的连续概率分布，通过变换概率分布中的参数形式，广义逆高斯分布可以变换为 Gamma 分布、逆 Gamma 分布和逆高斯分布等[11-12]。巧合的是，这三种概率分布正好是上述三种广泛使用的杂波幅度分布对应的纹理分布。

为得到一种在理论上具有更大动态范围的杂波幅度分布模型，本小节令复合高斯模型杂波中的纹理分量 $\tau$ 服从广义逆高斯分布，相应的 PDF 为

$$p(\tau)=\frac{(a/b)^{p/2}}{2K_p(\sqrt{ab})}\tau^{p-1}\exp\left(-\frac{a\tau+b\tau^{-1}}{2}\right)\tag{2.2.15}$$

其中：参数 $a>0$；$b>0$；$p\in\mathbb{R}$，$\mathbb{R}$ 表示实数域。对于式(2.2.15)给出的广义逆高斯分布 PDF，当 $b=0$ 时，利用第二类修正 Bessel 函数的近似表达式

$$K_p(x)\simeq\Gamma(p)2^{p-1}x^{-p},\quad x\to 0,\ p>0\tag{2.2.16}$$

得

$$p(\tau)=\frac{a^p}{2^p\Gamma(p)}\tau^{p-1}\exp\left(-\frac{a\tau}{2}\right)\tag{2.2.17}$$

令 $a=2\nu/b$，$p=\nu$，可得式(2.2.5)给出的 Gamma 分布 PDF。类似地，当 $a=0$ 时，可得式(2.2.8)给出的逆 Gamma 分布 PDF。当 $p=-1/2$ 时，第二类修正 Bessel 函数可以表示为

$$K_{-1/2}(x)=\sqrt{\frac{\pi}{2x}}\mathrm{e}^{-x}\tag{2.2.18}$$

利用式(2.2.17)并令 $a=\nu/b$，$b=\nu b$，可得式(2.2.12)给出的逆高斯分布 PDF。

通过调整概率分布的参数形式，广义逆高斯分布的三种特殊情形恰好是目前广泛应用于杂波幅度分布建模的三种纹理分布。从理论上来说，广义逆高斯分布纹理对应的复合高

斯杂波幅度分布在海杂波数据幅度分布拟合上具有更广泛的适用范围。

当复合高斯模型杂波中的纹理分量 $\tau$ 服从式(2.2.15)给出的广义逆高斯分布时，杂波幅度分布为 CG-GIG 分布。由式(2.2.4)可得杂波幅度 $r$ 的 PDF 为

$$f(r)=\frac{2r\sqrt{a}b^{-p/2}}{K_p(\sqrt{ab})}(2r^2+b)^{\frac{p-1}{2}}K_{p-1}(\sqrt{a(2r^2+b)}) \tag{2.2.19}$$

杂波幅度 $r$ 的 $k$ 阶矩为

$$m_k=\Gamma\left(\frac{k}{2}+1\right)\left(\frac{b}{a}\right)^{\frac{k}{4}}\frac{K_{p+k/2}(\sqrt{ab})}{K_p(\sqrt{ab})} \tag{2.2.20}$$

则 CG-GIG 分布杂波幅度 $r$ 的二阶矩，即杂波平均功率为

$$m_2=\left(\frac{b}{a}\right)^{\frac{1}{2}}\frac{K_{p+1}(\sqrt{ab})}{K_p(\sqrt{ab})} \tag{2.2.21}$$

尽管三参数的 CG-GIG 分布在理论上具有对杂波幅度分布拟合更好的普适性，但未知参数个数的增加会加大杂波数据拟合时参数估计的难度。此外，相比于分为形状参数和尺度参数的双参数杂波幅度分布，CG-GIG 分布的杂波幅度拖尾特性和杂波平均功率需要使用两个或三个未知参数来描述，这意味在进行杂波数据拟合时未知参数间存在耦合的情况。

## 2.3 杂波幅度分布的参数估计

在得到不同纹理分布下的复合高斯海杂波幅度分布模型后，在实际应用中需要利用实测海杂波数据样本对幅度分布中的未知参数进行估计，将估计值代入后续用于目标检测的自适应检测器中，参数估计方法的准确性和稳健性将影响自适应检测器的检测性能。目前在复合高斯杂波模型下常用的参数估计方法有矩估计、最大似然估计和分位点估计等方法，其中部分方法在易于工程实现的同时具有较好的稳健性，已广泛应用于实际对海目标检测中。

### 2.3.1 矩估计

矩估计方法是简单和常用的参数估计方法，当杂波数据样本充足且无异常杂波功率样本时，矩估计能取得较好的估计性能。矩估计方法使用杂波数据计算样本矩并替换总体矩，在得到一组关于杂波幅度分布中未知参数的方程后，通过解方程得到未知参数的估计值。矩估计方法可以使用不同阶数的样本原点矩计算未知参数，对于同一组杂波数据，使用不

同阶样本矩的矩估计方法估计性能也不同。

对于K分布杂波幅度模型下形状参数$\nu$和尺度参数$b$的估计，最简单和工程可实现的矩估计方法为使用式(2.2.7)给出的幅度$r$的二阶和四阶矩表达式，即

$$\begin{cases}\nu=\left(\dfrac{m_4}{2m_2^2}-1\right)^{-1}\\ b=m_2\end{cases}\tag{2.3.1}$$

使用二阶和四阶样本矩$\hat{m}_2$和$\hat{m}_4$代替式(2.3.1)中的总体矩，可得形状参数估计值$\hat{\nu}$和尺度参数估计值$\hat{b}$。然而，对于异常样本较多的海杂波数据，使用高阶矩估计方法带来的误差通常较大。分数阶矩估计方法在直接使用原点矩的基础上进行了改进，相比于二、四阶矩估计方法可以提升估计性能[13-14]。K分布杂波下的分数阶矩方法为

$$\begin{cases}\hat{\nu}=\dfrac{p(p+2)\hat{m}_p\hat{m}_2}{4\hat{m}_{p+2}-2(p+2)\hat{m}_p\hat{m}_2}\\ \hat{b}=\hat{m}_2\end{cases}\tag{2.3.2}$$

其中，$p$为矩的阶数。除二、四阶矩估计和分数阶矩估计方法外，对数阶矩估计也是一种常见的参数估计方法[15-16]。对于一组杂波幅度样本$\{r_n, n=1, 2, \cdots, N\}$，K分布杂波下的对数阶矩估计表达式为

$$\begin{cases}\hat{\nu}=\left[\dfrac{1}{2N\hat{b}}\displaystyle\sum_{n=1}^{N}r_n^2\ln(r_n)-\dfrac{1}{2N}\sum_{n=1}^{N}\ln(r_n)-1\right]^{-1}\\ \hat{b}=\dfrac{1}{N}\displaystyle\sum_{n=1}^{N}r_n^2\end{cases}\tag{2.3.3}$$

需要注意的是，当杂波形状参数$\nu$趋于无穷大，即杂波趋于高斯分布时，基于样本矩的估计方法可能给出负的形状参数估计值，此时的估计结果是没有意义的。

类似于K分布杂波参数的矩估计方法，广义Pareto分布杂波幅度$r$的$k$阶原点矩为

$$m_k=\frac{\Gamma(k/2+1)\Gamma(\nu-k/2)}{\Gamma(\nu)}b^{-k/2}\tag{2.3.4}$$

注意到式(2.3.2)中$k$阶矩存在条件为$\nu>k/2$，则使用二、四阶矩估计方法时要求$\nu>2$，相应的参数估计表达式为

$$\begin{cases}\hat{\nu}=\dfrac{2\hat{m}_4-2\hat{m}_2^2}{\hat{m}_4-2\hat{m}_2^2}\\ \hat{b}=\dfrac{1}{(\hat{\nu}-1)\hat{m}_2}\end{cases}\tag{2.3.5}$$

显然，整数阶矩估计不适用于广义 Pareto 分布杂波形状参数数值较小的情况。分数阶矩估计方法使用杂波样本的一阶矩 $\hat{m}_1$ 和二分之一阶矩 $\hat{m}_{1/2}$ 进行参数估计，相应的表达式为[7]

$$\begin{cases}\hat{m}_1=\dfrac{\Gamma(1.5)\Gamma(\nu-0.5)}{\Gamma(\nu)}b^{-1/2}\\[2ex]\hat{m}_{1/2}=\dfrac{\Gamma(1.25)\Gamma(\nu-0.25)}{\Gamma(\nu)}b^{-1/4}\end{cases}\tag{2.3.6}$$

该方法要求 $\nu>1/2$。式(2.3.6)为形状参数估计值 $\hat{\nu}$ 和两种样本矩的隐函数，无法直接显式求解，因此形状参数估计值 $\hat{\nu}$ 的计算需要通过查表法实现。除整数阶矩估计和分数阶矩估计外，广义 Pareto 分布杂波下的对数阶矩估计表达式为

$$\begin{cases}\hat{\nu}=\dfrac{E(z\ln z)-E(\ln z)\hat{m}_1(z)}{E(z\ln z)-E(\ln z)\hat{m}_1(z)-\hat{m}_1(z)}\\[2ex]\hat{b}=\dfrac{1}{(\hat{\nu}-1)\hat{m}_1(z)}\end{cases}\tag{2.3.7}$$

其中，$z$ 表示杂波功率样本，$\hat{m}_1(z)$ 为杂波功率样本均值。

CG-IG 分布杂波幅度 $r$ 的 $k$ 阶原点矩为式(2.2.14)，由于表达式中存在第二类修正 Bessel 函数，因此并非任意阶矩估计都能得到参数估计值的解析表达式。使用二、四阶矩估计计算 CG-IG 分布杂波形状参数 $\nu$ 和尺度参数 $b$ 的估计值对应的表达式为

$$\begin{cases}\hat{\nu}=\left(\dfrac{\hat{m}_4}{2\hat{m}_2^2}-1\right)^{-1}\\[2ex]\hat{b}=\hat{m}_2\end{cases}\tag{2.3.8}$$

同样地，CG-IG 分布杂波下的高阶样本矩估计方法在杂波样本较少或非高斯特性较强时估计误差较大。相比于二、四阶矩估计，利用杂波一阶和二阶样本矩的低阶矩估计能够改善矩估计方法的估计性能[17]。CG-IG 分布杂波幅度 $r$ 的一阶矩为

$$m_1=\sqrt{\frac{b\nu}{2}}\mathrm{e}^{\nu}K_0(\nu)=f(\nu,\ b)\tag{2.3.9}$$

当代表杂波平均功率的尺度参数 $b$ 固定时，可以证明函数 $f(\nu,\ b)$ 关于形状参数 $\nu$ 是单调递减的，则形状参数 $\nu$ 可以由幅度 $r$ 的一阶样本矩 $\hat{m}_1$ 确定。一、二阶矩估计方法通过杂波幅度 $r$ 的二阶样本矩 $\hat{m}_2$ 得到尺度参数估计值 $\hat{b}$，随后对杂波样本进行功率归一化，最后通过查表法获得形状参数估计值 $\hat{\nu}$。

### 2.3.2 最大似然估计方法

本小节介绍最大似然估计方法在复合高斯模型杂波未知参数估计中的应用。最大似然估计方法通过最大化杂波样本的联合概率函数(或称样本的似然函数)得到未知参数的估计值。参考文献[18]中指出，在给定样本及概率函数且没有可用的先验信息时，最大似然估计在理论上可以取得最优的估计性能。

设杂波幅度的概率密度函数为 $f(r;\theta)$，其中 $\theta\in\Theta$ 是单个未知参数或几个未知参数组成的参数向量，$\Theta$ 为参数空间。对于一组独立同分布的杂波幅度样本 $\{r_n, n=1, 2, \cdots, N\}$，样本的联合概率密度函数为

$$L(\theta; r_1, r_2, \cdots, r_N)=f(r_1;\theta)f(r_2;\theta)\cdots f(r_N;\theta) \tag{2.3.10}$$

其中，$L(\theta; r_1, r_2, \cdots, r_N)$ 可以看成是 $\theta$ 的函数，简记为 $L(\theta)$。$L(\theta)$ 称为样本的似然函数，未知参数 $\theta$ 的最大似然估计值 $\hat{\theta}$ 满足

$$L(\hat{\theta})=\max_{\theta\in\Theta} L(\theta) \tag{2.3.11}$$

由于 $\ln x$ 是 $x$ 的单调增函数，使对数似然函数 $\ln L(\theta)$ 达到最大与使 $L(\theta)$ 达到最大是等价的。对数函数能将乘积运算转化成加法运算，因此更常使用 $\ln L(\theta)$ 来得到未知参数 $\theta$ 的最大似然估计值[19]。当 $L(\theta)$ 是可微函数时，求导是求最大似然估计最常用的方法，即令

$$\frac{\partial}{\partial\theta}\sum_{n=1}^{N}\ln f(r_n;\theta)=0 \tag{2.3.12}$$

在 K 分布杂波下，幅度 $r$ 的 PDF 为式(2.2.6)，则对数似然函数 $\ln L(\theta)$ 为

$$\ln L(\theta)=\nu\sum_{n=1}^{N}\ln r_n+\sum_{n=1}^{N}K_{\nu-1}\left(\frac{2r_n}{\sqrt{b/\nu}}\right)+N\left(\ln 4-\ln\Gamma(\nu)+\frac{\nu+1}{2}\ln\nu-\frac{\nu+1}{2}\ln b\right) \tag{2.3.13}$$

令式(2.3.13)关于形状参数 $\nu$ 和尺度参数 $b$ 的偏导数分别为零，即

$$\begin{cases}\dfrac{\partial}{\partial\nu}\ln L(\theta)=\displaystyle\sum_{n=1}^{N}\ln r_n+\sum_{n=1}^{N}\frac{\partial}{\partial\nu}K_{\nu-1}\left(\frac{2r_n}{\sqrt{b/\nu}}\right)+N\left(\frac{\ln\nu/b}{2}+\frac{\nu+1}{2\nu}-\frac{\partial}{\partial\nu}\ln\Gamma(\nu)\right)=0\\ \dfrac{\partial}{\partial b}\ln L(\theta)=\displaystyle\sum_{n=1}^{N}\frac{\partial}{\partial b}K_{\nu-1}\left(\frac{2r_n}{\sqrt{b/\nu}}\right)+\frac{\nu+1}{2b}=0\end{cases} \tag{2.3.14}$$

然而，求解式(2.3.14)中的方程组无法得到形状参数 $\nu$ 和尺度参数 $b$ 估计值的解析表达式，因此K分布杂波下的最大似然估计方法只能进行数值求解。数值计算方法依赖于初始值的选取，且计算量较大，在实际雷达应用中会受到限制。此外，海杂波样本中会不可避免地存在少量异常值，而最大似然估计方法以及矩估计方法均对异常样本比较敏感，即稳健性较差。

在广义Pareto分布杂波下，使用最大似然估计方法需要求解的方程组为

$$\begin{cases}\dfrac{1}{N}\displaystyle\sum_{n=1}^{N}\dfrac{r_n^2}{r_n^2+b'}=\dfrac{1}{\nu+1}\\[2ex]\dfrac{1}{N}\displaystyle\sum_{n=1}^{N}\ln\left(1+\dfrac{r_n^2}{b'}\right)=\dfrac{1}{\nu}\end{cases}\tag{2.3.15}$$

其中，$b'=1/b$。同样地，直接求解式(2.3.15)给出的方程组较为困难，无法得到形状参数 $\nu$ 和尺度参数 $b$ 估计值的解析表达式，而通过数值计算求解又需要较大的计算量。参考文献[20]给出了一种迭代最大似然估计方法，该方法通过迭代方式求解式(2.3.15)中的非线性方程组。迭代最大似然估计在收敛速度较快的同时估计精度与直接最大似然估计方法相近，其中主要的迭代过程为

$$\begin{cases}b'_k=b'_{k-1}(\nu_{k-1}+1)\dfrac{1}{N}\displaystyle\sum_{n=1}^{N}\dfrac{r_n^2}{r_n^2+b'_{k-1}}\\[2ex]\dfrac{1}{\nu_k}=\dfrac{1}{N}\displaystyle\sum_{n=1}^{N}\ln\left(1+\dfrac{r_n^2}{b'_k}\right)\end{cases}\tag{2.3.16}$$

得到的形状参数 $\nu$ 和尺度参数 $b$ 估计值为

$$\begin{cases}\hat{\nu}=\lim\limits_{k\to+\infty}\nu_k\\[2ex]\hat{b}=(\lim\limits_{k\to+\infty}b'_k)^{-1}\end{cases}\tag{2.3.17}$$

尽管式(2.3.16)中迭代过程的收敛性没有得到证明，但有关的实验结果表明了在经过数百次迭代之后，参数估计值不再发生变化，因此迭代最大似然估计方法可以应用于实际场景下的参数估计。

在CG-IG分布杂波下，杂波幅度样本 $\{r_n,\ n=1,2,\cdots,N\}$ 的对数似然函数 $\ln L(\theta)$ 为

$$\ln L(\theta)=\sum_{n=1}^{N}\ln r_n+\sum_{n=1}^{N}\ln(\nu a_n+1)-3\sum_{n=1}^{N}\ln a_n-\nu\sum_{n=1}^{N}a_n+N(2+\nu-\ln\nu-\ln b)\tag{2.3.18}$$

其中，$a_n=\sqrt{1+(2r_n^2/(\nu b))}$。令 $\ln L(\theta)$ 分别对形状参数 $\nu$ 和尺度参数 $b$ 求偏导，可得到关

于两个未知参数的非线性方程组，即

$$\begin{cases}\sum_{n=1}^{N}\dfrac{\nu^2 a_n^2+3(\nu a_n+1)}{\nu a_n^2(\nu a_n+1)}r_n^2=Nb\\ \sum_{n=1}^{N}\dfrac{\nu a_n^2}{\nu a_n+1}=N\end{cases}\tag{2.3.19}$$

类似地，该方程组可以使用快速迭代方法求解，迭代过程为

$$\begin{cases}a_n(k)=\sqrt{1+\dfrac{2r_n^2}{\hat{\nu}_{k-1}\hat{b}_{k-1}}}\\ \hat{b}_k=\dfrac{1}{N}\sum_{n=1}^{N}\dfrac{\hat{\nu}_{k-1}^2 a_n^2(k)+3(\hat{\nu}_{k-1}a_n(k)+1)}{\hat{\nu}_{k-1}a_n^2(k)(\hat{\nu}_{k-1}a_n(k)+1)}r_n^2\\ \nu_k=\left(\dfrac{1}{N}\sum_{n=1}^{N}\dfrac{1}{\hat{\nu}_{k-1}+\hat{\nu}_{k-1}^2 a_n(k)}+(a_n(k)-1)\right)^{-1}\end{cases}\tag{2.3.20}$$

其中，迭代初值 $\hat{\nu}_0$ 和 $\hat{b}_0$ 可以选用矩估计方法得到的估计结果。仿真实验表明，式(2.3.20)给出的估计方法在经过 100 次迭代后参数估计值几乎不再发生变化，因此该迭代方法可以应用于实际杂波模型参数估计中。

### 2.3.3 分位点估计方法

在实际对海探测应用中，回波数据中可能包含来自舰船、岛礁或其他非感兴趣目标的高功率异常点。在使用复合高斯模型对海杂波进行建模时，海面强散射点形成的海尖峰也明显高于杂波平均功率，构成了偏离杂波统计特性的高功率异常样本。2.3.1 节和 2.3.2 节讨论的矩估计和最大似然估计方法在估计杂波参数时，容易受到这些少量高功率异常样本的影响，导致估计性能下降。分位点估计方法是一种基于序贯统计量的参数估计方法，该方法通过计算杂波样本特定位置处数据的功率水平来实现未知参数估计，在受到异常样本影响相对较小的同时计算量较小且具有良好的估计性能，因此常应用于雷达对海目标检测中[21-23]。

分位点是指随机变量的累积分布函数(Cumulative Distribution Function，CDF)在指定位置处的一个点，该点对应的概率记为 $\alpha$。杂波幅度 $r$ 可以认为是服从特定分布的随机变量，则其累积分布函数 $F(r)$的分位点 $r_\alpha$ 满足

$$F(r_\alpha)=\mathrm{Prob}\{r\leqslant r_\alpha\}=\alpha\in(0,1)\tag{2.3.21}$$

其中，$\mathrm{Prob}\{r\leqslant r_\alpha\}$表示随机变量 $r$ 小于 $r_\alpha$ 的概率。设累积分布函数 $F(r)$为单调递增函数，

则有

$$r_\alpha = F^{-1}(\alpha) \tag{2.3.22}$$

其中，$F^{-1}(\alpha)$表示 $F(r)$的反函数。随机变量的分位点具有尺度不变性。对于随机变量 $x$ 和 $y$，若 $y=ax$，其中 $a$ 为正实数，则对于给定的 $\alpha\in(0, 1)$，随机变量 $x$ 和 $y$ 的分位点满足

$$y_\alpha = a x_\alpha$$

对于累积分布函数 $F(r)$为双参数分布的杂波幅度 $r$，分位点估计方法通过求解两个或三个分位点处的解析值与样本值构成的与杂波幅度 $r$ 未知参数有关的联立方程组，得到未知参数的估计值。下面以 CG-IG 分布杂波为例，介绍分位点方法在杂波分布参数估计中的应用。

CG-IG 分布杂波幅度 $r$ 的 PDF 为式(2.2.13)，相应的 CDF 为

$$F(r) = 1 - \mathrm{e}^{\nu}\left(1+\frac{2r^2}{\nu b}\right)^{-1/2}\exp\left(-\nu\sqrt{1+\frac{2r^2}{\nu b}}\right) \tag{2.3.23}$$

则杂波幅度 $r$ 的 $\alpha$ 分位点 $r_\alpha$ 为

$$F(r_\alpha) = 1 - \mathrm{e}^{\nu}\left(1+\frac{2r_\alpha^2}{\nu b}\right)^{-1/2}\exp\left(-\nu\sqrt{1+\frac{2r_\alpha^2}{\nu b}}\right) \tag{2.3.24}$$

对于概率 $0<\alpha_1<\alpha_2<1$，对应杂波幅度 $r$ 的分位点 $r_{\alpha_1}$ 和 $r_{\alpha_2}$ 为

$$\begin{cases} F(r_{\alpha_1}) = \alpha_1 \\ F(r_{\alpha_2}) = \alpha_2 \end{cases} \tag{2.3.25}$$

CG-IG 分布杂波为包含形状参数 $\nu$ 和尺度参数 $b$ 的双参数幅度分布模型，求解双参数至少需要构建如式(2.3.25)给出的两个分位点方程。对杂波幅度 $r$ 进行尺度归一化，令新的随机变量 $s=r/\sqrt{b}$，则 $s$ 的 CDF 为

$$F(s) = 1 - \mathrm{e}^{\nu}\left(1+\frac{2s^2}{\nu}\right)^{-1/2}\exp\left(-\nu\sqrt{1+\frac{2s^2}{\nu}}\right) \tag{2.3.26}$$

此时 $s$ 的 CDF 与杂波尺度参数 $b$ 无关。根据分位点的尺度不变性，杂波幅度 $r$ 的 $r_{\alpha_1}$ 分位点与 $r_{\alpha_2}$ 分位点之比等于 $s$ 的 $s_{\alpha_1}$ 分位点与 $s_{\alpha_2}$ 分位点之比，即

$$\frac{r_{\alpha_1}}{r_{\alpha_2}} = \frac{s_{\alpha_1}}{s_{\alpha_2}} \tag{2.3.27}$$

由于 $s$ 的概率分布与尺度参数 $b$ 无关，仅与形状参数 $\nu$ 有关，因此 $s$ 的 $s_{\alpha_1}$ 分位点与 $s_{\alpha_2}$ 分位点之比与尺度参数 $b$ 无关。再由式(2.3.27)可得杂波幅度 $r$ 的 $r_{\alpha_1}$ 分位点与 $r_{\alpha_2}$ 分位点之比与尺度参数 $b$ 无关，仅与形状参数 $\nu$ 有关。由式(2.3.26)得 $s$ 的 $s_\alpha$ 分位点满足

$$1-\mathrm{e}^{\nu}\left(1+\frac{2s_{\alpha}^{2}}{\nu}\right)^{-1/2}\exp\left(-\nu\sqrt{1+\frac{2s_{\alpha}^{2}}{\nu}}\right)=\alpha \tag{2.3.28}$$

则

$$\nu\sqrt{1+\frac{2s_{\alpha}^{2}}{\nu}}\exp\left(\nu\sqrt{1+\frac{2s_{\alpha}^{2}}{\nu}}\right)=\frac{\nu\mathrm{e}^{\nu}}{1-\alpha} \tag{2.3.29}$$

使用朗伯 W 函数 $W(x)$可以得到式(2.3.29)中方程的解。朗伯 W 函数 $W(x)$是函数 $f(y)=y\mathrm{e}^{y}$ 的反函数，代表了方程 $y\mathrm{e}^{y}=x$ 对于任意复数 $x$ 的解 $y$。当 $x$ 为大于等于零的实数时，方程 $y\mathrm{e}^{y}=x$ 有唯一实解 $y=W(x)$。利用朗伯 W 函数 $W(x)$，对于式(2.3.29)有

$$s_{\alpha}=\sqrt{\frac{1}{2\nu}W^{2}\left(\frac{\nu\mathrm{e}^{\nu}}{1-\alpha}\right)-\frac{\nu}{2}} \tag{2.3.30}$$

则杂波幅度 $r$ 的两个分位点 $r_{\alpha_1}$ 和 $r_{\alpha_2}$ 之比为

$$\frac{r_{\alpha_1}}{r_{\alpha_2}}=\frac{s_{\alpha_1}}{s_{\alpha_2}}=\frac{\sqrt{W^{2}\left(\frac{\nu\mathrm{e}^{\nu}}{1-\alpha_1}\right)-\nu^{2}}}{\sqrt{W^{2}\left(\frac{\nu\mathrm{e}^{\nu}}{1-\alpha_2}\right)-\nu^{2}}}=\varphi(\nu) \tag{2.3.31}$$

根据朗伯 W 函数 $W(x)$的有关性质，可以证明 $\varphi(\nu)$关于自变量形状参数 $\nu$ 是单调递增的[21]，则 $\varphi(\nu)$的反函数 $\varphi^{-1}(\nu)$存在，且有

$$\nu=\varphi^{-1}\left(\frac{r_{\alpha_1}}{r_{\alpha_2}}\right) \tag{2.3.32}$$

即形状参数 $\nu$ 可由分位点之比 $r_{\alpha_1}/r_{\alpha_2}$ 唯一确定。

由于反函数 $\varphi^{-1}(r_{\alpha_1}/r_{\alpha_2})$不能使用解析式来表达，故无法得到形状参数 $\nu$ 的公式表示。在实际应用中可以使用查表法获得形状参数 $\nu$ 的估计值，即通过数值计算事先得到 $\varphi^{-1}(r_{\alpha_1}/r_{\alpha_2})$与形状参数 $\nu$ 对应的表格，通过分位点比值 $r_{\alpha_1}/r_{\alpha_2}$ 查表得到形状参数 $\nu$ 的估计值。具体地，首先确定分位点估计方法中多个分位点对应的概率值，如对于双分位点 $r_{\alpha_1}$ 和 $r_{\alpha_2}$，可设 $\alpha_1=0.5$，$\alpha_2=0.95$，随后令形状参数 $\nu$ 在指定区间内遍历取值并代入式(2.3.31)中，得到双分位点比值 $r_{\alpha_1}/r_{\alpha_2}$ 与形状参数 $\nu$ 数值一一对应的关系并建立表格。对于一组杂波幅度样本$\{r_n, n=1, 2, \cdots, N\}$，对该序列按数值大小进行升序排列得到递增序列$\{r_{(1)}, r_{(2)}, \cdots, r_{(N)}\}$，其中 $r_{(n)}(n=1, 2, \cdots, N)$表示升序排列后的各杂波幅度样本，$n$ 表示排序后样本在递增序列中的位置。利用该递增序列得到分位点 $r_{\alpha_1}$ 和 $r_{\alpha_2}$ 的估计值

$$\begin{cases}\hat{r}_{\alpha_1}=r_{(n_1)}, & n_1=\mathrm{round}(N\alpha_1)\\ \hat{r}_{\alpha_2}=r_{(n_2)}, & n_2=\mathrm{round}(N\alpha_2)\end{cases} \tag{2.3.33}$$

其中：$\hat{r}_{\alpha_1}$ 和 $\hat{r}_{\alpha_2}$ 分别表示分位点 $r_{\alpha_1}$ 和 $r_{\alpha_2}$ 的估计值；$N\alpha_1$ 和 $N\alpha_2$ 分别表示样本在分位点 $r_{\alpha_1}$ 和 $r_{\alpha_2}$ 的位置；round(·)表示最接近操作数的整数。最后使用分位点估计值 $\hat{r}_{\alpha_1}$ 和 $\hat{r}_{\alpha_2}$ 的比值 $\hat{r}_{\alpha_1}/\hat{r}_{\alpha_2}$ 查表得到形状参数估计值 $\hat{\nu}$，而尺度参数估计值 $\hat{b}$ 为

$$\hat{b}=\frac{2\hat{\nu}\hat{r}_{\alpha_1}^2}{W^2\left(\dfrac{\hat{\nu}e^{\hat{\nu}}}{1-\alpha_1}\right)-\hat{\nu}^2} \tag{2.3.34}$$

相比于矩估计和最大似然估计方法，分位点估计方法具有抗异常样本的能力，当回波数据中存在异常样本时，分位点估计能够获得更加真实的杂波幅度分布参数估计值。对于常存在岛礁和不感兴趣舰船等大目标的海面探测环境，在估计杂波形状参数和尺度参数时分位点估计方法具有更好的稳健性，这对在实际海杂波环境中实现自适应目标检测具有重要意义。

## 2.4 实测海杂波数据幅度拟合

本节通过三组典型的实测数据来验证复合高斯杂波模型下 K 分布、广义 Pareto 分布、CG-IG 分布以及 CG-CIG 分布在实际杂波幅度分布拟合中的有效性。在拟合过程中，使用 Kolmogorov-Smirnov 距离(简称 KS 距离)作为衡量某个概率分布与实测数据经验分布拟合好坏的测度。KS 距离通过计算实际杂波经验 CDF 与拟合 CDF 之间差值绝对值的最大值反映所选模型与真实杂波的适配程度，其表达式为

$$\mathrm{KS}(\nu, b; \hat{\nu}, \hat{b})=\max_{r\in(0, +\infty)}\{|F(r; \nu, b)-F(r; \hat{\nu}, \hat{b})|\} \tag{2.4.1}$$

其中：$F(r; \nu, b)$表示根据杂波数据得到的经验 CDF；$F(r; \hat{\nu}, \hat{b})$表示所选模型利用参数估计得到的拟合 CDF。KS 值越小，说明杂波幅度经验 CDF 与对应杂波幅度模型拟合效果越好，模型适配度越高。

使用瑞利分布、K 分布、广义 Pareto 分布、CG-IG 分布和 CG-CIG 分布等五种幅度分布模型对 IPIX 数据集 19980204 223753、南非 Fynmeet 雷达数据集 CFC14_001 和 TFA17_014 等三组海杂波实测数据的拟合结果分别如图 2.7、图 2.8 和图 2.9 所示，表 2.1 则给出了三组实测数据各自的距离分辨率以及五种幅度分布模型拟合对应的 KS 距离。从三组实测数据的拟合结果可以看出，在雷达中高分辨率以及小擦地角情形下，传

统的瑞利分布明显不再适合描述海杂波的幅度分布，而复合高斯模型下的几种杂波幅度分布对这三组实测数据拟合效果较好。此外，在K分布、广义Pareto分布、CG-IG分布和CG-CIG分布等四种复合高斯杂波幅度模型中，用于建模幅度重拖尾海杂波的广义Pareto分布相对而言更适合描述高分辨情况下的海杂波幅度分布，而CG-IG分布在中高分辨率情况下的幅度拟合效果一般优于K分布，涵盖其他三种复合高斯杂波幅度分布的CG-CIG分布则具有较好的普适性。

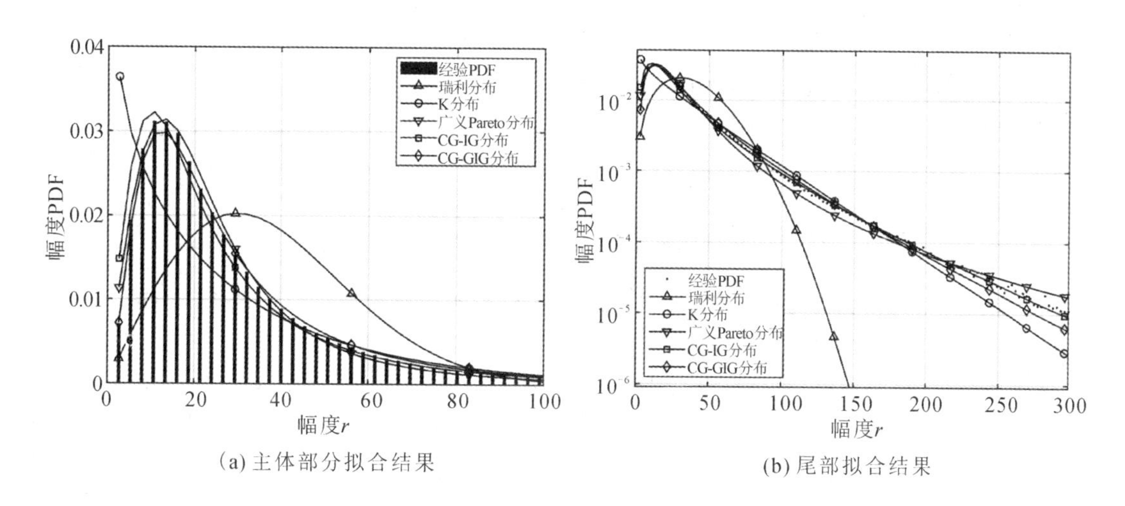


图 2.7 IPIX 数据集 19980204 223753 拟合结果

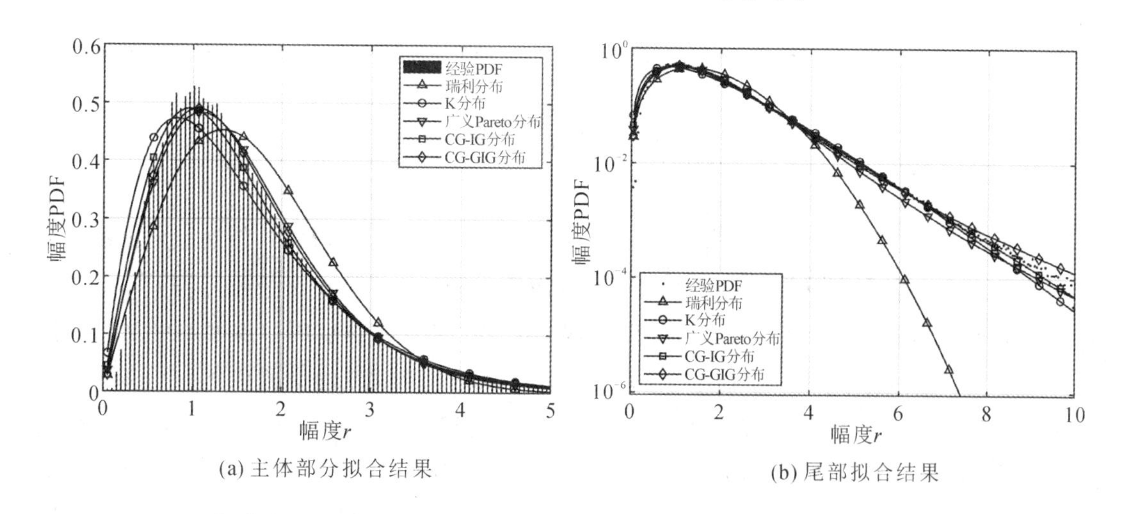


图 2.8 Fynmeet 雷达数据集 CFC14_001 拟合结果

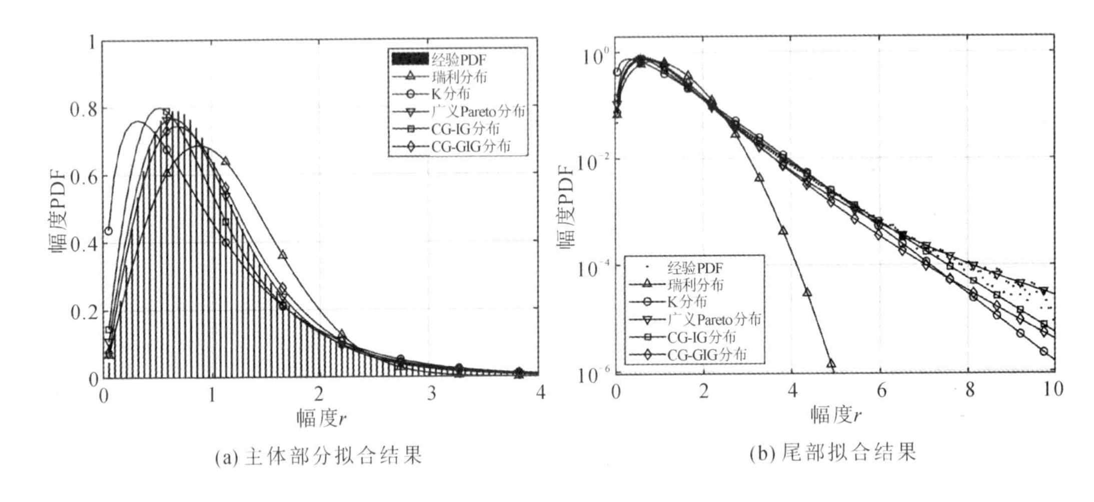


(a) 主体部分拟合结果

(b) 尾部拟合结果

图 2.9 Fynmeet 雷达数据集 TFA17_014 拟合结果

**表 2.1 五种幅度分布对三组实测海杂波数据进行幅度拟合对应的 KS 距离**

| 数据名称 | 分辨率 | KS 距离 | | | | |
|---|---|---|---|---|---|---|
| | | 瑞利分布 | K 分布 | 广义 Pareto 分布 | CG-IG 分布 | CG-GIG 分布 |
| 19980204 223753 | 60 m | 0.3026 | 0.1427 | 0.0257 | 0.0110 | 0.0244 |
| CFC14_001 | 45 m | 0.0896 | 0.0297 | 0.0210 | 0.0255 | 0.0182 |
| CFA16_003 | 15 m | 0.1174 | 0.0492 | 0.0097 | 0.0478 | 0.0296 |

# 本章小结

海杂波的幅度分布是海杂波最重要的统计特性之一。在低分辨雷达体制下，各距离单元对应的海杂波由分辨单位内大量散射体的后向散射构成，根据中心极限定理，海杂波的概率分布服从高斯分布，此时幅度分布服从瑞利分布。随着雷达空间分辨率的提高以及擦地角的减小，雷达能够观察到海面不断变化的涌浪结构，海杂波的局部功率将受海面大尺度涌浪的调制。为描述这一现象，复合高斯模型采用相互独立的纹理分量和散斑分量来建模海杂波，在该模型下海杂波局部服从高斯分布，但对应的由纹理分量表征的局部功率则随空间和时间发生变化。在复合高斯杂波模型下，根据纹理分量服从概率分布的不同，可以得到 K 分布、广义 Pareto 分布、CG-IG 分布和 CG-GIG 分布等不同的杂波幅度分布。在一般情况下，广义 Pareto 分布适合描述高分辨情况下的海杂波，而 CG-IG 分布在中高分辨情形下的拟合效果通常较好。

在实际应用中，复合高斯海杂波幅度分布中的形状参数和尺度参数通常都是未知的，需要使用纯杂波样本进行估计。目前常用的估计方法有矩估计、迭代最大似然估计以及分位点估计等。矩估计和最大似然估计在理论上具有较好的估计性能，但当回波数据中存在异常样本时，两种估计方法的准确性会急剧下降，分位点估计方法则具有良好的稳健性，能够避免大功率异常样本对未知参数估计的影响。

# 参考文献


[1] TRUNK G, GEORGE S. Detection of targets in non-Gaussian sea clutter[J]. IEEE Transactions on Aerospace and Electronic Systems, 1970, 6(5): 620 - 628.

[2] SEKINE M, MAO Y. Weibull radar clutter[M]. London: The Institution of Engineering and Technology, 1990.

[3] JAKEMAN E, PUSEY P. A model for non-Rayleigh sea echo[J]. IEEE Transactions on Antennas and Propagation, 1976, 24(6): 806 - 814.

[4] WARD K. Compound representation of high resolution sea clutter[J]. Electronic Letters, 1981, 17(16): 561 - 563.

[5] GINI F, GRECO M. Texture modelling, estimation and validation using measured sea clutter data[J]. IEE Proceedings-Radar, Sonar and Navigation, 2002, 149(3): 115 - 124.

[6] WARD K, BAKER C, WATTS S. Maritime surveillance radar part 1: Radar scattering from the ocean surface[J]. IEE Proceedings F (Radar and Signal Processing), 1990, 137(2): 51 - 62.

[7] BALLERI A, NEHORAI A, WANG J. Maximum likelihood estimation for compound-Gaussian clutter with inverse gamma texture[J]. IEEE Transactions on Aerospace and Electronic Systems, 2007, 43(2): 775 - 779.

[8] OLLILA E, TYLER D, KOIVUNEN V, et al. Compound Gaussian clutter modeling with an inverse Gaussian texture distribution[J]. IEEE Signal Processing Letters, 2012, 19(12): 876 - 879.

[9] MEZACHE A, SOLTANI F, SAHED M, et al. Model for non-rayleigh clutter amplitudes

using compound inverse gaussian distribution: an experimental analysis [J]. IEEE Transactions on Aerospace and Electronic Systems, 2015, 51(1): 142 - 153.

[10] XUE J, XU S W, LIU J, SHUI P L. Model for non-Gaussian sea clutter amplitudes using generalized inverse Gaussian texture[J]. IEEE Geoscience and Remote Sensing Letters, 2019, 16(6): 892 - 896.

[11] ATKINSON A. The simulation of generalized inverse Gaussian and hyperbolic random variables[J]. SIAM Journal on Scientific and Statistical Computing, 1982, 3(4): 502 - 515.

[12] DEVROYE L. Random variate generation for the generalized inverse Gaussian distribution[J]. Statistics and Computing, 2014, 24(2): 239 - 246.

[13] ISKANDER D, ZOUBIR A. Estimation of the parameters of the K-distribution using higher order and fractional moments[J]. IEEE Transactions on Aerospace and Electronic Systems, 1999, 35(4): 1435 - 1457.

[14] ISKANDER D, ZOUBIR A, BOASHASH B. A method for estimating the parameters of the K-distribution[J]. IEEE Transactions on Signal Processing, 1999, 47(4): 1147 - 1150.

[15] BLACKNELL D, TOUGH R J A. Parameter estimation for the K-distribution based on [zlog(z)] [J]. IEE Proceedings Radar, Sonar and Navigation, 2001, 148 (6): 309 - 312.

[16] JOUGHIN I, PERCIVAL D, WINEBRENNER D. Maximum likelihood estimation of K distribution parameters for SAR data[J]. IEEE Transactions on Geoscience and Remote Sensing, 1993, 31(5): 989 - 999.

[17] YU H, SHUI P L, HUANG Y T. Low-order moment-based estimation of shape parameter of CGIG clutter model[J]. Electronics Letters, 2016, 52(18): 1561 - 1562.

[18] OLIVER C. Optimum texture estimators for SAR clutter[J]. Journal of Physics D: Applied Physics, 1993, 26(11): 1824 - 1835.

[19] 茆诗松，程依明，濮晓龙. 概率论与数理统计教程[M]. 2 版. 北京：高等教育出版社，2011.

[20] XU S W, WANG L, SHUI P L, et al. Iterative maximum likelihood and zlogz estimation of parameters of compound-Gaussian clutter with inverse Gamma texture [C]. 2018 IEEE ICSPCC, Qingdao, China, 2018: 1 - 6.

[21] SHUI P L, SHI L X, YU H, et al. Iterative maximum likelihood and outlier-robust bipercentile estimation of parameters of compound-Gaussian clutter with inverse Gaussian texture[J]. IEEE Signal Processing Letters, 2016, 23(11): 1572－1576.

[22] 于涵，水鹏朗，施赛楠，等. 广义 Pareto 分布海杂波模型参数的组合双分位点估计方法[J]. 电子与信息学报，2019，41(12)：2836－2843.

[23] YU H, SHUI P L, LU K. Outlier-robust tri-percentile parameter estimation of K-distributions[J]. Signal Processing, 2021, 181: 107906.

# 第3章　海杂波的多普勒谱特性

多普勒处理是雷达目标自适应检测中最重要的手段之一。当感兴趣目标的回波能量比海面后向散射小得多时，雷达通过多普勒处理可以从海杂波中分辨出径向速度足够快的运动目标。但是，目标径向速度对应的多普勒频移与海杂波多普勒谱之间的区别有时并不明显，这就需要根据海杂波的多普勒谱特性设计相应的检测算法，从而有效地在强杂波中分辨目标。为了能够处理多普勒域中可能遇到的各种情形，在进行检测器设计与性能评价时需要对海杂波多普勒谱特性有一定的认识和理解。本章首先简单介绍海杂波的物理散射机理，随后在此基础上介绍海杂波的多普勒谱特性，最后通过 Fynmeet 雷达实测海杂波数据让读者对海杂波多普勒谱特性有直观上的了解。

## 3.1　海杂波的散射模型

在第 2 章中提到，当雷达分辨率提高以及在小擦地角情况下时，海杂波的幅度分布具有更长的“拖尾”，回波在时域上出现更多的尖峰，这是因为高分辨雷达能够更清楚地观察到海面的涌浪结构。海杂波产生尖峰的原因十分复杂，是众多不同的散射机理共同作用的结果。

当我们眺望海面时，我们会发现海表面上的海浪并非简单的正弦波，而像是由不同波长和幅值的正弦波相互作用所形成的复杂结构，这些表现出随机性的波浪结构源于洋流、天气、风力、表面张力和重力等众多因素。海洋的后向散射主要来自风引起的表面波浪和用“海况”等词汇来描述的粗糙海表面，这些表面波可以是谐振波或非谐振波。当分析海杂波多普勒特性时，常在文献中讨论的两类谐振波分别是毛细波和重力波，而碎波则是海面非谐振波中感兴趣的主要类型[1]。

毛细波是指由风吹水表面形成的细小的波，波长通常小于 2.5 cm，其传播速度主要取决于波传播时所处液体的表面张力。重力波则是波长相对较长的波，其波长范围为 5 cm 到数百米，传播速度主要取决于重力。毛细波骑在波长更长的重力波的顶上并被重力波调制，形成了海面谐振波的微观结构，而重力波形成了海面谐振波的宏观结构[2]。这些宏观结构可以分为风浪和涌浪两类，其中由当地风吹动引起的重力波称为风浪。如果当地风在给定的方向吹动了足够的时间和距离(被称为持续时间和风程)，则波浪的结构就会达到平衡状态，形成充分发展的风浪。当风浪传播并远离了形成它的当地风区时就形成了涌浪，涌浪的波长较长、幅度低，是近似标准的正弦波。形象地说，“无风不起浪”中的浪一般是指风浪，而“无风三尺浪”中的浪往往是在遥远地方形成并传播而来的，常为涌浪。

碎波是从谐振波表面分离出来的一种非谐振效应。波破碎的过程为：波首先增高，随后波顶端变尖、底部变平，直到尖锐的波冠变得极为陡峭，以至于它倒卷并从波的倾斜面滚下。微波散射中，涌浪顶部变尖而底部变平的阶段形成劈，而倒卷、滚动、破碎形成的阶段称作白冠。劈和白冠在回波上对应持续时间不同的尖峰，其中劈的持续时间约为几百毫秒且在该时间段内起伏不大，白冠的持续时间约 1 s 且具有噪声形式的起伏。图 3.1 给出了波破碎时的典型场景以及相应的海面结构。

图 3.1 海表面结构示意图

因此，根据谐振波以及波破碎时产生的劈和白冠现象，我们能够在随时间变化的回波幅度图上发现三种较为明显的回波特性，并可以思考这些特性背后对应的散射机理。Walker 通过可控的造波池环境实验和实测海杂波数据研究了不同散射机理下的杂波多普勒特性，提出了能在不同雷达频率以及风浪情况下较为准确地描述海杂波多普勒谱的三分量散射模型。

三分量散射模型对应的三种散射机制分别为 Bragg 散射、白冠散射和劈散射。Bragg 散射分量与雷达波长有关：对于高频雷达，Bragg 散射的主要来源是波长较长的波和浪涌；对于微波波段的雷达，Bragg 散射的主要来源是和入射波有相近波长从而产生电磁谐振现象的细小波纹。Bragg 散射对应的多普勒谱具有带宽较宽、近似对称、中心频率近似为零的特点，具有较短的去相关时间(约为 10 ms)。Bragg 散射在 VV 极化方式下的散射强度大于 HH 极化方式，但在两种极化方式下有近似的多普勒偏移。海面的细小波纹是引起 Bragg 散射的主要特征，因此在低海情时 Bragg 散射会比较明显。

白冠散射源于浪或涌破裂时形成的粗糙海表面对电磁波的后向散射。浪花由许多水珠组成，而水珠之间速度差别较大，这就使得白冠散射的多普勒谱带宽较宽。由于电磁波的极化方式对水珠的作用不明显，因此白冠散射在 HH 极化和 VV 极化方式下的散射强度近似相同，但在数量级上远大于 Bragg 散射。因为浪花的电磁散射是白冠散射的主要成因，所以白冠散射常出现在高海情下。

劈散射是涌破碎前雷达照射海浪与涌面接近垂直时产生的类镜面反射和多径效应产生的强后向散射，持续周期较短(典型值约为 200 ms)，在 HH 极化下的强度远大于 VV 极化。劈散射对应的多普勒谱谱宽较窄，其多普勒频移与海浪顶部的速度一致。劈散射出现的时间较为随机，在高海情下相对明显。

Walker 等提出的三分量散射机制建立了海杂波多普勒谱特性与海面特定散射现象之间的联系，与造波池实验和实测海杂波数据分析相符合，是被广泛认可的对海杂波多普勒谱与海面散射机制之间关系的一种解释。关于海面散射机理以及三分量散射更为详细的介绍可以参考文献[2]～[4]。

## 3.2 海杂波多普勒谱的经验认知

当散射体对雷达产生相对运动时，对应的多普勒频率可以由相参雷达测量得到。对海杂波而言，测量得到的回波多普勒频率具有一定的带宽。即便雷达是静止的且照射正前方的波束足够窄，海杂波的多普勒谱仍然具有一定的带宽，称之为固有谱。这是因为受风力的影响，构成海表面的大量散射体会产生相对运动，从而相对于雷达视线具有不同的瞬时速度，并形成一个连续分布，该分布的峰值在某一平均速度附近，即海杂波多普勒谱具有一定的频移。试验和研究表明固有谱有如下特性[5]：

(1) 海况级数较低时，海杂波多普勒谱被认为服从高斯分布，而在海面平静的情况下，海杂波多普勒谱接近双指数下降模型；

(2) 当风速变大、白浪变多时，海杂波多普勒谱的形状将增宽且不再对称，在逆风和顺风情况下多普勒谱比侧风时要宽一些；

(3) 垂直极化下多普勒谱的峰值频率和带宽通常小于水平极化；

(4) 圆极化存在水平极化和垂直极化两个峰值，且峰值对风向较为敏感。

因此，海杂波多普勒谱主要由两个过程产生：一是大量无法分辨的散射体随机运动造成的平均多普勒频率扩展；二是反映了可分辨涌浪演变的平均多普勒频率位移。研究海杂波的多普勒谱特性有助于我们更好地了解海面的散射机理以及某个海杂波模型具有的特定性质。

海杂波多普勒谱特性依赖于雷达和海洋的众多参数，包括雷达的极化方式、频率、视线以及当前海洋环境的风向夹角、擦地角、海况、浪速和海浪类型等影响海面演化过程与散射机制的参数[6]。海杂波多普勒谱对应单个距离单元慢时间维回波的傅里叶变换，对一个带限复时间信号 $Z(t)$，在时间区间 $T$ 上有

$$Z(t)=\begin{cases}E_{\mathrm{I}}(t)+\mathrm{j}E_{\mathrm{Q}}(t), & -\dfrac{T}{2}<t<\dfrac{T}{2}\\ 0, & \text{其他}\end{cases} \tag{3.2.1}$$

其中，$E_{\mathrm{I}}(t)$ 和 $E_{\mathrm{Q}}(t)$ 分别代表雷达 I、Q 通道电压。$Z(t)$ 对应的多普勒功率谱 $S(\omega)$ 为

$$S(\omega)=\frac{|Z(\omega)|^2}{2\pi T},\quad Z(\omega)=\int_{-\infty}^{\infty}\mathrm{e}^{\mathrm{j}\omega t}Z(t)\,\mathrm{d}t \tag{3.2.2}$$

因此，关于海杂波多普勒谱特性的建模将依赖于信号累积时间区间 $T$ 和海面波的性质。目前，有关海杂波多普勒谱的分析大部分基于海岸悬崖顶上架设雷达对海观测实验、可控的造波池实验或机载对海遥感任务等，从这些实验中积累得到的知识提供了对海洋电磁散射的直觉理解以及它与海杂波多普勒谱特性的定性关系，最终给出一个符合实际的海杂波多普勒谱模型。下面介绍海洋环境和雷达参数对多普勒谱整体特性的定性影响。

对于小于 10°的小擦地角情况，文献[7]给出了 X 波段雷达下观测到的海杂波多普勒谱与风向之间一种近似余弦规律的依赖关系。具体地，当雷达视线逐渐从逆风方向变为顺风方向时，海杂波的平均多普勒偏移是方位角的余弦函数，逆风时多普勒偏移达到正的最大值，顺风时多普勒偏移达到负的最大值。相对于垂直极化模式，水平极化模式下多普勒偏移整体偏高。在两种极化模式下，当雷达视线沿着切向风时，多普勒偏移接近零。多普勒谱的带宽趋向于一个与方位角无关的常数。对于两种极化模式，速度谱的 3 dB 带宽 $V_{\mathrm{W}}$ 几乎是相同的，在逆风条件下与风速的经验公式是

$$V_{\mathrm{W}}\sim 0.24U \tag{3.2.3}$$

其中，$U$ 为风速，单位为 m/s，式中 $U$ 前面的系数 0.24 是垂直极化下系数约 0.15 和水平极化下系数 0.3 以上的平均值。同样地，X 波段逆风条件下海杂波多普勒移动速度的经验公式为

$$V_{\text{Doppler-VV}}\sim 0.25+0.18U,\quad V_{\text{Doppler-HH}}\sim 0.25+0.2U \tag{3.2.4}$$

海杂波多普勒 3 dB 带宽 $W_{\text{Doppler}}$ 和多普勒频移 $f_{\text{Doppler}}$ 的公式分别是

$$W_{\text{Doppler}}=\frac{2V_{\text{W}}}{\lambda_{\text{radar}}};\quad f_{\text{Doppler}}=\frac{2V_{\text{Doppler}}}{\lambda_{\text{radar}}} \tag{3.2.5}$$

值得注意的是，上述这些针对小擦地角提出的公式在较大擦地角的情形下有时也同样适用。Lee 针对多普勒谱随着擦地角的变化研究发现：在逆风情况下，随着擦地角的增加平均多普勒速度以 $\cos\theta$ 的比例减小，其中 $\theta$ 表示风向与雷达视线的夹角。此外，在 HH 极化方式下观测的多普勒谱峰速度与 VV 极化下的多普勒谱峰速度相等，因此在更高的擦地角下，如 $\theta>45°$ 时 $V_{\text{Doppler-VV}}=V_{\text{Doppler-HH}}$，即 VV 极化方式与 HH 极化方式中多普勒偏移的速度相同，且具有相似的谱形状。

## 3.3 海杂波多普勒谱的数学模型

3.2 节简单介绍了海杂波多普勒谱的经验特性，接下来介绍用于描述海杂波多普勒谱特性的常见模型。在雷达系统的建模与仿真中，高斯模型是最简单也是使用最多的杂波功率谱模型，其表达式为

$$S(f)=\frac{p_{\text{c}}}{\sqrt{2\pi}\sigma_f}\exp\left(-\frac{f^2}{2\sigma_f^2}\right) \tag{3.3.1}$$

其中：$p_{\text{c}}$ 表示杂波功率大小；$\sigma_f=2\sigma_v/\lambda$ 为杂波谱的均方根值；$\lambda$ 为雷达工作波长；$\sigma_v$ 为杂波速度的均方根值。当散射体具有一定的速度时，其平均速度对应的多普勒频率用 $\bar{f}_{\text{d}}$ 来表示，则杂波的功率谱密度函数可以表示为

$$S(f)=\frac{p_{\text{c}}}{\sqrt{2\pi}\sigma_f}\exp\left(-\frac{(f-\bar{f}_{\text{d}})^2}{2\sigma_f^2}\right) \tag{3.3.2}$$

该杂波模型也有一个高斯型的相关函数，即

$$R(\tau)=p_{\text{c}}\exp\left(-\frac{\tau^2}{2\sigma_{\text{c}}^2}\right) \tag{3.3.3}$$

其中，$\sigma_{\text{c}}=1/(2\pi\sigma_f)$。令 $\alpha=8\pi^2\sigma_v^2/\lambda^2$，则归一化表达式为

$$R(\tau)=\exp(-\alpha\tau^2) \tag{3.3.4}$$

此时参数 $\alpha$ 的大小决定了高斯型相关函数的离散程度。除高斯模型外，马尔可夫模型、全极点模型和立方谱模型等也都是经常使用的杂波功率谱模型。

针对海杂波提出的几种典型的多普勒谱参数模型主要包括 Lee 模型、Walker 模型和 Ward 模型[2-3, 8]。其中，1995 年提出的 Lee 模型是将海杂波的多普勒功率谱表示为几个谱

分量之和，分别为与Bragg散射分量相关的高斯谱分量、与劈散射分量相关的柯西形状的Lorenztian谱分量以及与白冠散射分量相关的Voigtian型谱分量。第一个谱分量包含了多普勒偏移和多普勒带宽两个参数，第二个分量包含了多普勒偏移和散射子衰减周期两个分量，第三个分量包含了一个在(0，+∞)变化的非负参数。Lee模型在海杂波时间序列的观测周期大于重力波周期(通常为秒级)情况下能够对高分辨率多普勒谱的形状给出一个很好的描述。2000年提出的Walker模型是将Lee模型进行近似和简化，是把海杂波的多普勒功率谱表示为两个或三个具有不同均值和方差的高斯密度函数的线性加权之和，均值和标准差分别对应于Bragg散射分量、劈散射分量、白冠散射分量对应多普勒谱的频移和带宽。Walker模型能够比较精确地描述海杂波多普勒谱的条件仍是观测周期大于重力波周期以及多普勒分辨率较高。Walker模型形式的简化带来了分析和应用上的方便，也得到了实验数据的充分验证。

然而，对于大多数对海工作的实际雷达系统，雷达的波位驻留时间很难达到秒级。因此，Lee模型和Walker模型很难用于建模短波位驻留时间情况下的海杂波多普勒谱，此时使用Ward模型更为合适。Ward模型假定海杂波多普勒谱形状采用了类似于幅度K分布的尺度高斯复合模型，杂波多普勒谱是被随机功率常数调制的复合高斯函数。在功率随机常数给定的情况下，Ward模型将海杂波多普勒谱建模为两个高斯函数的线性组合，即

$$\psi(f|x)=x\left[\frac{\alpha}{\sqrt{2\pi}W_{\mathrm{B}}}\exp\left(-\frac{f^2}{2W_{\mathrm{B}}^2}\right)+\frac{1-\alpha}{\sqrt{2\pi}W_{\mathrm{BW}}}\exp\left(-\frac{(f-f_{\mathrm{d}})^2}{2W_{\mathrm{BW}}^2}\right)\right] \tag{3.3.5}$$

式(3.3.5)中第一个零均值的高斯函数表征Bragg散射分量对应的多普勒谱，具有零多普勒偏移和多普勒带宽$W_{\mathrm{B}}$；第二个高斯函数表征波浪破碎前的劈散射和破碎后的白冠散射分量，即海尖峰现象对应的多普勒谱，具有多普勒偏移$f_{\mathrm{d}}$和多普勒带宽$W_{\mathrm{BW}}$。由于海杂波的局部功率是随着观测区间发生变化的，功率调制项$x$被假定为服从Gamma分布的非负随机变量，因此在Ward模型下海杂波多普勒谱可以看成是被服从Gamma分布的非负随机变量$x$调制的复合高斯分布形状。

在短时海杂波平均多普勒谱建模中，采用了双分量复合高斯分布的Ward模型是被广泛接受的多普勒谱模型，但该模型成立的理论条件是海面产生的Bragg散射分量与劈散射分量和白冠散射分量的和是相互独立的，在实际应用中该独立性还需要进一步的物理机制和数据实验来验证。在Ward模型的基础上，若将3.1节介绍的三分量散射机制应用到海杂波多普勒谱建模中，就可以得到全参数平均多普勒谱模型。全参数平均多普勒谱模型采用三分量复合高斯分布描述短时多普勒谱的形状，其形式为

$$\psi(f|x)=x\left[\frac{\alpha}{\sqrt{2\pi}W_{\mathrm{BG}}}\exp\left(-\frac{(f-f_{\mathrm{BG}})^2}{2W_{\mathrm{BG}}^2}\right)+\frac{\beta}{\sqrt{2\pi}W_{\mathrm{BW}}}\exp\left(-\frac{(f-f_{\mathrm{BW}})^2}{2W_{\mathrm{BW}}^2}\right)+\right.$$
$$\left.\frac{1-\alpha-\beta}{\sqrt{2\pi}W_{\mathrm{WC}}}\exp\left(-\frac{(f-f_{\mathrm{WC}})^2}{2W_{\mathrm{WC}}^2}\right)\right] \tag{3.3.6}$$

从式(3.3.6)中可以看出，全参数平均谱模型包括了功率调制项 $x$、三种散射分量各自的权系数、多普勒频移以及多普勒带宽共 9 个参数。显然，未知参数的增多加大了全参数平均谱模型对实测数据拟合的复杂性。

## 3.4 海杂波实测数据分析

本节通过分析 Fynmeet 雷达实测海杂波数据集中的一组数据 CFC17-001 使读者对实际海杂波的多普勒特性有一个初步和直观的认识。使用 CFC17-001 中第 1 个距离门对应的慢时间维数据生成随时间连续变化的海杂波多普勒谱，在生成谱之前先在时域加 Chebyshev 窗。图 3.2 展示了第 1 个距离门中纯海杂波数据频率范围为－500～500 Hz 对应的多普勒谱，其中每 128 点数据生成一次多普勒谱，由于数据总长为 163 520 点(对应时长 32.7 s)，因此共有 1277 个连续的随时间变化的多普勒谱。从图 3.2 中可以发现海杂波的多普勒谱并非以频率零点对称，且多普勒频移不为零。杂波谱的谱宽和中心频点的位置都在随时间变化，并且具有一定的周期性。同时注意到由于涌浪的调制作用，会在某些时刻出现杂波谱谱宽较窄的情况。

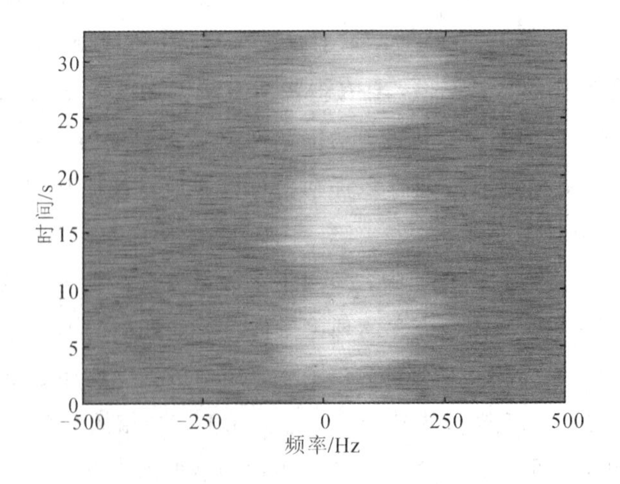


图 3.2 实测数据 CFC17-001 对应的多普勒谱

将这些分段数据计算得到的多普勒谱取平均，得到总数据的平均多普勒谱并作归一化处理，如图 3.3 所示。在进一步观察到杂波谱形状不对称且具有一定多普勒频移的同时，可以发现常规情况下回波的多普勒谱能较为明显地划分杂波和噪声分别占主导的频率范围，即确定杂波区和噪声区分别对应的频点，这在后续针对不同多普勒通道设计相应的目标检测算法时是非常重要的。此外，杂波多普勒谱在不同的多普勒通道上也会有不同的表现，这一点可以通过观察单个多普勒单元的数据分布来说明。图 3.4(a)、(b)分别展示了 0 Hz 和 312.5 Hz 对应多普勒单元随时间变化的情况，前者随时间的变化较为规律，而后者仅在某一时刻出现尖峰，这是因为海杂波在 0 Hz 处占主导地位，而 312.5 Hz 已属于杂波谱的边缘，即杂波区和噪声区之外的过渡区。

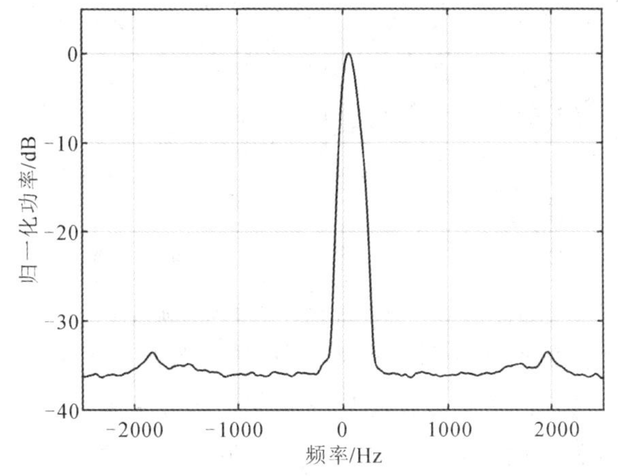


图 3.3 CFC17-001 对应的平均多普勒谱

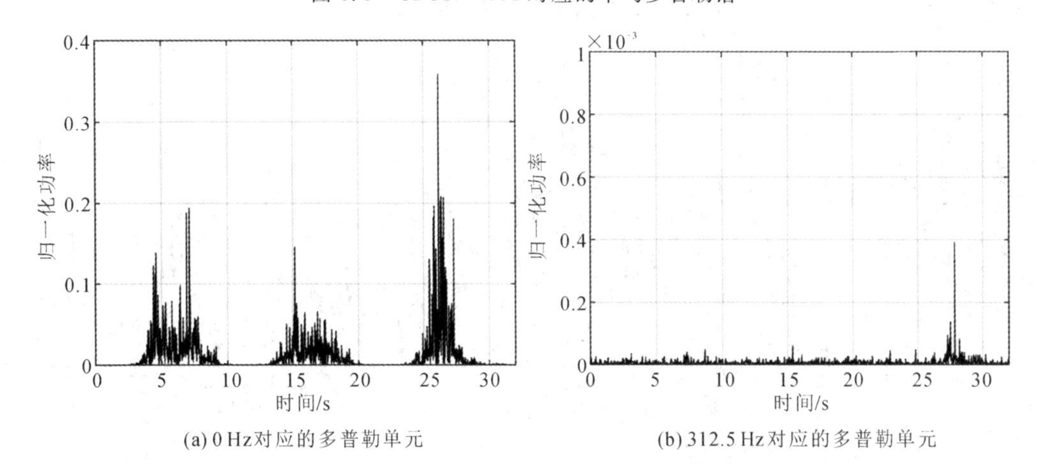


图 3.4 不同多普勒单元强度随时间变化的情况

下面观察单个杂波多普勒谱的形状，并用高斯谱进行拟合。分别选取两段数据生成各自的平均多普勒谱，并与调整参数后的高斯谱作比较，结果如图 3.5 所示。在图 3.5(a)中，杂波多普勒谱接近高斯型；而在图 3.5(b)中，杂波多普勒谱与高斯型有一定的差别，如果累积时间较长，可以发现杂波谱会出现"双峰"现象。这说明实际的海杂波多普勒谱形状不但随时间变化，而且有时会偏离高斯型。

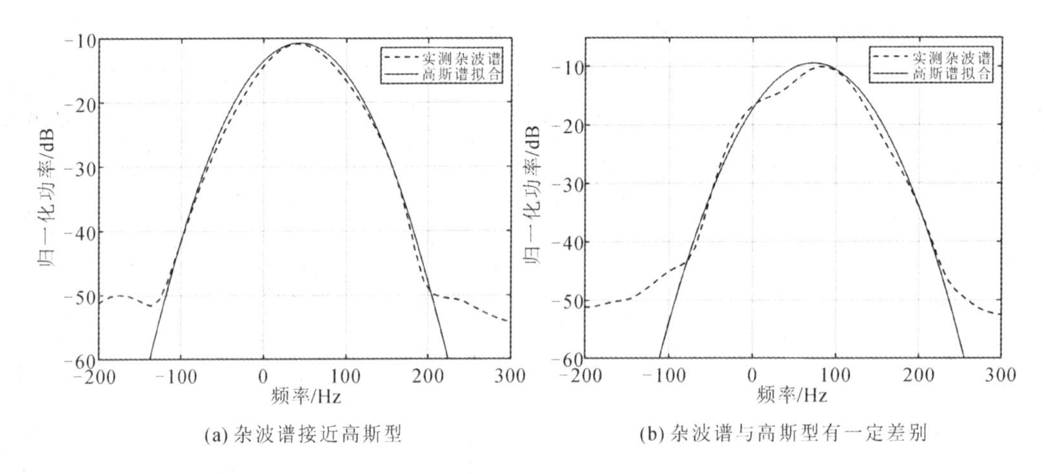


(a) 杂波谱接近高斯型　　(b) 杂波谱与高斯型有一定差别

图 3.5　实际海杂波多普勒谱与高斯谱对比

图 3.6 展现了该组实测数据杂波多普勒谱的平均多普勒频率和谱宽随时间变化的情况。在图 3.6(a)中，杂波谱的平均多普勒频率的变化趋势具有一定的周期性，实际上这与谱的平均功率有一定的相关性；在图 3.6(b)中，杂波谱谱宽的变化范围相对来说较小，更像是在某一区间内波动，因此变化趋势表现出的周期性也相对较弱。

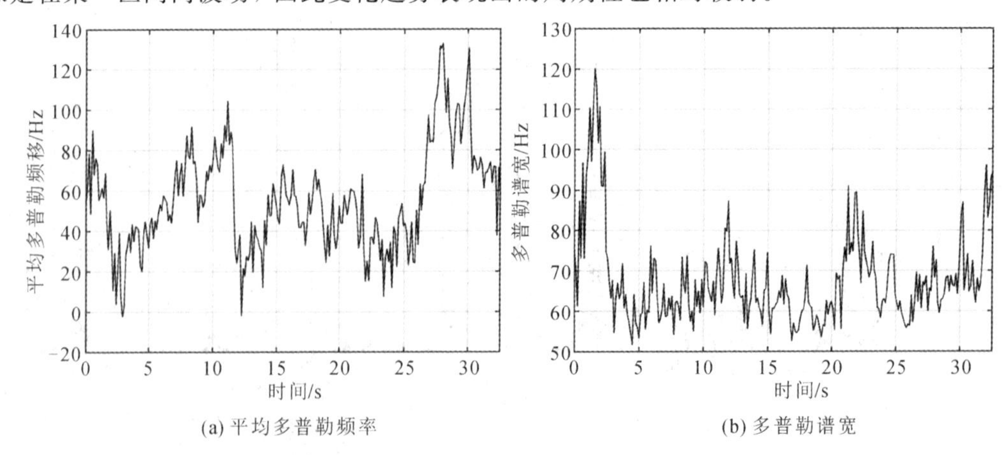


(a) 平均多普勒频率　　(b) 多普勒谱宽

图 3.6　实际海杂波多普勒谱平均频率和谱宽随时间变化的情况

# 本章小结

海杂波多普勒谱受海洋环境中多种因素的影响，其特性分析对海杂波背景下的自适应检测器设计具有重要意义。本章首先描述了海表面的物理结构以及对应的散射机理，介绍了在海杂波多普勒特性分析中常用的三分量散射机制，随后给出了用于计算海杂波多普勒谱谱宽和频移的经验公式以及 Lee 模型、Walker 模型、Ward 模型和全参数平均多普勒谱模型等用于海杂波多普勒谱建模的数学模型，最后通过 Fynmeet 雷达采集的海杂波数据集 CFC17－001 展现了实际海杂波多普勒谱的形状、平均频移和谱宽等基本特性，为后续章节针对强海杂波环境中的自适应检测器设计与性能评价提供了仿真实验思路。

# 参考文献

[1] SKOLNIK M. 雷达手册[M]. 北京：电子工业出版社，2010.

[2] WARD K，TOUGH R，WATTS S. Sea clutter：Scattering，the K distribution and radar performance[M]. 2nd ed. London：The Institution of Engineering and Technology，2013.

[3] WALKER D. Experimentally motivated model for low grazing angle radar Doppler spectra of the sea surface[J]. IEE Proceedings-Radar，Sonar and Navigation，2000，147(3)：114－120.

[4] WALKER D. Doppler modelling of radar sea clutter[J]. IEE Proceedings—Radar，Sonar and Navigation，2001，148(2)：73－80.

[5] LONG M. Radar reflectivity of land and sea[M]. Boston：Artech House，1983.

[6] SKOLNIK M. 雷达系统导论[M]. 北京：电子工业出版社，2010.

[7] WARD K，BAKER C，WATTS S. Maritime surveillance radar part 1：Radar scattering from the ocean surface[J]. IEE Proceedings，1990，137(2).

[8] LEE P. Power spectral lineshapes of microwave radiation backscattered from sea surfaces at small grazing angles[J]. IEE Proceedings—Radar，Sonar and Navigation，1995，142(5)：252－258.

# 第4章　高斯及复合高斯杂波中的匹配滤波器

本章及后续章节开始讨论高斯及复合高斯杂波模型下不同目标模型的自适应检测设计问题。似然比检验(Likelihood Ratio Test，LRT)为NP准则下的最优检验。当待检测数据对应的PDF中含有未知参数时，通常使用广义似然比检验进行检测器推导，GLRT检测器在多数情况下都能取得较好的检测性能。在相干脉冲雷达体制下，Kelly给出了高斯杂波背景下GLRT检测器的具体形式，随后Robey等学者提出了AMF检测器[1-2]。GLRT检测器和AMF检测器都可以看作是色噪声背景下的匹配滤波器在不同推导方式下的拓展，两种检测器的区别在于GLRT检测器同时利用待检测数据和辅助数据来推导广义似然比检验，而AMF检测器仅使用待检测数据推导广义似然比检验，辅助数据用来估计杂波协方差矩阵。

当高分辨雷达在小擦地角情形下对海目标进行检测时，海杂波常表现出较强的非高斯特性。由于杂波的统计特性发生了变化，高斯杂波背景下推导的检测器因模型失配将出现检测性能下降的情况，因此需要利用更准确的杂波概率模型推导非高斯杂波背景下的最优或近最优检测器[3-9]。Conte和Gini分别提出了复合高斯杂波背景下的NMF检测器，Conte同时给出了利用辅助数据得到的杂波协方差矩阵估计值来代替NMF检测器中未知杂波协方差矩阵的自适应NMF检测器[10-12]。本章将逐一介绍上面所提到的这些高斯和复合高斯杂波背景下最常见的自适应检测器，使读者了解并熟悉高斯以及复合高斯模型杂波中自适应检测器的推导过程。

## 4.1　广义似然比检测器

在海杂波背景下的目标检测问题中，感兴趣的运动点目标可以被简单地建模为目标复幅度 $\alpha$ 和导向向量 $\boldsymbol{p}$ 的乘积，即

$$\boldsymbol{s}=\alpha\boldsymbol{p}=\alpha[1,\ \mathrm{e}^{\mathrm{j}2\pi f_{\mathrm{d}}},\ \cdots,\ \mathrm{e}^{\mathrm{j}2\pi(N-1)f_{\mathrm{d}}}]^{\mathrm{T}} \tag{4.1.1}$$

其中：目标复幅度 $\alpha$ 是确定但未知的常数；目标导向向量 $\boldsymbol{p}=[1, e^{j2\pi f_d}, \cdots, e^{j2\pi(N-1)f_d}]^T$ 为 $N$ 维列向量；$f_d$ 为归一化的目标多普勒频率。对于在常规海面环境主杂波区中的目标检测问题，通常认为杂噪比较高而不考虑噪声对目标检测的影响。因此，海杂波中的目标检测问题可以使用二元假设检验描述为

$$\begin{cases} H_0: \boldsymbol{z}=\boldsymbol{c} \\ H_1: \boldsymbol{z}=\alpha\boldsymbol{p}+\boldsymbol{c} \end{cases} \tag{4.1.2}$$

其中：原假设 $H_0$ 表示待检测数据 $\boldsymbol{z}$ 中不存在目标信号，仅包含杂波数据 $\boldsymbol{c}$；备择假设 $H_1$ 表示待检测数据 $\boldsymbol{z}$ 中存在目标信号 $\boldsymbol{s}$ 及杂波数据 $\boldsymbol{c}$。此外，假设能够从待检测单元附近获得一组独立同分布的辅助数据 $\boldsymbol{z}_k=[\boldsymbol{z}_k(1), \boldsymbol{z}_k(2), \cdots, \boldsymbol{z}_k(N)]$($k=1, 2, \cdots, K$)，其中 $K$ 为辅助数据的数量。辅助数据和待检测数据中的杂波分量具有同样的杂波散斑协方差矩阵，且辅助数据不包含目标分量。

在推导高斯杂波背景下的 GLRT 检测器时，假设杂波向量 $\boldsymbol{c}$ 为服从零均值、协方差矩阵为 $\boldsymbol{R}=E(\boldsymbol{z}\boldsymbol{z}^H)$ 的复高斯分布，即 $\boldsymbol{c}\sim\mathcal{CN}(0, \boldsymbol{R})$。当回波数据仅包含杂波分量时，随机向量 $\boldsymbol{z}$ 的 PDF 为

$$f(\boldsymbol{z})=\frac{1}{\pi^N\det(\boldsymbol{R})}\exp(-\boldsymbol{z}^H\boldsymbol{R}^{-1}\boldsymbol{z}) \tag{4.1.3}$$

其中，det(·)表示矩阵的行列式，$(\cdot)^H$ 表示厄米特运算。在假设 $H_0$ 下，待检测数据 $\boldsymbol{z}$ 和辅助数据 $\boldsymbol{z}_i$($i=1, 2, \cdots, K$)的联合 PDF 为

$$f_0(\boldsymbol{z}, \boldsymbol{z}_1, \boldsymbol{z}_2, \cdots, \boldsymbol{z}_K) = f(\boldsymbol{z})\cdot\prod_{k=1}^{K} f(\boldsymbol{z}_k) \tag{4.1.4}$$

对于 $N$ 维列向量 $\boldsymbol{z}$，有

$$\boldsymbol{z}^H\boldsymbol{R}^{-1}\boldsymbol{z}=\mathrm{Tr}(\boldsymbol{R}^{-1}\boldsymbol{Z}) \tag{4.1.5}$$

其中，$\boldsymbol{Z}=\boldsymbol{z}\boldsymbol{z}^H$，Tr(·)表示矩阵的迹。将式(4.1.5)应用于式(4.1.3)，并代入式(4.1.4)，得

$$f_0(\boldsymbol{z}, \boldsymbol{z}_1, \boldsymbol{z}_2, \cdots, \boldsymbol{z}_K)=\left\{\frac{1}{\pi^N\det(\boldsymbol{R})}\exp[-\mathrm{tr}(\boldsymbol{R}^{-1}\boldsymbol{T}_0)]\right\}^{K+1} \tag{4.1.6}$$

其中

$$\boldsymbol{T}_0=\frac{\boldsymbol{z}\boldsymbol{z}^H+\sum_{k=1}^{K}\boldsymbol{z}_i\boldsymbol{z}_i^H}{k+1}$$

在假设 $H_1$ 下，待检测数据 $\boldsymbol{z}$ 的 PDF 可以通过将式(4.1.3)中的 $\boldsymbol{z}$ 替换为 $\boldsymbol{z}-\alpha\boldsymbol{p}$ 得到，则假设 $H_1$ 下待检测数据 $\boldsymbol{z}$ 和辅助数据 $\boldsymbol{z}_i$($i=1, 2, \cdots, K$)的联合 PDF 为

$$f_1(\boldsymbol{z}, \boldsymbol{z}_1, \boldsymbol{z}_2, \cdots, \boldsymbol{z}_K)=\left\{\frac{1}{\pi^N \det(\boldsymbol{R})}\exp\left[-\mathrm{Tr}(\boldsymbol{R}^{-1}\boldsymbol{T}_1)\right]\right\}^{K+1} \tag{4.1.7}$$

其中

$$\boldsymbol{T}_1=\frac{(\boldsymbol{z}-\alpha\boldsymbol{p})(\boldsymbol{z}-\alpha\boldsymbol{p})^{\mathrm{H}}+\sum_{k=1}^{K}\boldsymbol{z}_i\boldsymbol{z}_i^{\mathrm{H}}}{k+1}$$

GLRT 检测器要求假设 $H_0$ 和 $H_1$ 下的联合概率密度函数 $f_0$ 和 $f_1$ 关于函数中所有未知参数分别取最大值，随后将 $f_1$ 和 $f_0$ 的比值作为检验统计量，其中使函数最大化的未知参数用其最大似然估计值代替。若代入待检测数据后检验统计量超过根据虚警概率设定的门限值，则认为待检测单元存在感兴趣目标。首先最大化 $H_0$ 假设下的联合概率密度函数 $f_0$，对于杂波协方差矩阵 $\boldsymbol{R}$，其最大似然估计值等于 SCM，此时 $f_0$ 中的指数项变为 $\mathrm{e}^{-N}$，则

$$\max_{\boldsymbol{R}} f_0=\left(\frac{1}{(\mathrm{e}\pi)^N\det(\boldsymbol{T}_0)}\right)^{K+1} \tag{4.1.8}$$

类似地，在假设 $H_1$ 下有

$$\max_{\boldsymbol{R}} f_1=\left(\frac{1}{(\mathrm{e}\pi)^N\det(\boldsymbol{T}_1)}\right)^{K+1} \tag{4.1.9}$$

并且 $f_1$ 仍需关于目标未知复幅度 $\alpha$ 最大化，构造关于参数 $\alpha$ 的似然比为

$$L(\alpha)=\left(\frac{|\boldsymbol{T}_0|}{|\boldsymbol{T}_1|}\right)^{K+1} \tag{4.1.10}$$

其中，$|\cdot|=\det(\cdot)$表示矩阵的行列式。定义 $l(\alpha)=|\boldsymbol{T}_0|/|\boldsymbol{T}_1|$，则似然比检验为

$$\max_{\alpha} l(\alpha)=\frac{|\boldsymbol{T}_0|}{\min\limits_{\alpha}|\boldsymbol{T}_1|}>l_0 \tag{4.1.11}$$

记 $\boldsymbol{S}=\sum_{k=1}^{K}\boldsymbol{z}_k\boldsymbol{z}_k^{\mathrm{H}}$，有

$$\begin{cases}(K+1)^N|\boldsymbol{T}_0|=|\boldsymbol{S}|(1+\boldsymbol{z}^{\mathrm{H}}\boldsymbol{S}^{-1}\boldsymbol{z})\\(K+1)^N|\boldsymbol{T}_1|=|\boldsymbol{S}|(1+(\boldsymbol{z}-\alpha\boldsymbol{p})^{\mathrm{H}}\boldsymbol{S}^{-1}(\boldsymbol{z}-\alpha\boldsymbol{p}))\end{cases} \tag{4.1.12}$$

将式(4.1.12)代入式(4.1.11)，得

$$l=\max_{\alpha} l(\alpha)=\frac{(1+\boldsymbol{z}^{\mathrm{H}}\boldsymbol{S}^{-1}\boldsymbol{z})}{1+\boldsymbol{z}^{\mathrm{H}}\boldsymbol{S}^{-1}\boldsymbol{z}-\dfrac{|(\boldsymbol{p}^{\mathrm{H}}\boldsymbol{S}^{-1}\boldsymbol{z})|^2}{(\boldsymbol{p}^{\mathrm{H}}\boldsymbol{S}^{-1}\boldsymbol{p})}}>l_0 \tag{4.1.13}$$

记 $\eta=(l-1)/l$，则

$$\eta=\frac{|(\boldsymbol{p}^{\mathrm{H}}\boldsymbol{S}^{-1}\boldsymbol{z})|^{2}}{(\boldsymbol{p}^{\mathrm{H}}\boldsymbol{S}^{-1}\boldsymbol{p})[1+(\boldsymbol{z}^{\mathrm{H}}\boldsymbol{S}^{-1}\boldsymbol{z})]}>\eta_0 \tag{4.1.14}$$

利用辅助数据计算杂波协方差矩阵 $\boldsymbol{R}$ 的最大似然估计值 $\hat{\boldsymbol{R}}$，即

$$\hat{\boldsymbol{R}}=\frac{\frac{1}{K}}{\boldsymbol{S}} \tag{4.1.15}$$

将式(4.1.15)代入式(4.1.14)，可得 GLRT 检测器的形式为

$$\eta=\frac{|(\boldsymbol{p}^{\mathrm{H}}\hat{\boldsymbol{R}}^{-1}\boldsymbol{z})|^{2}}{(\boldsymbol{p}^{\mathrm{H}}\hat{\boldsymbol{R}}^{-1}\boldsymbol{p})\left[1+\frac{1}{K}(\boldsymbol{z}^{\mathrm{H}}\hat{\boldsymbol{R}}^{-1}\boldsymbol{z})\right]}>K\eta_0 \tag{4.1.16}$$

由此得到了高斯色噪声或杂波背景下利用待检测数据和辅助数据的联合 PDF 推导得到的 GLRT 检测器，该检测器检验统计量中的分子即为 RMB 匹配滤波器的检验统计量。GLRT 检测器的虚警概率与杂波协方差矩阵 $\boldsymbol{R}$ 无关，即关于 $\boldsymbol{R}$ 是 CFAR 的。

## 4.2　自适应匹配滤波检测器

Robey 等学者在推导高斯色噪声背景下的自适应检测器时，首先假设杂波协方差矩阵 $\boldsymbol{R}$ 是已知的，在得到检测器的检验统计量之后，利用辅助数据得到杂波协方差矩阵 $\boldsymbol{R}$ 的最大似然估计值，并代入检验统计量。对于式(4.1.2)给出的二元假设检验问题，广义似然比检验为

$$\Lambda=\frac{\max\limits_{\alpha} f_{\boldsymbol{z}|H_1}(\boldsymbol{z};\alpha|H_1)}{f_{\boldsymbol{z}|H_0}(\boldsymbol{z}|H_0)}>\gamma_0 \tag{4.2.1}$$

其中：$\Lambda$ 表示检测器的检验统计量；$\gamma_0$ 为检测器门限；$f_{\boldsymbol{z}|H_0}(\boldsymbol{z}|H_0)$和 $f_{\boldsymbol{z}|H_1}(\boldsymbol{z};\alpha|H_1)$分别为 $H_0$ 和 $H_1$ 假设下待检测数据 $\boldsymbol{z}$ 的 PDF；$\alpha$ 为目标未知复幅度。由于假设杂波协方差矩阵 $\boldsymbol{R}$ 是已知的，检验统计量 $\Lambda$ 仅需 $f_{\boldsymbol{z}|H_1}(\boldsymbol{z};\alpha|H_1)$关于未知参数 $\alpha$ 最大化。$f_{\boldsymbol{z}|H_0}(\boldsymbol{z}|H_0)$与式(4.1.3)相同，$f_{\boldsymbol{z}|H_1}(\boldsymbol{z}|H_1)$为

$$f_{\boldsymbol{z}|H_1}(\boldsymbol{z}|H_1)=\frac{1}{\pi^{N}\det(\boldsymbol{R})}\exp(-(\boldsymbol{z}-\alpha\boldsymbol{p})^{\mathrm{H}}\boldsymbol{R}^{-1}(\boldsymbol{z}-\alpha\boldsymbol{p})) \tag{4.2.2}$$

将式(4.1.3)和式(4.2.2)代入式(4.2.1)，得

$$\Lambda=\exp(-(\boldsymbol{z}-\alpha\boldsymbol{p})^{\mathrm{H}}\boldsymbol{R}^{-1}(\boldsymbol{z}-\alpha\boldsymbol{p})+\boldsymbol{z}^{\mathrm{H}}\boldsymbol{R}^{-1}\boldsymbol{z}) \tag{4.2.3}$$

将式(4.2.3)中的检验统计量 $\Lambda$ 取对数并进行化简，得

$$\ln(\Lambda)=2\mathrm{Re}(\alpha^{*}\boldsymbol{p}^{\mathrm{H}}\boldsymbol{R}^{-1}\boldsymbol{z})-|\alpha|^{2}\boldsymbol{p}^{\mathrm{H}}\boldsymbol{R}^{-1}\boldsymbol{p} \tag{4.2.4}$$

其中，$(\cdot)^{*}$ 表示共轭运算，$\mathrm{Re}(\cdot)$表示取实部。令式(4.2.4)关于 $\alpha$ 最大化，可得目标未知复幅度的估计值 $\hat{\alpha}$ 为

$$\hat{\alpha}=\frac{\boldsymbol{p}^{\mathrm{H}}\boldsymbol{R}^{-1}\boldsymbol{z}}{\boldsymbol{p}^{\mathrm{H}}\boldsymbol{R}^{-1}\boldsymbol{p}} \tag{4.2.5}$$

将式(4.2.5)代入式(4.2.4)，可得检测器的检验统计量。由于在推导过程中假设杂波协方差矩阵 $\boldsymbol{R}$ 是已知的，此时需要利用辅助数据得到 $\boldsymbol{R}$ 的估计值。这里采用式(4.1.15)给出的SCM 估计方法，并将估计值 $\hat{\boldsymbol{R}}$ 代入式(4.2.4)，可得检测器的自适应形式为

$$\frac{|\boldsymbol{p}^{\mathrm{H}}\hat{\boldsymbol{R}}^{-1}\boldsymbol{z}|^{2}}{\boldsymbol{p}^{\mathrm{H}}\hat{\boldsymbol{R}}^{-1}\boldsymbol{p}}\underset{H_0}{\overset{H_1}{\gtrless}}\gamma \tag{4.2.6}$$

其中，$\gamma$ 为式(4.2.1)中检测器门限适当变形后的形式。式(4.2.6)给出的自适应检测器称为 AMF 检测器，可以看作是归一化的色噪声背景下的匹配滤波器。当辅助数据数量非常多时，GLRT 检测器近似为 AMF 检测器。在低 SCR 条件下，AMF 检测器比 GLRT 检测器表现出略微的性能损失，但在高 SCR 条件下，AMF 检测器的检测性能要优于 GLRT 检测器，由此也说明 4.1 节给出的 GLRT 检测器并非 NP 准则意义下的最优检测器。

## 4.3 自适应归一化匹配滤波检测器

在高分辨雷达体制下，海杂波常表现出明显的非高斯特性，此时高斯杂波背景下推导出的 GLRT 检测器和 AMF 检测器用于海面目标检测时将出现较严重的性能损失，为此相关学者开始进行非高斯杂波背景下的自适应检测器设计。由于复合高斯模型是目前最常用的杂波模型，针对非高斯杂波设计的自适应检测器通常在复合高斯杂波模型下利用广义似然比检验进行推导。下面介绍 Conte 等学者在不考虑复合高斯模型中纹理分量分布时推导得到的自适应检测器。

对于包含 $N$ 个杂波样本的 $N$ 维随机向量 $\boldsymbol{c}$，在单个 CPI 内可以认为纹理分量保持不变，此时杂波向量 $\boldsymbol{c}$ 是一个 SIRV，即

$$\boldsymbol{c}(n)=\sqrt{\tau}\boldsymbol{u}(n) \tag{4.3.1}$$

其中：纹理分量 $\tau$ 是一个非负的实随机变量；散斑分量 $\boldsymbol{u}=[u(1),u(2),\cdots,u(N)]^{\mathrm{T}}$ 是零均值、协方差矩阵为 $\boldsymbol{M}$ 的复高斯向量，即 $\boldsymbol{u}\sim\mathcal{CN}(0,\boldsymbol{M})$，纹理分量和散斑分量相互独立；

$n$ 表示第 $n$ 个样本。杂波向量 $\boldsymbol{c}$ 的 $N$ 维 PDF 为

$$f(\boldsymbol{c})=\frac{1}{\pi^{N}\det(\boldsymbol{R})}h_{N}(\boldsymbol{c}^{\mathrm{H}}\boldsymbol{R}^{-1}\boldsymbol{c}) \tag{4.3.2}$$

其中：$\boldsymbol{R}=E(\boldsymbol{c}\boldsymbol{c}^{\mathrm{H}})=2\sigma^{2}\boldsymbol{M}$ 为杂波协方差矩阵，$2\sigma^{2}$ 代表当前待检测单元的杂波功率；$h_{N}(\cdot)$定义为

$$h_{N}(x)=\int_{0}^{\infty}\tau^{-N}\exp\left(-\frac{x}{\tau}\right)p(\tau)\mathrm{d}\tau \tag{4.3.3}$$

由于 SIRV 具有封闭性，在检测目标时可以采用白化方法处理回波数据。由杂波协方差矩阵 $\boldsymbol{R}=2\sigma^{2}\boldsymbol{M}$ 且散斑协方差矩阵 $\boldsymbol{M}$ 为正定矩阵，可以对 $\boldsymbol{M}$ 进行分解，得 $\boldsymbol{M}^{-1}=\boldsymbol{A}^{\mathrm{H}}\boldsymbol{A}$。对于式(4.1.2)给出的二元假设检验问题，可以利用矩阵 $\boldsymbol{A}$ 将二元假设检验写为白化滤波后的形式，记 $\boldsymbol{r}=\boldsymbol{A}\boldsymbol{z}$，$\boldsymbol{s}=\boldsymbol{A}\boldsymbol{p}$，$\boldsymbol{n}=\boldsymbol{A}\boldsymbol{c}$，则式(4.1.2)转化为

$$\begin{cases}H_{0}: \boldsymbol{r}=\boldsymbol{n}\\ H_{1}: \boldsymbol{r}=\boldsymbol{n}+\alpha\boldsymbol{s}\end{cases} \tag{4.3.4}$$

该变换需要事先知道散斑协方差矩阵 $\boldsymbol{M}$。同样地，在推导检测器时首先假设 $\boldsymbol{M}$ 是已知的，目标复幅度 $\alpha$ 是未知的确定性参数。对于式(4.3.4)给出的白化滤波形式下的目标检测问题，广义似然比检验为

$$\max_{\alpha}\frac{\displaystyle\int_{0}^{\infty}\tau^{-N}\exp\left(-\frac{\|\boldsymbol{r}-\alpha\boldsymbol{s}\|^{2}}{2\sigma^{2}\tau}\right)p(\tau)\mathrm{d}\tau}{\displaystyle\int_{0}^{\infty}\tau^{-N}\exp\left(-\frac{\|\boldsymbol{r}\|^{2}}{2\sigma^{2}\tau}\right)p(\tau)\mathrm{d}\tau}\underset{H_{0}}{\overset{H_{1}}{\gtrless}}\gamma \tag{4.3.5}$$

其中，$\|\cdot\|^{2}$ 表示 2-范数。令式(4.3.5)中表达式关于 $\alpha$ 最大化，可得 $\alpha$ 的估计值 $\hat{\alpha}$ 为

$$\hat{\alpha}=\frac{\boldsymbol{r}\cdot\boldsymbol{s}}{\|\boldsymbol{s}\|^{2}} \tag{4.3.6}$$

其中，$\boldsymbol{r}\cdot\boldsymbol{s}$ 表示向量 $\boldsymbol{r}$ 和 $\boldsymbol{s}$ 的内积。将 $\hat{\alpha}$ 代入式(4.3.5)，得

$$\max_{\alpha}\frac{\displaystyle\int_{0}^{\infty}\tau^{-N}\exp\left(-\frac{\|\boldsymbol{r}\|^{2}-\dfrac{|\boldsymbol{r}\cdot\boldsymbol{s}|^{2}}{\|\boldsymbol{s}\|^{2}}}{2\sigma^{2}\tau}\right)p(\tau)\mathrm{d}\tau}{\displaystyle\int_{0}^{\infty}\tau^{-N}\exp\left(-\frac{\|\boldsymbol{r}\|^{2}}{2\sigma^{2}\tau}\right)p(\tau)\mathrm{d}\tau}\underset{H_{0}}{\overset{H_{1}}{\gtrless}}\gamma \tag{4.3.7}$$

显然，式(4.3.7)中得到的检验统计量需要给定杂波纹理分量的 PDF 并进行积分运算。Conte 等学者更关注一个简便的、与纹理分布无关的检测器结构。注意，式(4.3.3)中 $h_{N}(\cdot)$ 的表达式可以改写为

$$h_{N}(x)=\frac{\Gamma(N)}{2\sqrt{N}}x^{-N+1/2}\int_{0}^{\infty}\frac{1}{\sqrt{y}}p\left(\sqrt{\frac{x}{Ny}}\right)\Phi_{N}(y)\mathrm{d}y \tag{4.3.8}$$

其中，$\Phi_N(y)=N^N\Gamma^{-1}(N)y^{N-1}\exp(-Ny)$可以看作是标准化 Erlang 随机数的 PDF。当 $N\gg 1$ 时，式(4.3.8)中的 $h_N(\cdot)$可以近似为

$$h_N(x)\sim\frac{\Gamma(N)}{2\sqrt{N}}x^{-N+1/2}p\left(\sqrt{\frac{x}{N}}\right) \tag{4.3.9}$$

将式(4.3.9)代入式(4.3.7)并进行代数运算，可得

$$\frac{\|\boldsymbol{r}\|^2}{\|\boldsymbol{r}\|^2-\dfrac{|\boldsymbol{r}\cdot\boldsymbol{s}|^2}{\|\boldsymbol{s}\|^2}}\left(\frac{p\left(\dfrac{\sqrt{\|\boldsymbol{r}\|^2-\dfrac{|\boldsymbol{r}\cdot\boldsymbol{s}|^2}{\|\boldsymbol{s}\|^2}}}{\sigma\sqrt{2N}}\right)}{p\left(\dfrac{\|\boldsymbol{r}\|}{\sigma\sqrt{2N}}\right)}\right)^{1/(N-1/2)}\underset{H_0}{\overset{H_1}{\gtrless}}\gamma \tag{4.3.10}$$

当 $N$ 的数值较大且 $p(\tau)$的函数性质较好时，式(4.3.10)检验统计量中的第二个分式趋近于 1，此时检验统计量近似为

$$\frac{\|\boldsymbol{r}\|^2}{\|\boldsymbol{r}\|^2-\dfrac{|\boldsymbol{r}\cdot\boldsymbol{s}|^2}{\|\boldsymbol{s}\|^2}}\underset{H_0}{\overset{H_1}{\gtrless}}\gamma \tag{4.3.11}$$

由 $\boldsymbol{r}=\boldsymbol{A}\boldsymbol{z}$，$\boldsymbol{s}=\boldsymbol{A}\boldsymbol{p}$ 和 $\boldsymbol{R}^{-1}=(1/2\sigma^2)\boldsymbol{A}^{\mathrm{H}}\boldsymbol{A}$，式(4.3.11)可以转换为白化滤波前的形式，即

$$\frac{|\boldsymbol{p}^{\mathrm{H}}\boldsymbol{R}^{-1}\boldsymbol{z}|^2}{(\boldsymbol{p}^{\mathrm{H}}\boldsymbol{R}^{-1}\boldsymbol{p})(\boldsymbol{z}^{\mathrm{H}}\boldsymbol{R}^{-1}\boldsymbol{z})}\underset{H_0}{\overset{H_1}{\gtrless}}\gamma \tag{4.3.12}$$

注意，式(4.3.7)、式(4.3.10)、式(4.3.11)和式(4.3.12)中检测器门限 $\gamma$ 一直在进行适当变形，本书中为了表述方便统一使用 $\gamma$ 符号。

式(4.3.12)给出的检测器称为 NMF 检测器，是非高斯杂波背景下的渐进最优检测器。NMF 检测器是在 AMF 检测器基础上增加归一化因子构成的。由于杂波协方差矩阵 $\boldsymbol{R}$ 和散斑协方差矩阵 $\boldsymbol{M}$ 结构相同，仅差一个功率系数，因此可以使用 $\boldsymbol{R}$ 来进行白化滤波。NMF 检测器在推导时假设散斑协方差矩阵 $\boldsymbol{M}$ 已知，在得到式(4.3.12)中的检验统计量之后，需要将 $\boldsymbol{R}$ 的估计值 $\hat{\boldsymbol{R}}$ 代入检测器中，而 $\hat{\boldsymbol{R}}$ 可以利用来自待检测单元附近的参考距离单元中的辅助数据估计得到。实际上，由于归一化因子的存在，代入 $\hat{\boldsymbol{R}}$ 或是代入散斑协方差矩阵 $\boldsymbol{M}$ 的估计值 $\hat{\boldsymbol{M}}$ 并不影响检测结果。

将 $\hat{\boldsymbol{R}}$ 代入式(4.3.12)，可以得到自适应 NMF 检测器为

$$\frac{|\boldsymbol{p}^{\mathrm{H}}\hat{\boldsymbol{R}}^{-1}\boldsymbol{z}|^2}{(\boldsymbol{p}^{\mathrm{H}}\hat{\boldsymbol{R}}^{-1}\boldsymbol{p})(\boldsymbol{z}^{\mathrm{H}}\hat{\boldsymbol{R}}^{-1}\boldsymbol{z})}\underset{H_0}{\overset{H_1}{\gtrless}}\gamma \tag{4.3.13}$$

当辅助数据数目 $K$ 足够大时，杂波协方差矩阵估计值 $\hat{\boldsymbol{R}}$ 趋向于真实的协方差矩阵 $\boldsymbol{R}$，此时自适应 NMF 检测器接近理论 NMF 检测器的检测性能。在高斯杂波背景下，GLRT 检测器的检测性能优于 NMF 检测器，而当杂波偏离高斯分布时，NMF 检测器则优于 GLRT 检测器，这是因为 NMF 检测器分母中的数据项 $\boldsymbol{z}^{\mathrm{H}}\boldsymbol{R}^{-1}\boldsymbol{z}$ 实现了对杂波局部功率的估计，从而能够自动调整检测门限。

## 4.4　杂波协方差矩阵结构估计方法

在推导 AMF 检测器和自适应 NMF 检测器时，杂波协方差矩阵结构(即散斑协方差矩阵)$\boldsymbol{M}$ 假设是已知的，在得到检测器表达式之后，再将由辅助数据估计得到的杂波协方差矩阵结构估计值代入检验统计量中，得到检测器的自适应形式。本节介绍几种常用的杂波协方差矩阵结构估计方法。

SCM 估计方法通常用于估计服从复高斯分布的杂波协方差矩阵 $\boldsymbol{R}$，表达式为

$$\hat{\boldsymbol{R}}_{\mathrm{SCM}}=\frac{1}{K}\sum_{k=1}^{K}\boldsymbol{z}_k\boldsymbol{z}_k^{\mathrm{H}} \tag{4.4.1}$$

其中，$\boldsymbol{z}_k(k=1, 2, \cdots, K)$表示与待检测数据中杂波分量独立同分布的仅包含杂波的辅助数据。对于同一个距离单元下 CPI 时间内的纯杂波数据，杂波协方差矩阵 $\boldsymbol{R}$ 与 $\boldsymbol{M}$ 结构相同，仅相差一个功率系数。在高斯杂波背景下，使用 SCM 矩阵估计值的 GLRT 检测器和 AMF 检测器可以保证对杂波协方差矩阵的 CFAR 特性。然而，在复合高斯杂波背景下，SCM 估计方法无法保证自适应相干检测器对杂波纹理或局部功率的 CFAR 特性[13]。

为了保证自适应类相干检测器在复合高斯分布杂波下实现对杂波纹理的 CFAR，归一化样本协方差矩阵(Normalized Sample Covariance Matrix，NSCM)估计方法首先对每个距离单元的辅助数据进行功率归一化，然后使用归一化后的数据计算 SCM，其计算公式为

$$\hat{\boldsymbol{M}}_{\mathrm{NSCM}}=\frac{N}{K}\sum_{k=1}^{K}\frac{\boldsymbol{z}_k\boldsymbol{z}_k^{\mathrm{H}}}{\boldsymbol{z}_k^{\mathrm{H}}\boldsymbol{z}_k} \tag{4.4.2}$$

其中，$N$ 为列向量 $\boldsymbol{z}_k$ 的维数。使用了 NSCM 矩阵估计值的自适应 NMF 检测器可以保证对杂波纹理的 CFAR，但是无法保证对杂波协方差结构的 CFAR[13-15]。

约束渐进最大似然估计(Constrained Approximate Maximum Likelihood Estimation，CAMLE)方法是通过平衡计算复杂度和估计性能提出的迭代估计方法，可以保证自适应类相干检测器对杂波纹理和散斑协方差矩阵的 CFAR[16]，其计算公式为

$$
\begin{cases}
\hat{\boldsymbol{M}}'_{\text{CAMLE}}(m)=\dfrac{N}{K}\displaystyle\sum_{k=1}^{K}\dfrac{\boldsymbol{z}_k\boldsymbol{z}_k^{\text{H}}}{\boldsymbol{z}_k^{\text{H}}\hat{\boldsymbol{M}}_{\text{CAMLE}}(m-1)\boldsymbol{z}_k} \\
\hat{\boldsymbol{M}}_{\text{CAMLE}}(m)=\dfrac{N}{\text{Tr}(\hat{\boldsymbol{M}}_{\text{CAMLE}}(m))}\hat{\boldsymbol{M}}'_{\text{CAMLE}}(m)
\end{cases}
\tag{4.4.3}
$$

其中，Tr(·)表示矩阵的迹，$m\geqslant 1$ 表示迭代次数。在应用中，迭代的初始化矩阵可以设置为单位阵 $\hat{\boldsymbol{M}}_{\text{CAMLE}}(0)=\boldsymbol{I}_{N\times N}$，或者是 NSCM 方法得到的估计结果 $\hat{\boldsymbol{M}}_{\text{CAMLE}}(0)=\hat{\boldsymbol{M}}_{\text{NSCM}}$。通常在使用 NSCM 估计值作为初值时，经过 1 次或者 2 次迭代就可以得到相对满意的估计结果，一般情况下 CAMLE 方法的估计精度要优于 NSCM。

综上所述，SCM 方法用于估计杂波协方差矩阵，NSCM 和 CAMLE 方法用于估计散斑协方差矩阵，在均匀杂波背景下，这三种估计方法拥有较好的估计性能。根据 RMB 准则，在均匀高斯杂波背景下，当匹配滤波器性能相比最优性能平均损失 3 dB 时，需要的辅助数据数量约为 $K\approx 2N-3$。此外，有学者提出当 GLRT 检测器性能相比于最优性能损失 0.9 dB 时，需要的辅助数据数量为 $K=5N$。因此，需要根据 $N$ 的数值来设置辅助数据的数量 $K$，当 $N$ 增加时，需要的辅助数据数量自然会增多。然而在非均匀杂波背景下，很难沿距离维从待检测单元附近获得足够多的辅助数据，此时自适应类相干检测器往往会出现严重的性能损失，此时需要利用杂波的先验知识，来解决辅助数据不足的问题。本书在第 10 章将会讨论该问题。

# 本章小结

本章介绍了高斯杂波和复合高斯杂波背景下 GLRT、AMF 和 NMF 等经典的自适应检测器，推导了各检测器的检验统计量，并对几种检测器的检测性能进行了分析和对比。具体地，在均匀高斯杂波环境下，当 SCR 较低时，AMF 检测器比 GLRT 检测器表现出略微的性能损失；当 SCR 较高时，AMF 检测器的检测性能要优于 GLRT 检测器。在非高斯杂波背景下，NMF 检测器的检测性能要优于高斯分布杂波假设下推导出的 GLRT 和 AMF 检测器。自适应检测器需要利用杂波协方差矩阵结构对待检测数据进行白化操作，而杂波协方差矩阵结构在实际应用中通常是未知的，因此杂波协方差矩阵结构的估计方法将影响自适应检测器的检测性能与恒虚警特性。为此，本章总结了 SCM、NSCM 和 CAMLE 等三种常见的杂波协方差矩阵结构估计方法，对三种方法的估计性能和不同杂波背景下所需辅助数据的数量进行了说明。

# 参考文献

[1] KELLY E. An adaptive detection algorithm[J]. IEEE Transactions on Aerospace and Electronic Systems, 2007, 22(2): 115-127.

[2] ROBEY F, FUHRMANN D, KELLY E, et al. A CFAR adaptive matched filter detector [J]. IEEE Transactions on Aerospace and Electronic Systems, 1992, 28(1): 208-216.

[3] TRUNK G, GEORGE S. Detection of targets in non-Gaussian sea clutter[J]. IEEE Transactions on Aerospace and Electronic Systems, 1970, 6(5): 620-628.

[4] SEKINE M, OHTANI S, MUSHA T, et al. Weibull-distributed ground clutter[J]. IEEE Transactions on Aerospace and Electronic Systems, 1981, 17(4): 596-598.

[5] CONTE E, DE MAIO A, GALDI C. Statistical analysis of real clutter at different range resolutions[J]. IEEE Transactions on Aerospace and Electronic Systems, 2004, 40(3): 903-918.

[6] FARINA A, GINI F, GRECO M, et al. High resolution sea clutter data: statistical analysis of recorded live data[J]. IEE Proceedings-Radar, Sonar and Navigation, 1997, 144(3): 121-130.

[7] MARIER L. Correlated K-distributed clutter generation for radar detection and track[J]. IEEE Transactions on Aerospace and Electronic Systems, 1995, 31(2): 568-580.

[8] WARD K D, BAKER C J, WATTS S. Maritime surveillance radar. I. Radar scattering from the ocean surface[J]. IEE Proceedings—Radar and Signal Processing, 1990, 137(2): 51-62.

[9] GINI F, GRECO M. Texture modelling, estimation and validation using measured sea clutter data[J]. IEE Proceedings—Radar, Sonar and Navigation, 2002, 149(3): 115-124.

[10] CONTE E, LOPS M, RICCI G. Asymptotically optimum radar detection in compound-Gaussian clutter[J]. IEEE Transactions on Aerospace and Electronic Systems, 1995, 31(2): 617-625.

[11] GINI F. Sub-optimum coherent radar detection in a mixture of K-distributed and Gaussian clutter[J]. IEE Proceedings—Radar, Sonar and Navigation, 2002, 144(1): 39-48.

[12] CONTE E, LOPS M, RICCI G. Adaptive detection schemes in compound-Gaussian clutter[J]. IEEE Transactions on Aerospace and Electronic Systems, 1998, 34(4): 1058 - 1069.

[13] GINI F, GRECO M. Covariance matrix estimation for CFAR detection in heavy clutter[J]. Signal Processing, 2002, 82: 1847 - 1859.

[14] CONTE E, DE MAIO A, RICCI G. Covariance matrix estimation for adaptive CFAR detection in compound-Gaussian clutter[J]. IEEE Transactions on Aerospace and Electronic Systems, 2002, 38(2): 415 - 426.

[15] GRECO M, STINCO P, GINI F. Impact of Sea Clutter Nonstationarity on Disturbance Covariance Matrix Estimation and CFAR Detector Performance[J]. IEEE Transactions on Aerospace and Electronic Systems, 2010, 46(3): 1502 - 1513.

[16] CONTE E, DE MAIO A, RICCI G. Recursive estimation of the covariance matrix of a compound-Gaussian clutter and its application to adaptive CFAR detection[J]. IEEE Transactions on Signal Processing, 2002, 50(8): 1908 - 1915.

# 第5章 匹配杂波纹理分布的自适应最优检测器

复合高斯模型是目前海杂波建模中应用最广泛的杂波模型，相关学者针对复合高斯海杂波中的目标检测问题开展了大量的研究工作。对于复合高斯海杂波背景下的检测器设计，在推导检测器形式时使检验统计量中的杂波纹理分布与复合高斯海杂波的纹理分量相匹配，在理论上能够使自适应检测器取得比不考虑纹理分布的检测器更好的检测性能。当检测器中与杂波纹理分布和杂波协方差矩阵结构有关的参数能够随海杂波统计特性变化实现自适应时，该类检测器称为匹配杂波纹理分布的自适应最优检测器。本章将介绍杂波幅度分布分别为K分布、广义Pareto分布、CG-IG分布以及CG-GIG分布的情况下，利用广义似然比检验得到的自适应最优检测器。

## 5.1 K分布下的自适应最优检测器

在强海杂波背景下而不考虑噪声影响时，复合高斯杂波中的点目标检测问题仍可以用式(4.1.2)给出的二元假设检验来描述。在单个CPI内，杂波数据 $\boldsymbol{c}$ 可以用SIRV来表示，即

$$\boldsymbol{c}=\sqrt{\tau}\boldsymbol{u} \tag{5.1.1}$$

其中：纹理分量 $\tau$ 为非负的随机变量，反映了杂波局部功率水平；散斑分量 $\boldsymbol{u}$ 为零均值、协方差矩阵为 $\boldsymbol{M}=E(\boldsymbol{u}\boldsymbol{u}^{\mathrm{H}})$ 的复高斯向量，即 $\boldsymbol{u}\sim\mathcal{CN}(0,\boldsymbol{M})$。纹理分量 $\tau$ 和散斑分量 $\boldsymbol{u}$ 相互独立，则杂波向量 $\boldsymbol{c}$ 的条件协方差矩阵为 $\boldsymbol{R}=E(\boldsymbol{c}\boldsymbol{c}^{\mathrm{H}}|\tau)=\tau\boldsymbol{M}$。待检测数据 $\boldsymbol{z}$ 的在 $H_0$ 和 $H_1$ 假设下的条件PDF分别为

$$f(\boldsymbol{z}|\tau,\boldsymbol{M};H_0)=\frac{1}{(\pi\tau)^N\det(\boldsymbol{M})}\exp\left(-\frac{\boldsymbol{z}^{\mathrm{H}}\boldsymbol{M}^{-1}\boldsymbol{z}}{\tau}\right) \tag{5.1.2}$$

$$f(\boldsymbol{z}|\alpha,\boldsymbol{M},\tau;H_1)=\frac{1}{(\pi\tau)^N\det(\boldsymbol{M})}\exp\left(-\frac{(\boldsymbol{z}-\alpha\boldsymbol{p})^{\mathrm{H}}\boldsymbol{M}^{-1}(\boldsymbol{z}-\alpha\boldsymbol{p})}{\tau}\right) \tag{5.1.3}$$

根据 NP 准则，最优检测器的形式为似然比检验。由于待检测数据 $\boldsymbol{z}$ 对应的 PDF 包含未知参数，通常使用广义似然比检验来设计检测器。下面采用两步法来推导自适应检测器。

第一步，假设杂波协方差矩阵结构已知并计算检测器的检验统计量；

第二步，将由辅助数据估计得到的杂波协方差矩阵结构估计值代入检测器中，得到检测器的自适应形式。

当散斑协方差矩阵 $\boldsymbol{M}$ 已知时，广义似然比检测器的形式为

$$\frac{\max\limits_{\alpha}\int f(\boldsymbol{z}\mid\alpha,\tau;H_1)p(\tau)\mathrm{d}\tau}{\int f(\boldsymbol{z}\mid\tau;H_0)p(\tau)\mathrm{d}\tau}\underset{H_0}{\overset{H_1}{\gtrless}}\gamma \tag{5.1.4}$$

本节推导 K 分布杂波下的自适应最优检测器，则纹理分量 $\tau$ 为服从 Gamma 分布的随机变量，其 PDF 为

$$p(\tau)=\frac{\nu^{\nu}}{\Gamma(\nu)b^{\nu}}\tau^{\nu-1}\exp\left(-\frac{\nu}{b}\tau\right) \tag{5.1.5}$$

其中，形状参数 $\nu$ 反映了杂波幅度分布的拖尾特性，尺度参数 $b$ 代表了杂波的平均功率。因此在 $H_0$ 假设下，式(5.1.4)中分母的积分可以写为

$$\begin{aligned}&\int f(\boldsymbol{z}\mid\tau;H_0)p(\tau)\mathrm{d}\tau\\&=\frac{1}{\pi^N\det(\boldsymbol{M})}\cdot\frac{\nu^{\nu}}{\Gamma(\nu)b^{\nu}}\int\tau^{\nu-N-1}\exp\left(-\frac{\nu}{b}\tau-\frac{\boldsymbol{z}^{\mathrm{H}}\boldsymbol{M}^{-1}\boldsymbol{z}}{\tau}\right)\mathrm{d}\tau\\&=\frac{2}{\pi^N\Gamma(\nu)\det(\boldsymbol{M})}\cdot\left(\frac{\nu}{b}\right)^{\frac{\nu+N}{2}}q_0^{\frac{\nu-N}{2}}K_{N-\nu}\left(2\sqrt{\frac{\nu q_0}{b}}\right)\end{aligned} \tag{5.1.6}$$

其中，$q_0=\boldsymbol{z}^{\mathrm{H}}\boldsymbol{M}^{-1}\boldsymbol{z}$。在化简过程中使用了第二类修正 Bessel 函数的一种积分表达式，即

$$K_{\nu}(x)=\frac{1}{2}\left(\frac{x}{2}\right)^{\nu}\int_0^{\infty}\frac{1}{t^{\nu+1}}\exp\left(-t-\frac{x^2}{4t}\right)\mathrm{d}t$$

类似地，在 $H_1$ 假设下有

$$\begin{aligned}&\int f(\boldsymbol{z}\mid\alpha,\tau;H_1)p(\tau)\mathrm{d}\tau\\&=\frac{2}{\pi^N\Gamma(\nu)\det(\boldsymbol{M})}\cdot\left(\frac{\nu}{b}\right)^{\frac{\nu+N}{2}}q_1^{\frac{\nu-N}{2}}K_{N-\nu}\left(2\sqrt{\frac{\nu q_1}{b}}\right)\end{aligned} \tag{5.1.7}$$

其中，$q_1=(\boldsymbol{z}-\alpha\boldsymbol{p})^{\mathrm{H}}\boldsymbol{M}^{-1}(\boldsymbol{z}-\alpha\boldsymbol{p})$。将式(5.1.6)和式(5.1.7)代入式(5.1.4)，可以得到K分布杂波下关于纹理分布最优的检测器，即最优K分布检测器(Optimum K-distributed Detector, OKD)为

$$\Lambda=\frac{q_1^{(\nu-N)/2}K_{N-\nu}\left(2\sqrt{\dfrac{\nu q_1}{b}}\right)}{q_0^{(\nu-N)/2}K_{N-\nu}\left(2\sqrt{\dfrac{\nu q_0}{b}}\right)}\underset{H_0}{\overset{H_1}{\gtrless}}\gamma \tag{5.1.8}$$

当OKD检测器中与K分布有关的形状参数$\nu$和尺度参数$b$以及杂波散斑协方差矩阵$\boldsymbol{M}$与杂波统计特性匹配时，OKD检测器为K分布杂波下匹配纹理分布的自适应最优检测器[1-2]。然而，式(5.1.8)中的未知目标复幅度$\alpha$是真实值，即假设目标信号$\boldsymbol{s}$是已知的，在实际应用中需要使用估计值代替。求解目标复幅度$\alpha$的最大似然估计值相当于令$q_1$关于$\alpha$最小化，可得$\alpha$的最大似然估计值为

$$\hat{\alpha}=\frac{\boldsymbol{p}^{\mathrm{H}}\boldsymbol{M}^{-1}\boldsymbol{z}}{\boldsymbol{p}^{\mathrm{H}}\boldsymbol{M}^{-1}\boldsymbol{p}} \tag{5.1.9}$$

此外，根据4.4节介绍的杂波协方差矩阵结构估计方法，利用辅助数据$\boldsymbol{z}_k(k=1, 2, \cdots, K)$得到杂波散斑协方差矩阵$\boldsymbol{M}$的估计值$\hat{\boldsymbol{M}}$，将之代入式(5.1.8)中，就可以得到关于杂波协方差矩阵结构自适应的OKD检测器。注意，使用估计值代替检验统计量中的未知参数通常会使检测器性能下降，从而无法达到理论上最优的检测性能。

下面通过一组简单的计算机仿真实验，将第4章中提到的AMF、NMF和本节介绍的OKD进行对比，使读者对OKD在K分布杂波中的检测性能有直观的认识。在尺度参数为1，形状参数分别为0.5、2、4、20以及杂波协方差矩阵已知的仿真K分布杂波背景下，三种检测器的检测性能曲线如图5.1所示，在仿真实验中虚警概率$P_{\mathrm{FA}}=10^{-4}$，脉冲累积数$N=8$，横轴坐标中信杂比的数值为单脉冲信杂比。从图5.1的实验结果中可以看出，AMF检测器在近似高斯分布的杂波下($\nu=20$)具有较好的检测性能，NMF检测器在非高斯性较强的杂波下($\nu=0.5$)具有较好的检测性能。对于四种不同形状参数的仿真K分布杂波，匹配于纹理分布的OKD的检测性能始终优于AMF和自适应NMF。然而，由于检验统计量中第二类修正Bessel函数的存在，OKD较大的计算量限制了它在实际雷达目标检测中的应用[3]，因此仍需要设计在K分布杂波下计算可实现的自适应检测器，在第6章中将讨论该类检测器的设计思路。

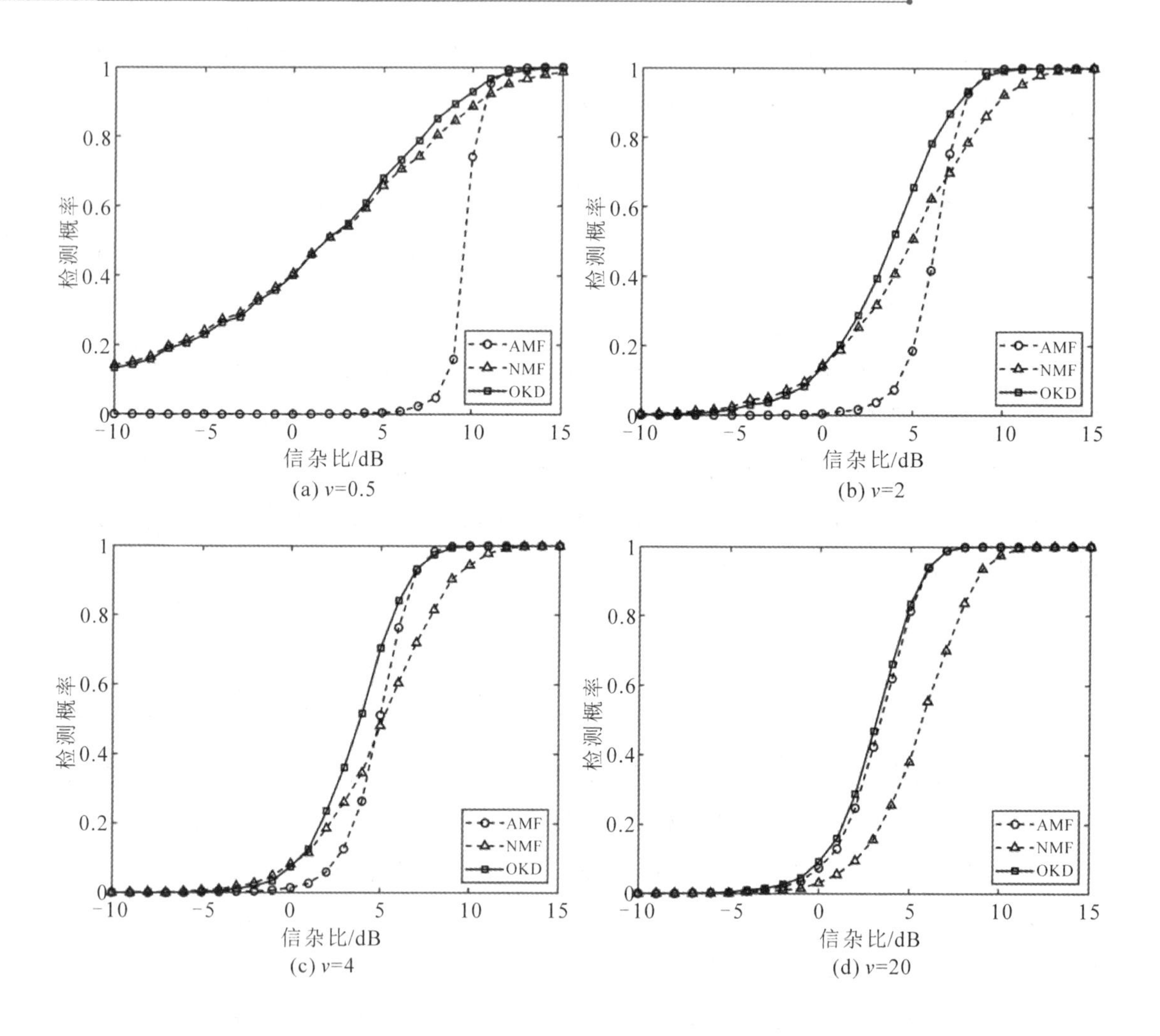


图 5.1 仿真 K 分布杂波中 AMF、NMF 和 OKD 检测概率曲线对比

## 5.2 广义 Pareto 分布杂波下的自适应最优检测器

广义 Pareto 分布杂波下的自适应最优检测器推导过程与 5.1 节中 OKD 的推导过程类似。对于式(5.1.1)给出的二元假设检验问题，GLRT 检测器的形式为式(5.1.5)。当杂波幅度分布模型为广义 Pareto 分布时，复合高斯杂波中的纹理分量 $\tau$ 为服从逆 Gamma 分布的随机变量，其 PDF 为

$$p(\tau)=\frac{1}{\Gamma(\nu)b^{\nu}}\tau^{-(\nu+1)}\exp\left(-\frac{1}{b\tau}\right) \tag{5.2.1}$$

其中，$\nu$ 为形状参数，$b$ 为尺度参数。对于式(5.1.5)给出的检测器形式，在 $H_0$ 假设下，式(5.1.5)中分母的积分可以写为

$$\begin{aligned}
&\int f(\boldsymbol{z} \mid \tau;\ H_0)p(\tau)\mathrm{d}\tau \\
&= \frac{1}{\pi^N b^{\nu}\Gamma(\nu)\det(\boldsymbol{M})}\int \tau^{-\nu-N-1}\exp\left(-\frac{1}{b\tau}-\frac{\boldsymbol{z}^{\mathrm{H}}\boldsymbol{M}^{-1}\boldsymbol{z}}{\tau}\right)\mathrm{d}\tau \\
&= \frac{\Gamma(\nu+N)}{\pi^N b^{\nu}\Gamma(\nu)\det(\boldsymbol{M})}(q_0+b^{-1})^{-\nu-N}
\end{aligned} \tag{5.2.2}$$

其中，$q_0=\boldsymbol{z}^{\mathrm{H}}\boldsymbol{M}^{-1}\boldsymbol{z}$。类似地，在 $H_1$ 假设下有

$$\int f(\boldsymbol{z} \mid \alpha,\ \tau;\ H_1)p(\tau)\mathrm{d}\tau = \frac{\Gamma(\nu+N)}{\pi^N b^{\nu}\Gamma(\nu)\det(\boldsymbol{M})}(q_1+b^{-1})^{-\nu-N} \tag{5.2.3}$$

其中，$q_1=(\boldsymbol{z}-\alpha\boldsymbol{p})^{\mathrm{H}}\boldsymbol{M}^{-1}(\boldsymbol{z}-\alpha\boldsymbol{p})$。将式(5.2.2)和式(5.2.3)代入式(5.1.5)中得

$$\Lambda=\frac{(q_1+b^{-1})^{-\nu-N}}{(q_0+b^{-1})^{-\nu-N}}\underset{H_0}{\overset{H_1}{\gtrless}}\gamma \tag{5.2.4}$$

当式(5.2.4)给出的检测器中与广义 Pareto 分布有关的形状参数 $\nu$ 和尺度参数 $b$ 以及杂波散斑协方差矩阵 $\boldsymbol{M}$ 与杂波统计特性匹配时，该检测器为广义 Pareto 分布杂波下匹配纹理分布的自适应最优检测器[4-5]。然而，式(5.2.3)中的未知目标复幅度 $\alpha$ 是真实值，在实际应用中需要使用估计值代替。将式(5.1.9)给出的 $\alpha$ 的最大似然估计值代入式(5.2.4)中并适当化简，可得广义 Pareto 分布下的 GLRT 检测器为

$$\Lambda=\frac{|\boldsymbol{p}^{\mathrm{H}}\boldsymbol{M}^{-1}\boldsymbol{z}|^2}{(\boldsymbol{p}^{\mathrm{H}}\boldsymbol{M}^{-1}\boldsymbol{p})(b^{-1}+\boldsymbol{z}^{\mathrm{H}}\boldsymbol{M}^{-1}\boldsymbol{z})}\underset{H_0}{\overset{H_1}{\gtrless}}\gamma \tag{5.2.5}$$

其中，检测门限 $\gamma$ 为式(5.2.4)中检测门限的适当变形。式(5.2.5)中的 GLRT 检测器又称广义似然比检验线性门限检测器(Generalized Likelihood Ratio Test-Linear Threshold Detector，GLRT-LTD)，这是因为 GLRT-LTD 可以重写为式(4.2.6)给出的匹配滤波器和一个依赖于数据项 $\boldsymbol{z}^{\mathrm{H}}\boldsymbol{M}^{-1}\boldsymbol{z}$ 的线性函数门限 $\gamma(b^{-1}+\boldsymbol{z}^{\mathrm{H}}\boldsymbol{M}^{-1}\boldsymbol{z})$ 相比较的形式。将利用辅助数据 $\boldsymbol{z}_k(k=1,\ 2,\ \cdots,\ K)$ 得到的杂波散斑协方差矩阵估计值 $\hat{\boldsymbol{M}}$ 代入 GLRT-LTD 中，就可以得到 GLRT-LTD 关于杂波协方差矩阵结构自适应的形式。

下面仍然通过一组仿真实验对比 GLRT-LTD 与 AMF 和 NMF 检测器在广义 Pareto 分布杂波中的检测性能。首先生成尺度参数 $b$ 为 1、形状参数 $\nu$ 分别为 2 和 3 的广义 Pareto 分布杂波仿真数据，随后在仿真杂波数据中加入仿真目标，在脉冲累积数 $N=8$、虚警概率 $P_{\mathrm{FA}}=10^{-4}$ 和杂波协方差矩阵已知的条件下计算不同单脉冲信杂比时 AMF、NMF 和 GLRT-LTD 的检测概率，实验结果如图 5.2 所示。从图 5.2 中可以看出，当形状参数 $\nu$ 分别为 2 和 3 时，匹配纹理分布的 GLRT-LTD 在三种检测器中检测性能最优。此外，当杂波非高斯特性较强($\nu=2$)时，NMF 检测器的检测性能接近 GLRT-LTD 检测器；而杂波非高斯特性减弱时，AMF 检测器的检测性能在相同 SCR 下有所提升。

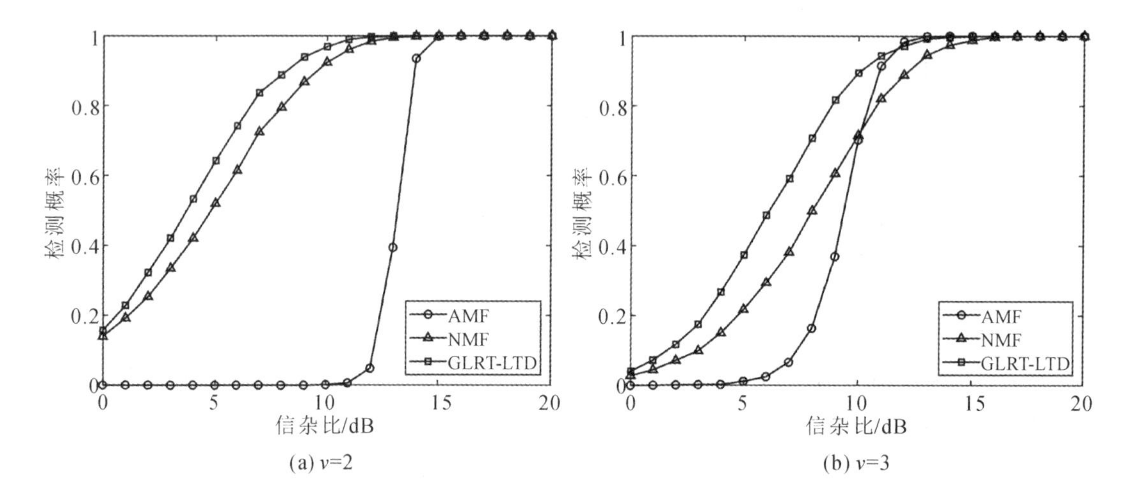


图 5.2 仿真广义 Pareto 分布杂波中 AMF、NMF 和 GLRT-LTD 检测概率曲线对比

相比于 K 分布杂波下的自适应最优检测器 OKD，GLRT-LTD 检验统计量形式简单，检测器自身计算可实现，不需要设计相应的近最优形式。

## 5.3 CG-IG 分布杂波下的自适应最优检测器

CG-IG 分布杂波下的自适应最优检测器推导过程仍与 5.1 节和 5.2 节中两种自适应检测器的推导过程类似。对于式(5.1.1)中给出的二元假设检验问题，GLRT 检测器的形式为式(5.1.4)。当杂波幅度分布模型为 CG-IG 分布时，复合高斯杂波中的纹理分量 $\tau$ 为服从逆高斯分布的随机变量，其 PDF 为

$$p(\tau)=\sqrt{\frac{\nu b}{2\pi\tau^3}}\exp\left(-\frac{\nu b\tau}{2}\left(\frac{1}{b}-\frac{1}{\tau}\right)^2\right) \tag{5.3.1}$$

其中，形状参数 $\nu$ 反映了杂波幅度分布的拖尾特性，尺度参数 $b$ 代表了杂波的平均功率。对于式(5.1.4)给出的检测器形式，在 $H_0$ 假设下，式(5.1.4)中分母的积分可以写为

$$\begin{aligned}&\int f(\boldsymbol{z}\mid\tau;\ H_0)p(\tau)\mathrm{d}\tau\\&=\frac{1}{\pi^N\det(\boldsymbol{M})}\cdot\sqrt{\frac{\nu b}{2\pi}}\int\tau^{-N-3/2}\exp\left(-\frac{\nu b\tau}{2}\left(\frac{1}{b}-\frac{1}{\tau}\right)^2-\frac{\boldsymbol{z}^{\mathrm{H}}\boldsymbol{M}^{-1}\boldsymbol{z}}{\tau}\right)\mathrm{d}\tau\\&=\frac{\sqrt{2\nu}\,\mathrm{e}^{\nu}}{\pi^{N+1/2}b^N\det(\boldsymbol{M})}\left(1+\frac{2q_0}{\nu b}\right)^{-N/2-1/4}K_{N+1/2}\left(\nu\sqrt{1+\frac{2q_0}{\nu b}}\right)\end{aligned} \tag{5.3.2}$$

其中，$q_0=\boldsymbol{z}^{\mathrm{H}}\boldsymbol{M}^{-1}\boldsymbol{z}$。类似地，在 $H_1$ 假设下有

$$\int f(\boldsymbol{z}\mid\alpha,\ \tau;\ H_1)p(\tau)\mathrm{d}\tau=\frac{\sqrt{2\nu}\,\mathrm{e}^{\nu}}{\pi^{N+1/2}b^N\det(\boldsymbol{M})}\left(1+\frac{2q_1}{\nu b}\right)^{-N/2-1/4}K_{N+1/2}\left(\nu\sqrt{1+\frac{2q_1}{\nu b}}\right) \tag{5.3.3}$$

其中，$q_1=(\boldsymbol{z}-\alpha\boldsymbol{p})^{\mathrm{H}}\boldsymbol{M}^{-1}(\boldsymbol{z}-\alpha\boldsymbol{p})$。将式(5.3.2)和式(5.3.3)代入式(5.1.4)中，可得

$$\Lambda=\frac{(2q_1+\nu b)^{-N/2-1/4}K_{N+1/2}\left(\nu\sqrt{1+\frac{2q_1}{\nu b}}\right)}{(2q_0+\nu b)^{-N/2-1/4}K_{N+1/2}\left(\nu\sqrt{1+\frac{2q_0}{\nu b}}\right)}\underset{H_0}{\overset{H_1}{\gtrless}}\gamma \tag{5.3.4}$$

其中，$\gamma$ 是和虚警概率有关的检测门限。当式(5.3.4)给出的检测器中与 CG-IG 分布有关的形状参数 $\nu$ 和尺度参数 $b$ 以及杂波散斑协方差矩阵 $\boldsymbol{M}$ 与杂波统计特性匹配时，该检测器为 CG-IG 分布杂波下匹配纹理分布的自适应最优检测器(下文简记为 GLRT-IG 检测器)[6-7]。

注意，式(5.3.3)中的未知目标复幅度 $\alpha$ 是真实值，即假设目标信号 $\boldsymbol{s}$ 是已知的，因此在实际应用中需要使用估计值代替。将式(5.1.9)给出的 $\alpha$ 的最大似然估计值和利用辅助数据 $\boldsymbol{z}_k(k=1,\ 2,\ \cdots,\ K)$得到的杂波散斑协方差矩阵估计值 $\hat{\boldsymbol{M}}$ 代入式(5.3.4)中，可以得到关于杂波协方差矩阵结构自适应的 GLRT-IG 检测器。然而，类似于 K 分布杂波下最优的自适应检测器 OKD，由于检验统计量中存在第二类修正 Bessel 函数，GLRT-IG 较大的计算量限制了它在实际雷达目标检测中的应用[8]。

下面通过一组仿真实验对比 GLRT-IG 与 AMF、NMF 和 OKD 检测器在 CG-IG 分布

杂波中的检测性能。首先生成尺度参数 $b$ 为 1、形状参数 $\nu$ 分别为 0.5、2、5 和 20 的 CG-IG 分布杂波仿真数据，随后在仿真杂波数据中加入仿真目标，在脉冲累积数 $N=8$、虚警概率 $P_{FA}=10^{-4}$ 和杂波协方差矩阵已知的条件下计算不同单脉冲信杂比时 AMF、NMF、OKD 和 GLRT-LTD 的检测概率，实验结果如图 5.3 所示。从图 5.3 中可以看出，与之前的仿真实验结果类似，AMF 和 NMF 分别在杂波形状参数较大和较小，即高斯性和非高斯性较强时具有相对较好的检测性能，而匹配纹理分布的 GLRT-IG 在四种检测器中检测性能最优。

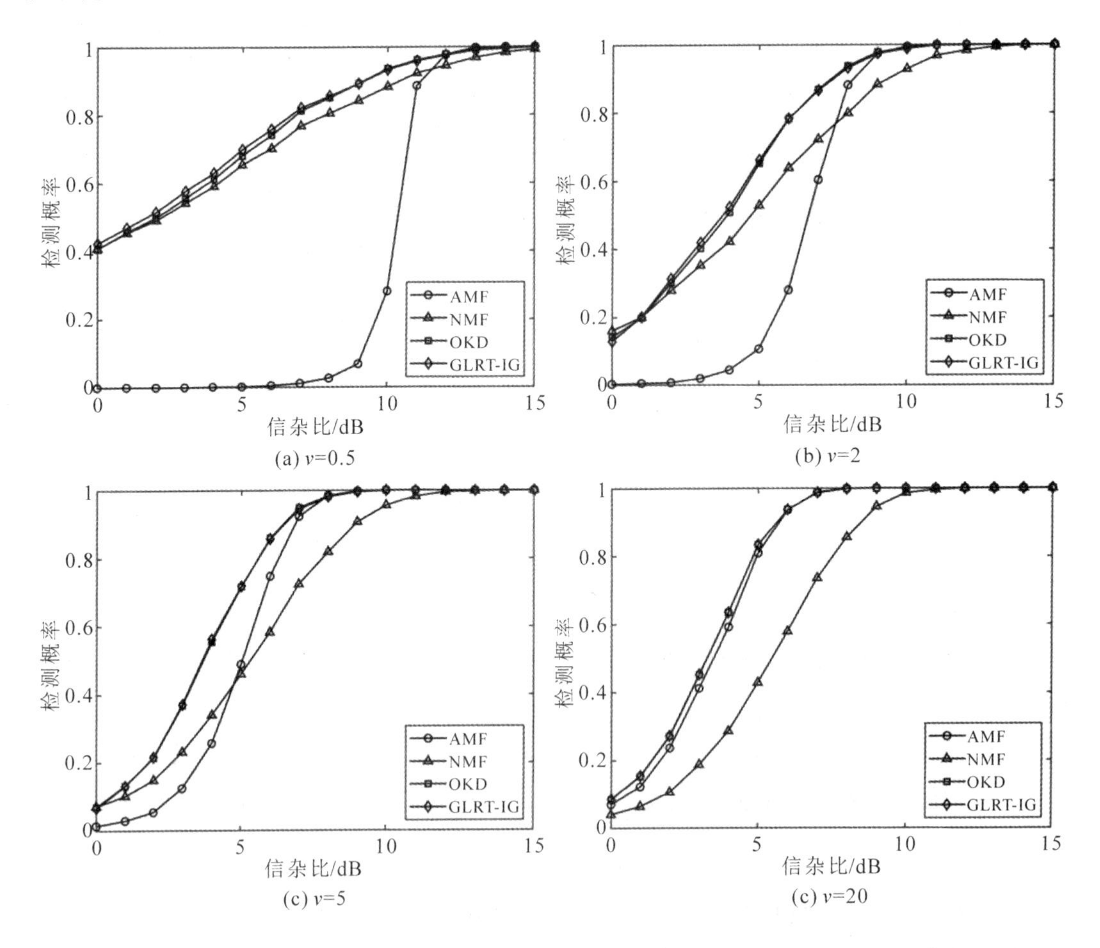


图 5.3 仿真 CG-IG 分布杂波中 AMF、NMF、OKD 和 GLRT-IG 检测概率曲线对比

值得注意的是，K 分布杂波下最优的 OKD 在 CG-IG 分布杂波中也具有与 GLRT-IG 近似的检测性能，这是因为 K 分布杂波与 CG-IG 分布杂波的拖尾特性类似，二者拖尾均为指数

衰减函数，而自适应检测器在虚警概率较低时的检测性能主要与杂波拖尾特性的匹配程度有关。CG-IG 分布杂波的拖尾特性与 K 分布杂波类似的结论已在 2.2.3 节中提及，在 6.2 节中将对此作更加详细的说明，并根据该结论推导出 CG-IG 分布杂波下计算可实现的近最优检测器。

## 5.4 CG-GIG 分布杂波下的自适应最优检测器

CG-GIG 分布杂波下的自适应最优检测器推导过程仍与 5.1～5.3 节中的自适应检测器推导过程类似。对于式(5.1.1)中给出的二元假设检验问题，GLRT 检测器的形式为式(5.1.4)。当杂波幅度分布模型为 CG-GIG 分布时，复合高斯杂波中的纹理分量 $\tau$ 为服从广义逆高斯分布的随机变量，其 PDF 为

$$p(\tau)=\frac{(a/b)^{p/2}}{2K_p(\sqrt{ab})}\tau^{p-1}\exp\left(-\frac{a\tau+b\tau^{-1}}{2}\right) \tag{5.4.1}$$

其中，参数 $a>0$，$b>0$，$p\in\mathbb{R}$。对于式(5.1.4)给出的检测器形式，在 $H_0$ 假设下，式(5.1.4)中分母的积分可以写为

$$\begin{aligned}&\int f(\boldsymbol{z}\mid\tau;\ H_0)p(\tau)\mathrm{d}\tau\\&=\frac{1}{\pi^N\det(\boldsymbol{M})}\cdot\frac{(a/b)^{p/2}}{2K_p(\sqrt{ab})}\int\tau^{p-N-1}\exp\left(-\frac{a\tau+b/\tau}{2}-\frac{\boldsymbol{z}^{\mathrm{H}}\boldsymbol{M}^{-1}\boldsymbol{z}}{\tau}\right)\mathrm{d}\tau\\&=\frac{a^{N/2}b^{-p/2}(2q_0+b)^{(p-N)/2}}{\pi^N K_p(\sqrt{ab})\det(\boldsymbol{M})}K_{N-p}\sqrt{a(2q_0+b)}\end{aligned} \tag{5.4.2}$$

其中，$q_0=\boldsymbol{z}^{\mathrm{H}}\boldsymbol{M}^{-1}\boldsymbol{z}$。类似地，在 $H_1$ 假设下有

$$\int f(\boldsymbol{z}\mid\alpha,\ \tau;\ H_1)p(\tau)\mathrm{d}\tau=\frac{a^{N/2}b^{-p/2}(2q_1+b)^{(p-N)/2}}{\pi^N K_p(\sqrt{ab})\det(\boldsymbol{M})}K_{N-p}\sqrt{a(2q_0+b)} \tag{5.4.3}$$

其中，$q_1=(\boldsymbol{z}-\alpha\boldsymbol{p})^{\mathrm{H}}\boldsymbol{M}^{-1}(\boldsymbol{z}-\alpha\boldsymbol{p})$。将式(5.4.2)和式(5.4.3)代入式(5.1.5)，可得 CG-GIG 分布杂波下目标信号 $\boldsymbol{s}$ 已知时的 GLRT 检测器(下文简记为 GLRT-GIG 检测器)形式为

$$\Lambda=\frac{(2q_1+b)^{(p-N)/2}K_{N-p}\sqrt{a(2q_1+b)}}{(2q_0+b)^{(p-N)/2}K_{N-p}\sqrt{a(2q_0+b)}}\underset{H_0}{\overset{H_1}{\gtrless}}\gamma \tag{5.4.4}$$

注意，式(5.4.3)中的未知目标复幅度 $\alpha$ 是真实值，在实际应用中需要使用估计值代替。将式(5.1.9)给出的 $\alpha$ 的最大似然估计值和利用辅助数据 $z_k(k=1, 2, \cdots, K)$ 得到的杂波散斑协方差矩阵估计值 $\hat{\boldsymbol{M}}$ 代入式(5.4.4)中，可以得到关于杂波协方差矩阵结构自适应的 GLRT-GIG 检测器。当 GLRT-GIG 检测器中与 CG-GIG 分布有关的参数 $a$、$b$、$p$ 以及杂波散斑协方差矩阵 $\boldsymbol{M}$ 与杂波统计特性匹配时，GLRT-GIG 检测器为 CG-GIG 分布杂波下匹配纹理分布的自适应最优检测器。

GLRT-GIG 检测器对应的纹理分布为广义逆高斯分布，因此 GLRT-GIG 检测器包含了 5.1～5.3 节中提到的三种不同杂波幅度分布下的自适应最优检测器。具体地，当 $p=\nu$，$b=0$ 和 $a=2\nu/b$ 时，式(5.4.4)中的检验统计量退化为

$$\Lambda=\frac{q_1^{(\nu-N)/2}K_{N-\nu}(2\sqrt{\nu q_1/b})}{q_0^{(\nu-N)/2}K_{N-\nu}(2\sqrt{\nu q_0/b}))} \tag{5.4.5}$$

其中，$\nu$ 和 $b$ 可以看作 K 分布杂波中的形状参数和尺度参数。式(5.4.5)即为式(5.1.8)给出的 K 分布杂波下自适应最优检测器 OKD 的检验统计量。当 $p=-1/2$，$a=\nu/b$ 和 $b=\nu b$ 时，式(5.4.4)中的检验统计量退化为

$$\Lambda=\frac{(2q_1+\nu b)^{-N/2-1/4}K_{N+1/2}\left(\nu\sqrt{1+\dfrac{2q_1}{\nu b}}\right)}{(2q_0+\nu b)^{-N/2-1/4}K_{N+1/2}\left(\nu\sqrt{1+\dfrac{2q_0}{\nu b}}\right)} \tag{5.4.6}$$

其中，$\nu$ 和 $b$ 可以看作 CG-IG 分布杂波中的形状参数和尺度参数。式(5.4.6)即为式(5.3.4)给出的 CG-IG 分布杂波下自适应最优检测器 GLRT-IG 的检验统计量。当 $p=-\nu$，$a=0$ 和 $b=2/b$ 时，式(5.4.4)中的检验统计量退化为

$$\Lambda=\frac{(2q_1+2/b)^{(-\nu-N)/2}K_{N+\nu}\sqrt{a(2q_1+2/b)}}{(2q_0+2/b)^{(-\nu-N)/2}K_{N+\nu}\sqrt{a(2q_0+2/b)}},\quad a\to 0 \tag{5.4.7}$$

利用第二类修正 Bessel 函数的渐进表达式

$$K_\nu(x)=\Gamma(\nu)2^{\nu-1}x^{-\nu},\quad x\to 0$$

得

$$\Lambda=\frac{(q_1+b^{-1})^{-\nu-N}}{(q_0+b^{-1})^{-\nu-N}} \tag{5.4.8}$$

式(5.4.8)即为式(5.2.4)中检测器的检验统计量，经过化简后可得式(5.2.5)给出的广义 Pareto 分布杂波下的自适应检测器 GLRT-LTD。因此，CG-GIG 分布杂波下匹配纹理分布的自适应最优检测器 GLRT-GIG 包含了对海目标自适应检测中最常使用的 OKD、

GLRT-LTD和GLRT-IG等三种自适应检测器，使用具有普适性的GLRT-GIG检测器在理论上可以避免对待检测数据进行杂波幅度分布类型识别的问题[9]。

下面通过仿真和实测海杂波数据验证GLRT-GIG检测器的检测性能，由于GLRT-GIG检测器包含了5.1～5.3节中讨论的OKD、GLRT-LTD和GLRT-IG等三种检测器，本节实验部分得到的结果也反映了上述三种检测器的一些特性。

第一个实验考察脉冲累积数 $N$ 对以GLRT-GIG检测器为代表的自适应检测器检测性能的影响。首先生成参数 $a=2$，$b=2$ 和 $p=5$ 的CG-GIG分布海杂波仿真数据，随后在仿真杂波数据中加入仿真目标，在虚警概率 $P_{\mathrm{FA}}=10^{-4}$、杂波协方差矩阵已知和脉冲累积数 $N$ 分别为4、6、8、10的条件下计算不同单脉冲信杂比时GLRT-GIG的检测概率，实验结果如图5.4所示。从图5.4中可以看出，相干脉冲累积数 $N$ 的增加将提升相同信杂比下检测器的检测概率。由于假设目标在相干累积时间内不存在跨距离单元走动的现象，脉冲累积数 $N$ 越多，信杂比的改善越明显，则检测器的检测概率越高。

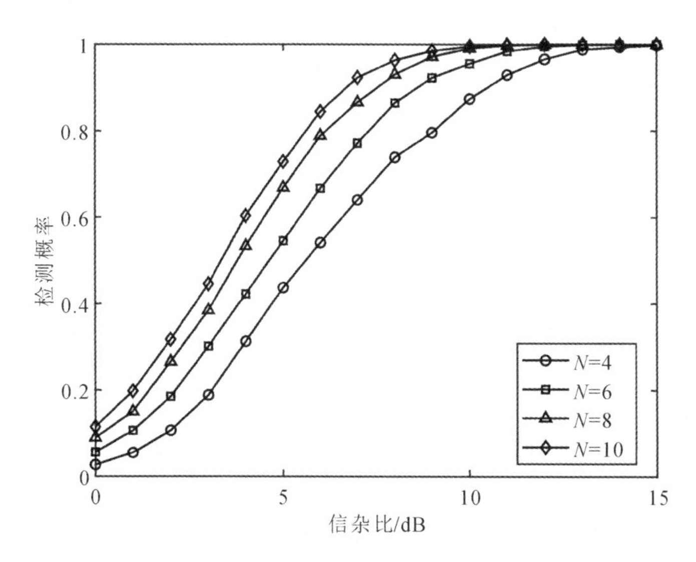


图5.4　不同脉冲累积数 $N$ 下GLRT-GIG检测概率曲线对比

第二个实验考察辅助数据的数量 $K$ 对GLRT-GIG检测器检测性能的影响。在仿真实验中设杂波散斑协方差矩阵 $\boldsymbol{M}$ 为指数相关型协方差矩阵，即矩阵中各元素为 $[\boldsymbol{M}]_{i,j}=\rho^{|i-j|}(1\leqslant i,\ j\leqslant N)$，其中 $\rho$ 为一阶迟滞相关系数，在仿真实验中设 $\rho=0.95$。在杂波散斑协方差矩阵 $\boldsymbol{M}$ 未知的情况下，自适应检测器需要利用辅助数据得到 $\boldsymbol{M}$ 的估计值 $\hat{\boldsymbol{M}}$，从而计算待检测数据对应的检验统计量。不同辅助数据数量 $K$ 对GLRT-GIG在相同信杂

比下检测概率的影响如图5.5所示。从图5.5中可以看出，自适应检测器在辅助数据数量$K$较少时检测概率下降严重，当增大以后检测性能得到了改善。这是因为辅助数据的数量影响着杂波协方差矩阵估计方法的估计性能，当辅助数据数量较多时，检测器才能得到较为准确的杂波协方差矩阵估计结果，从而匹配海杂波的统计特性。因此，本书介绍的自适应检测器对辅助数据的数量具有很强的依赖性。然而在实际应用中，海杂波具有空间非均匀的特点，此时检测器很难从待检测单元附近获得足够多的辅助数据，而辅助数据数量不足时自适应检测器又面临着严重的性能损失。为解决这一问题，可以在设计自适应检测器时考虑使用杂波协方差矩阵的先验知识，以改善自适应检测器在辅助数据数量不足时的检测性能，本书第10章将讨论相应的解决方法与检测器设计。

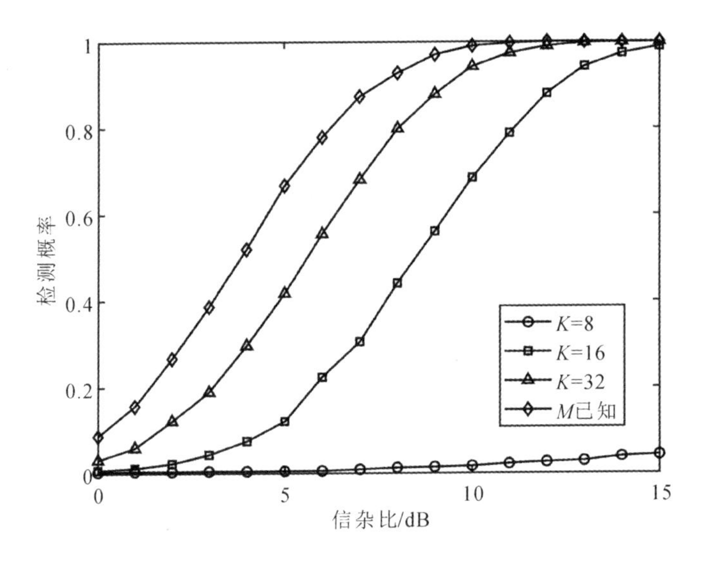


图5.5　不同辅助数据数量$K$下GLRT-GIG检测概率曲线对比

第三个实验使用Fynmeet雷达实测海杂波数据验证GLRT-GIG检测器的检测性能。在本次实验中选用数据集中TFA17-006-02和TFC17-002-03两组数据中的纯杂波数据作为实验数据，并在实测海杂波数据中加入仿真目标以计算不同信杂比下检测器的检测概率，其中信杂比选用多普勒通道信杂比，即

$$\mathrm{SCR}(f_{\mathrm{d}})=10\log\frac{|\alpha|^2}{S_{\mathrm{c}}(f_{\mathrm{d}})} \tag{5.4.9}$$

其中：$\alpha$为目标复幅度；$S_{\mathrm{c}}(f_{\mathrm{d}})$为海杂波多普勒谱$S_{\mathrm{c}}(f)$在频率$f_{\mathrm{d}}$处的功率，海杂波多普勒谱$S_{\mathrm{c}}(f)$由实测海杂波数据通过Welch方法计算得到。在计算检测器的检测概率之前，先对两组海杂波数据进行幅度拟合，拟合结果如图5.6(a)、(c)所示。从图中可以看出K分布

和CG-GIG分布更适合描述实验所选用的TFA17-006-02和TFC17-002-03两组数据的幅度分布，而由于参数估计的原因，CG-IG分布与实测数据经验幅度PDF有较大偏差，广义Pareto分布与实测数据经验幅度PDF的偏差则说明两组实测海杂波数据的幅度拖尾特性并非特别严重。为进行综合比较，本次实验同时计算了自适应NMF、OKD、GLRT-LTD、GLRT-IG和GLRT-GIG等五种检测器在两组实测海杂波数据下的检测概率，实验结果如图5.6(b)、(d)所示。由于检测器相应的纹理分布与杂波拖尾特性匹配，从图中可以看出OKD和GLRT-GIG在五种检测器中具有较好的检测性能，而GLRT-LTD和自适应NMF更适合非高斯特性较强海杂波下的目标检测，因此在本次实验中这两种检测器的检测概率略低于其他三种检测器。此外，本次实验也说明了GLRT-GIG检测器相比于OKD、GLRT-LTD和GLRT-IG具有更好的普适性。

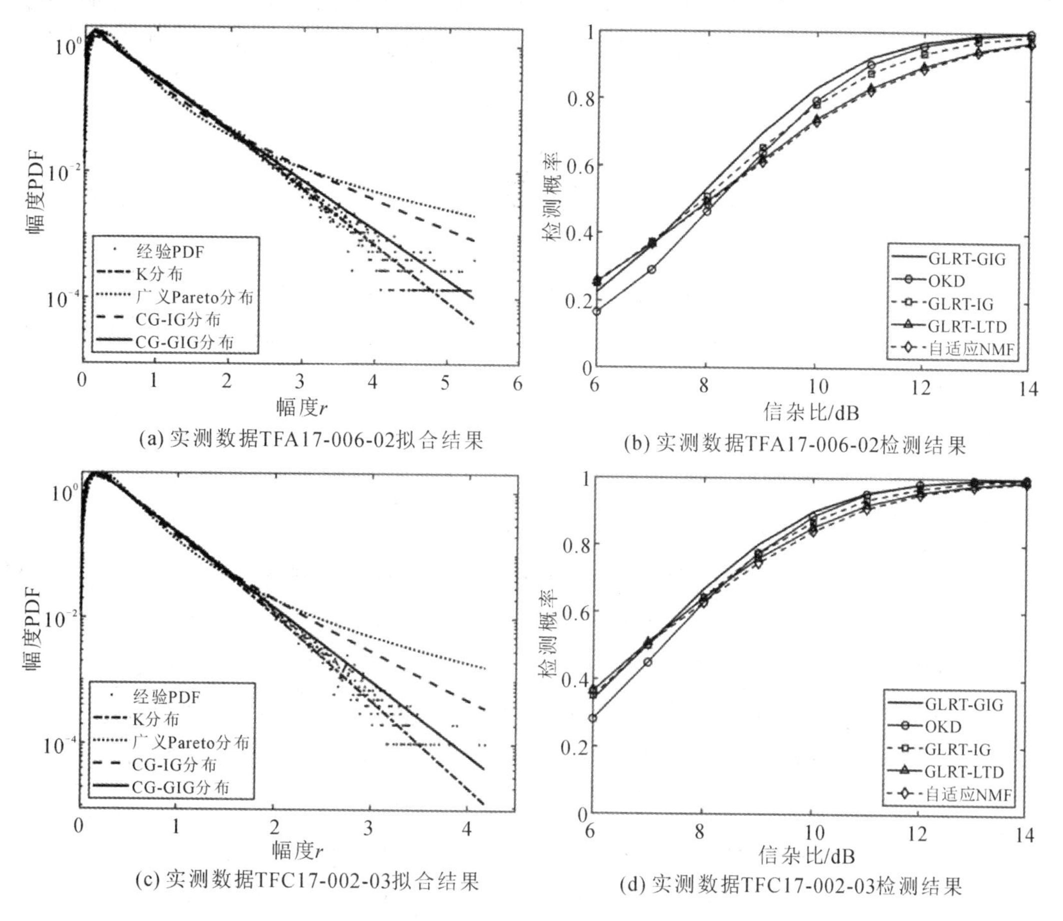

(a) 实测数据TFA17-006-02拟合结果

(b) 实测数据TFA17-006-02检测结果

(c) 实测数据TFC17-002-03拟合结果

(d) 实测数据TFC17-002-03检测结果

图5.6　Fynmeet雷达实测数据幅度拟合结果及各检测器检测概率曲线对比

# 本章小结

本章根据K分布、广义Pareto分布、CG-IG分布和CG-GIG分布等四种杂波幅度分布模型，利用广义似然比检验推导了匹配相应纹理分布的自适应检测器，并通过仿真和实测海杂波数据验证了相关检测器的检测性能。在几种自适应检测器中，OKD和GLRT-IG的检验统计量中包括计算量较大的第二类修正Bessel函数，因此这两种检测器无法直接应用于雷达系统中，而GLRT-LTD形式简单，可以直接应用于实际工程中。GLRT-GIG通过变换检验统计量中的有关参数可以退化为OKD、GLRT-LTD和GLRT-IG三种自适应检测器，在理论上具有更好的普适性。当检验统计量中与杂波分布有关的参数和杂波特性匹配时，这些自适应检测器能够取得比不考虑杂波纹理分布的AMF与NMF检测器更好的检测性能。

# 参考文献

[1] SANGSTON J, GINI F, GRECO M, et al. Structures for radar detection in compound Gaussian clutter[J]. IEEE Transactions on Aerospace and Electronic Systems, 1999, 35(2): 445-458.

[2] GINI F, GRECO M, FARINA A, et al. Optimum and mismatched detection against K-distributed plus Gaussian clutter[J]. IEEE Transactions on Aerospace and Electronic Systems, 1998, 34(3): 860-876.

[3] SHUI P L, LIU M, XU S W. Shape-parameter-dependent coherent radar target detection in K distributed clutter[J]. IEEE Transactions on Aerospace and Electronic Systems, 2016, 52(1): 451-465.

[4] SANGSTON J, GINI F, GRECO M. Coherent radar target detection in heavy-tailed compound-Gaussian clutter[J]. IEEE Transactions on Aerospace and Electronic Systems, 2012, 48(1): 64-77.

[5] XUE J, XU S W, SHUI P L. Knowledge-based adaptive detection of radar targets in generalized Pareto clutter[J]. Signal Processing, 2018.

[6] MEZACHE A, SOLTANI F, SAHED M, et al. Model for non-rayleigh clutter amplitudes

using compound inverse gaussian distribution: an experimental analysis [J]. IEEE Transactions on Aerospace and Electronic Systems, 2015, 51(1): 142-153.

[7] XU S W, XUE J, SHUI P L. Adaptive detection of range-spread targets in compound Gaussian clutter with the square root of inverse Gaussian texture [J]. Digital Signal Processing, 2016, 56: 132-139.

[8] XUE J, XU S W, SHUI P L. Near-optimum coherent CFAR detection of radar targets in compound-Gaussian clutter with inverse Gaussian texture [J]. Signal Processing, 2020, 166: 107236.

[9] XUE J, XU S W, LIU J, et al. Model for non-Gaussian sea clutter amplitudes using generalized inverse Gaussian texture [J]. IEEE Geoscience and Remote Sensing Letters, 2019, 16(6): 892-896.

# 第6章 计算可实现的自适应近最优检测器

尽管K分布和CG-IG分布杂波下匹配杂波统计特性的广义似然比检测器OKD和GLRT-IG在理论上能够取得最优的检测性能，但检测器中计算量较大的第二类修正Bessel函数限制了OKD和GLRT-IG在实际雷达系统中的应用。因此，需要设计一种在K分布或CG-IG分布杂波下保持较好检测性能的同时，检验统计量类似NMF或GLRT-LTD的形式简单从而计算可实现的自适应检测器。

在第4章和第5章中提到，自适应检测器AMF在复合高斯杂波形状参数较大时具有较好的检测性能，而NMF在形状参数较小时具有较好的检测性能。这启示我们可以将AMF和NMF按照特定方式进行融合，使新的检测器在任意形状参数数值下都具有良好的检测性能，而融合的关键在于自适应检测器感知杂波非高斯特性的方式，即形状参数在检测器待检测数据项中的形式。本章将按照这一思路设计K分布和CG-IG分布杂波下计算可实现的自适应检测器，并通过实验证明新得到的检测器在对应杂波分布下具有近最优的检测性能。

## 6.1 K分布杂波下的近最优检测器

### 6.1.1 检测器形式

在复合高斯杂波模型下，AMF和NMF分别适用于高斯杂波和非高斯特性较强杂波这两种对立情形下的目标检测[1-2]。文献[3]指出，复合高斯杂波背景下最优检测器的结构形式可以写作色噪声背景下最优的匹配滤波器与依赖回波数据门限的比较。对于用二元假设检验描述的复合高斯海杂波中目标检测问题：

$$\begin{cases} H_0: \boldsymbol{z}=\boldsymbol{c} \\ H_1: \boldsymbol{z}=\boldsymbol{s}+\boldsymbol{c} \end{cases} \tag{6.1.1}$$

其中：原假设 $H_0$ 表示待检测数据 $\boldsymbol{z}$ 中不存在目标信号，仅包含杂波数据 $\boldsymbol{c}=\sqrt{\tau}\boldsymbol{u}$；备择假设 $H_1$ 表示待检测数据 $\boldsymbol{z}$ 中存在目标信号 $\boldsymbol{s}$ 及杂波数据 $\boldsymbol{c}$。当目标信号 $\boldsymbol{s}$ 和杂波散斑协方差矩阵 $\boldsymbol{M}$ 已知时，最优检测器的结构为

$$\mathrm{Re}(\boldsymbol{s}^{\mathrm{H}}\boldsymbol{M}^{-1}\boldsymbol{z})-\frac{1}{2}\boldsymbol{s}^{\mathrm{H}}\boldsymbol{M}^{-1}\boldsymbol{s}\underset{H_0}{\overset{H_1}{\gtrless}}f_{\mathrm{opt}}(q_0,\ T_0) \tag{6.1.2}$$

其中，

$$f_{\mathrm{opt}}(q_0,\ T_0)=q_0-h_N^{-1}(\mathbf{e}^{\mathrm{T}}h_N(q_0))$$

$$h_N(q_0)=\int_0^{+\infty}\omega^N\exp(-q\omega)p_\omega(\omega)\mathrm{d}\omega$$

在式(6.1.2)中，$q_0=\boldsymbol{z}^{\mathrm{H}}\boldsymbol{M}^{-1}\boldsymbol{z}$ 称为数据依赖项，$T_0$ 为检测门限，$h_N^{-1}(\cdot)$表示函数 $h_N(\cdot)$的反函数，$p_\omega(\omega)$表示 $\omega=1/\tau$ 的 PDF。当目标信号 $\boldsymbol{s}$ 被建模为未知复幅度 $\alpha$ 与多普勒导向向量 $\boldsymbol{p}$ 的乘积，并采用最大似然估计方法估计未知复常数 $\alpha$ 时，由广义似然比检验得到的检测器形式为

$$\frac{|\boldsymbol{p}^{\mathrm{H}}\boldsymbol{M}^{-1}\boldsymbol{z}|^2}{\boldsymbol{p}^{\mathrm{H}}\boldsymbol{M}^{-1}\boldsymbol{p}}\underset{H_0}{\overset{H_1}{\gtrless}}f_{\mathrm{opt}}(q_0,\ T_0) \tag{6.1.3}$$

当给定杂波纹理分布时，最优检测器的形式取决于数据依赖项函数 $f_{\mathrm{opt}}(q_0,\ T_0)$。

在 K 分布杂波下，OKD 虽然具有闭合表示式，但其检验统计量包含第二类修正 Bessel 函数，检测器计算量较大。为简化检测器形式，考虑使用数据依赖项 $q_0$ 的功率函数对式(6.1.3)中的最优数据依赖项函数 $f_{\mathrm{opt}}(q_0,\ T_0)$进行近似，即[4]

$$f_{\mathrm{opt}}(\boldsymbol{z}^{\mathrm{H}}\boldsymbol{M}^{-1}\boldsymbol{z},\ T_0)\approx T_0(\boldsymbol{z}^{\mathrm{H}}\boldsymbol{M}^{-1}\boldsymbol{z})^{\alpha},\quad \alpha\in[0,\ 1] \tag{6.1.4}$$

将式(6.1.4)中门限函数的近似表达式代入式(6.1.3)，得

$$\Lambda_\alpha=\frac{|\boldsymbol{p}^{\mathrm{H}}\boldsymbol{M}^{-1}\boldsymbol{z}|^2}{(\boldsymbol{p}^{\mathrm{H}}\boldsymbol{M}^{-1}\boldsymbol{p})(\boldsymbol{z}^{\mathrm{H}}\boldsymbol{M}^{-1}\boldsymbol{z})^{\alpha}}=\|\boldsymbol{M}^{-1/2}\boldsymbol{z}\|_2^{2(1-\alpha)}\cos^2\angle(\boldsymbol{M}^{-1/2}\boldsymbol{z},\ \boldsymbol{M}^{-1/2}\boldsymbol{p}),\quad \alpha\in[0,\ 1] \tag{6.1.5}$$

式(6.1.5)中给出的在匹配滤波器基础上增加数据依赖项 $\alpha$ 次方形式的检测器称为 $\alpha$-MF 检测器。从式(6.1.5)中等号右边的表达式中可以看出，$\alpha$-MF 检测器的检验统计量由两项乘积组成：第一项是白化后待检测数据的能量，该项反映了白化后杂波向量与白化后杂波加目标信号向量在能量上的差异，前者能量取值相对较小，而后者能量取值相对较大；第二项是白化后待检测数据向量和白化后多普勒导向向量之间夹角余弦的平方，该项反映了白化后待检测数据向量与白化后多普勒导向向量的匹配程度。

$\alpha$-MF 检测器可以看作色噪声背景下的匹配滤波器 MF 和 NMF 检测统计量融合的结果，即 $\Lambda_\alpha=\Lambda_{\mathrm{MF}}^{1-\alpha}\Lambda_{\mathrm{NMF}}^{\alpha}(\alpha\in[0,\ 1])$。$\alpha$-MF 检测器将 MF 和 NMF 的检测结果进行融合，通

过调整参数 $\alpha$ 以匹配杂波统计特性，从而改善检测器的检测性能。当 $\alpha=1$ 时，$\alpha$-MF 检测器退化为 NMF；当 $\alpha=0$ 时，$\alpha$-MF 检测器退化为 MF。

### 6.1.2 检测器的门限与恒虚警特性

本小节分析 $\alpha$-MF 检测器的门限与恒虚警特性。在 $H_0$ 假设下，待检测数据向量 $\boldsymbol{z}$ 由杂波向量 $\boldsymbol{c}$ 组成，白化后的杂波向量 $\bar{\boldsymbol{c}}=\boldsymbol{M}^{-1/2}\boldsymbol{c}$ 仍服从复合高斯分布，即

$$\bar{\boldsymbol{c}}=\sqrt{\tau}(\boldsymbol{M}^{-1/2}\boldsymbol{u})=\sqrt{\tau}\boldsymbol{g} \tag{6.1.6}$$

其中，$\boldsymbol{g}$ 为零均值、协方差矩阵为单位阵 $\boldsymbol{I}$ 的复高斯随机向量，即 $\boldsymbol{g}\sim\mathcal{CN}(0, \boldsymbol{I})$。当给定杂波纹理分量时，$\alpha$-MF 检测器的检测统计量 $\Lambda_\alpha$ 可以重写为

$$\Lambda_\alpha=\tau^{1-\alpha}\frac{|\langle\boldsymbol{p}_0, \boldsymbol{g}\rangle|^2}{\|\boldsymbol{g}\|_2^{2\alpha}}\equiv\tau^{1-\alpha}\xi_\alpha,\quad \boldsymbol{p}_0=\frac{\boldsymbol{M}^{-1/2}\boldsymbol{p}}{\|\boldsymbol{M}^{-1/2}\boldsymbol{p}\|_2} \tag{6.1.7}$$

其中，$\langle\cdot, \cdot\rangle$表示点积运算。下面证明随机变量 $\xi_\alpha$ 与多普勒导向向量 $\boldsymbol{p}$ 和杂波协方差矩阵结构 $\boldsymbol{M}$ 是独立的。对于单位复向量 $\boldsymbol{p}_0$，增加 $N-1$ 个与 $\boldsymbol{p}_0$ 正交的单位复向量 $\boldsymbol{p}_1$，$\boldsymbol{p}_2$，…，$\boldsymbol{p}_{N-1}$，使得矩阵 $\boldsymbol{P}=[\boldsymbol{p}_0, \boldsymbol{p}_1, \cdots, \boldsymbol{p}_{N-1}]$为酉矩阵。令 $\bar{\boldsymbol{g}}=\boldsymbol{P}^{\mathrm{H}}\boldsymbol{g}$，由于 $\boldsymbol{P}$ 是酉矩阵和 $\boldsymbol{g}\sim\mathcal{CN}(0, \boldsymbol{I})$，得 $\bar{\boldsymbol{g}}\sim\mathcal{CN}(0, \boldsymbol{I})$，$\bar{\boldsymbol{g}}(1)=\langle\boldsymbol{p}_0, \boldsymbol{g}\rangle$，$\|\bar{\boldsymbol{g}}\|_2^2=\|\boldsymbol{g}\|_2^2$，则

$$\xi_\alpha\equiv\frac{|\langle\boldsymbol{p}_0, \boldsymbol{g}\rangle|^2}{\|\boldsymbol{g}\|_2^{2\alpha}}=\frac{|\bar{\boldsymbol{g}}(1)|^2}{\|\boldsymbol{P}^{\mathrm{H}}\bar{\boldsymbol{g}}\|_2^{2\alpha}}=\frac{|\bar{\boldsymbol{g}}(1)|^2}{\|\bar{\boldsymbol{g}}\|_2^{2\alpha}} \tag{6.1.8}$$

由于 $\bar{\boldsymbol{g}}\sim\mathcal{CN}(0, \boldsymbol{I})$与多普勒导向向量 $\boldsymbol{p}$ 和杂波协方差矩阵结构 $\boldsymbol{M}$ 独立，则随机变量 $\xi_\alpha$ 与导向向量 $\boldsymbol{p}$ 和协方差矩阵结构 $\boldsymbol{M}$ 独立。因此，$\alpha$-MF 检测器关于目标多普勒导向向量 $\boldsymbol{p}$ 和杂波协方差矩阵结构 $\boldsymbol{M}$ 是 CFAR 的。

接下来分析 $\alpha$-MF 检测器中的检测门限、调控参数 $\alpha$ 和复合高斯杂波形状参数之间的关系。在脉冲累积数 $N$ 分别为 8、16 和 32，虚警概率 $P_{\mathrm{FA}}$分别为 $10^{-3}$和 $10^{-4}$的条件下，调控参数 $\alpha$ 和杂波形状参数 $\nu\in(0.1, 100)$时的 $\alpha$-MF 检测器恒虚警门限数值如图 6.1 所示。从图 6.1 中可以看出：① 对于给定的虚警概率 $P_{\mathrm{FA}}$和形状参数 $\nu$，当调控参数 $\alpha$ 由 1 减小至 0 或 $\alpha$-MF 检测器由 NMF 检测器变化为匹配滤波器时，检测门限数值逐渐增大；② 对于给定的虚警概率 $P_{\mathrm{FA}}$和调控参数 $\alpha$，当形状参数 $\nu$ 变小或杂波非高斯特性变强时，检测门限数值逐渐增大；③ 当调控参数 $\alpha$ 趋近于 1 时，检测门限对形状参数的敏感性逐渐减弱，当 $\alpha=1$ 时检测门限与形状参数无关，这是因为形状参数与杂波的功率分布有关，而杂波功率对检测器的影响随着调控参数 $\alpha$ 的增加，即 $\alpha$-MF 检测器逐渐变化为 NMF 而减弱；④ 对于给定的形状参数 $\nu$ 和虚警概率 $P_{\mathrm{FA}}$，检测门限的数值随着调控参数 $\alpha$ 从 0 变大到 1 而迅速下降。

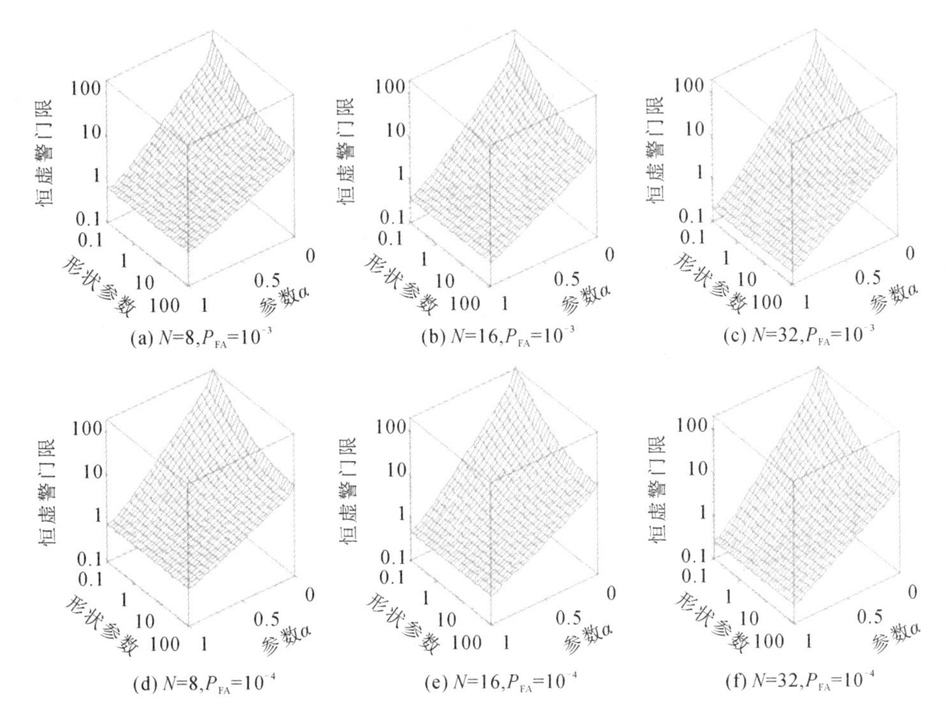

(a) $N=8, P_{FA}=10^{-3}$ (b) $N=16, P_{FA}=10^{-3}$ (c) $N=32, P_{FA}=10^{-3}$

(d) $N=8, P_{FA}=10^{-4}$ (e) $N=16, P_{FA}=10^{-4}$ (f) $N=32, P_{FA}=10^{-4}$

图 6.1 $\alpha$-MF 检测器恒虚警门限与调控参数 $\alpha$ 和形状参数 $\nu$ 之间的变化关系

显然，调控参数 $\alpha$ 的选取影响着 $\alpha$-MF 检测器的性能。以固定虚警概率下检测器的检测概率曲线作为评价指标，一般检测概率曲线下方的面积越大，检测器的检测性能越好。为方便计算，引入加权的检测概率在信杂比区间上的积分来衡量检测性能。记 K 分布形状参数为 $\nu$、白化信杂比为 $\rho$ 时 $\alpha$-MF 检测器在给定虚警概率下的检测概率为 $P_D(\rho, \nu, \alpha)$，则加权积分 $\Phi(\nu, \alpha)$ 定义为

$$\Phi(\nu, \alpha) = \int_{\rho_1}^{\rho_2} w(P_D(\rho, \nu, \alpha)) P_D(\rho, \nu, \alpha) d\rho \tag{6.1.9}$$

其中权函数 $w(P_D(\rho, \nu, \alpha))$ 定义为

$$w(P_D(\rho, \nu, \alpha)) \equiv \frac{(P_D(\rho, \nu, \alpha)/0.5)^{30}}{1+(P_D(\rho, \nu, \alpha)/0.5)^{30}}$$

权函数 $w(P_D(\rho, \nu, \alpha))$ 是 S 型的函数，当检测概率从 0.5 下降至 0 时，权函数迅速衰减为 0；而当检测概率由 0.5 增加至 1 时，权函数迅速增加为 1，积分区间选择为感兴趣的信杂比范围$[\rho_1, \rho_2]$。我们希望调控参数 $\alpha$ 的形式能使 $\Phi(\nu, \alpha)$ 取得最大值，即对于形状参数为 $\nu$ 的 K 分布杂波，给定虚警概率和脉冲累积数时，最优的调控参数 $\alpha$ 为

$$\alpha_{opt} = \underset{\alpha \in [0, 1]}{\arg\max} \{\Phi(\nu, \alpha)\} \tag{6.1.10}$$

下面通过数值计算的方法给出调控参数 $\alpha$ 和形状参数 $\nu$ 之间的经验公式。脉冲累积数 $N$ 分别为 8、16、24 和 32，虚警概率 $P_{\mathrm{FA}}$ 分别为 $10^{-3}$ 和 $10^{-4}$，积分区间为[−10，20]dB 时的计算结果如图 6.2 所示。从图 6.2 中可以看出：① 对于给定的脉冲累积数 $N$，不同虚警概率下的调控参数 $\alpha$ 是相当的，因此猜测最优调控参数 $\alpha_{\mathrm{opt}}$ 与虚警概率无关或者对虚警概率不敏感；② 当形状参数 $\nu$ 由 0.1 增大到 100 时，最优调控参数 $\alpha_{\mathrm{opt}}$ 从 1 逐渐衰减为 0，该现象与 NMF 适用于重拖尾杂波而 MF 适用于高斯杂波的事实相吻合；③ 当脉冲累积数较大时，随着形状参数 $\nu$ 的增大，最优调控参数 $\alpha_{\mathrm{opt}}$ 衰减缓慢，这是因为脉冲累积数较大时 NMF 具有近似最优的检测性能。基于以上三点，最优调控参数 $\alpha_{\mathrm{opt}}$ 的经验公式可以表示为

$$\alpha_{\mathrm{opt}}=\frac{1}{1+\nu/N}=\frac{N}{N+\nu} \tag{6.1.11}$$

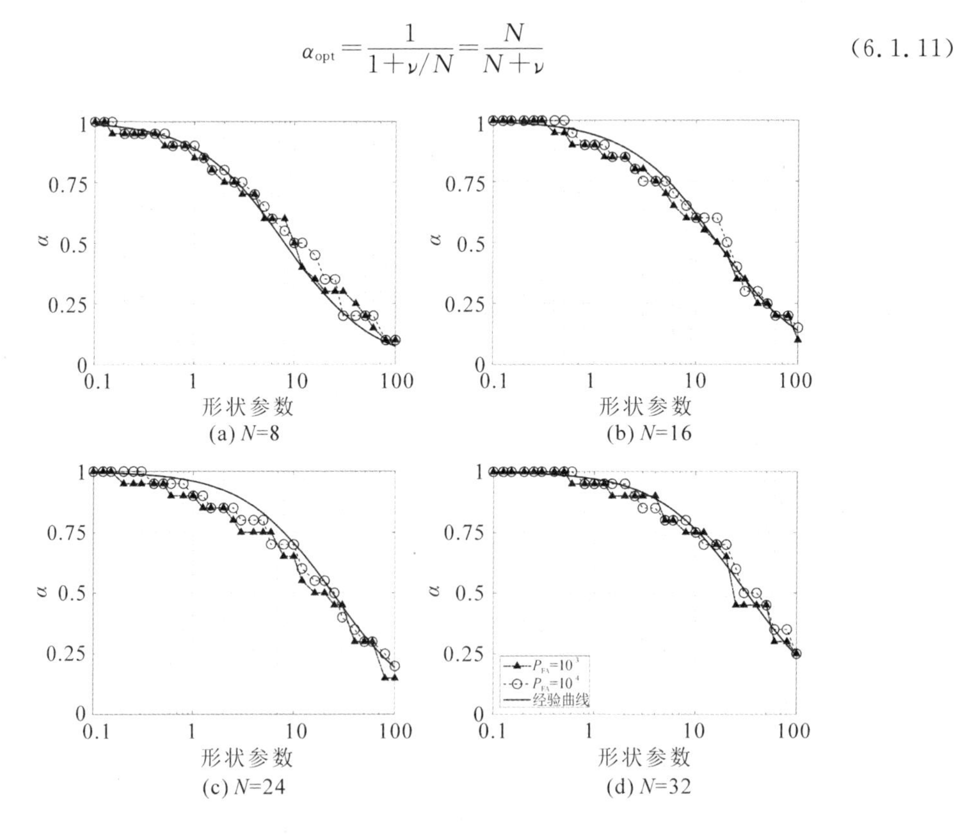


图 6.2 最优调控参数 $\alpha_{\mathrm{opt}}$ 数值计算与经验公式拟合结果

实际上，在本节设计 $\alpha$-MF 检测器的过程中只得到了调控参数 $\alpha$ 的经验表达式而非理论表达式，因此 $\alpha$-MF 检测器的形式更多是基于工程经验，而非完备的理论证明。在实际应用中，杂波分布的形状参数和协方差矩阵结构是未知的，需要从实测杂波数据中估

计得到。在得到形状参数和杂波协方差矩阵结构的估计值后，将之代入式(6.1.5)和式(6.1.10)，可得到调控参数 $\alpha$ 的数值以及与杂波统计特性有关的全自适应 $\alpha$-MF 检测器(下文简记为 $\alpha$-AMF 检测器)。

$\alpha$-AMF 检测器的自适应性涉及两点：一方面，当假定杂波的幅度分布或拖尾特性保持不变时，$\alpha$-AMF 检测器通过调整局部杂波协方差矩阵，以此实现对杂波数据的白化操作，并通过形状参数和脉冲累积数等确定检测门限；另一方面，当雷达工作在海面大场景下时，复合高斯杂波的形状参数会随着空间位置的变化而变化，此时局部杂波对应的形状参数由辅助数据估计得到，随后将形状参数估计值代入式(6.1.10)计算调控参数 $\alpha$。因此，$\alpha$-MF 检测器能够感知局部杂波的非高斯特性，并自动调整检测器中与杂波统计特性有关的形状参数和杂波协方差矩阵结构数值。这一点与第 5 章中匹配杂波纹理分布的最优检测器的自适应性是相同的，也是 $\alpha$-MF 检测器具有近最优检测性能的保障。

### 6.1.3　实验结果与性能评价

本小节将利用仿真和实测海杂波数据验证 $\alpha$-MF 检测器的检测性能。首先生成形状参数 $\nu$ 分别为 0.5、2、5 和 20 的仿真 K 分布杂波数据，随后在仿真杂波数据中加入仿真目标，在脉冲累积数 $N=8$、虚警概率 $P_{FA}=10^{-4}$ 和杂波协方差矩阵已知的条件下计算不同单脉冲信杂比时 AMF、NMF、OKD 和 $\alpha$-MF 的检测概率，实验结果如图 6.3 所示。从图 6.3 中可以看出，匹配形状参数的 OKD 和 $\alpha$-MF 检测器的检测性能始终优于不考虑纹理分布的 AMF 和 NMF，仅在杂波分别趋近于高斯分布或非高斯特性较强时，AMF 检测器和 NMF 检测器能取得与 OKD 和 $\alpha$-MF 检测器近似的检测性能。

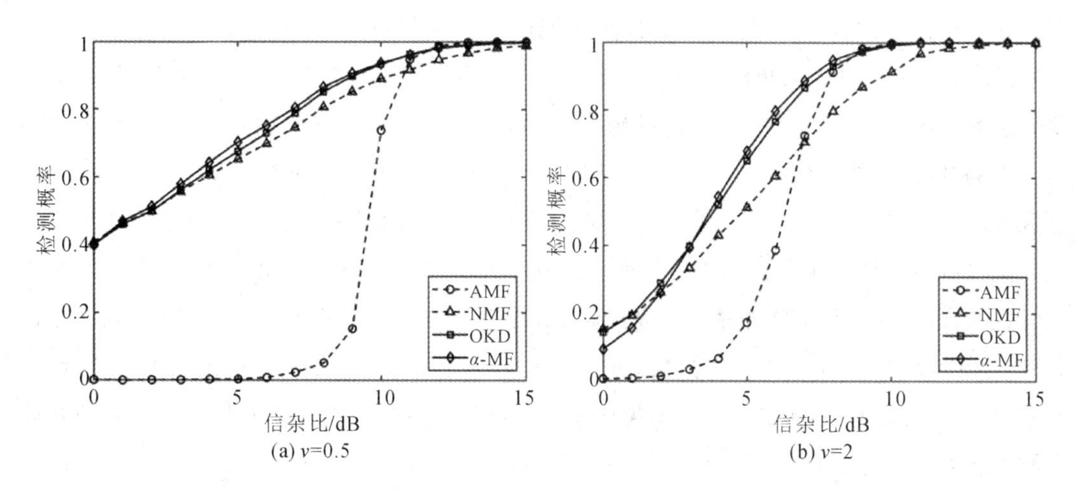

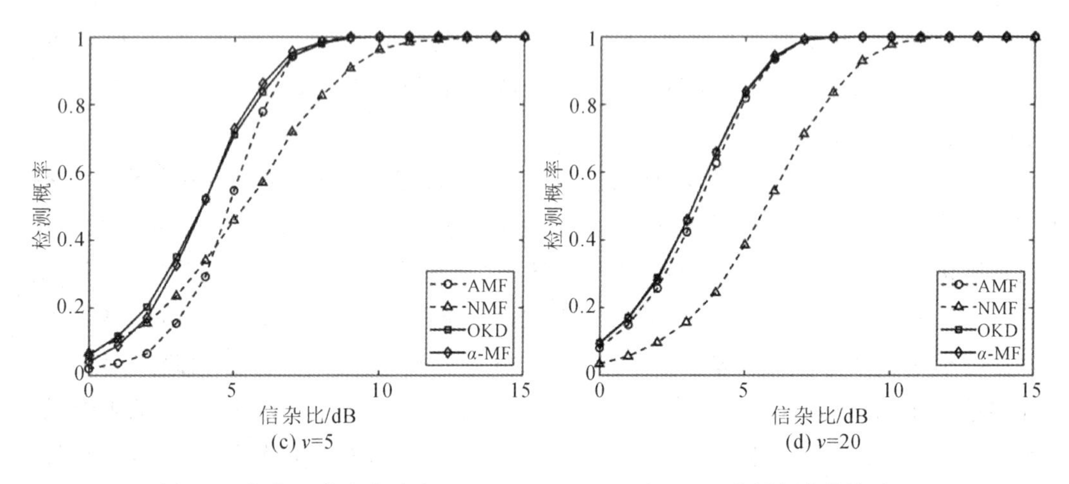


图 6.3 仿真 K 分布杂波中 AMF、NMF、OKD 和 $\alpha$-MF 检测概率曲线对比

注意，在本次仿真实验中，$\alpha$-MF 在几种形状参数条件下的检测概率略高于 OKD。$\alpha$-MF 在几种检测器中具有最高检测概率的原因是 $\alpha$-MF 具有近最优的检测性能，而仿真实验中 $\alpha$-MF 在相同信杂比下的检测概率高于 OKD 的原因是 OKD 中的目标复幅度是未知参数，在计算检验统计量时需要使用最大似然估计值代替，即应用于目标检测的 OKD 是广义似然比检测器。在 NP 准则下，最优检测器为似然比检测器，使用最大似然估计值代替未知参数的广义似然比检测器失去了最优特性，但一般能取得较好的性能。因此，仅在目标复幅度已知时，OKD 是 K 分布杂波下匹配纹理分布的最优检测器(即式(5.1.8)给出的 OKD 检测器形式)，在使用估计值代替检验统计量中的未知参数后，OKD 不再是似然比检测器，即失去了最优特性。

接下来利用 IPIX 雷达实测海杂波数据集验证 $\alpha$-MF 等检测器的检测性能。选用在加拿大格里姆斯比镇安大略湖畔采集的 19980204-202225-ANSTEP 和 19980217-224440-ANSTEP 两组数据，这两组数据为 IPIX 雷达工作在驻留模式下采集得到的，其脉冲重复间隔为 1 ms，距离分辨率为 30 m。数据 19980204-202225-ANSTEP 由 28 个连续的距离单元以及 60 000 个相干脉冲序列组成，其中漂浮的动目标位于第 24 个距离单元，而第 23 个和第 25 个距离单元很大可能受到目标所在单元的影响。数据 19980217-224440-ANSTEP 也由 28 个连续的距离单元以及 60 000 个相干脉冲序列组成，但回波中基本都是纯杂波数据，不包含明显的合作目标。两组数据中，第一组杂波数据具有一定的非高斯特性，第二组数据则接近高斯杂波。在实验中，设脉冲累计数 $N$ 为 8，虚警概率 $P_{\mathrm{FA}}$ 为 $10^{-4}$，参考单元数 $K$ 为 24，利用纯杂波数据进行蒙特卡罗实验计算检测门限。随后向某一距离单元添加仿真目标，并计算指定

SCR 下各检测器的检测概率，每个 SCR 值进行 7500 次蒙特卡罗实验，实验仿真目标的多普勒频率 $f_d$ 为区间[－500，500]中的随机数，SCR 定义为

$$\mathrm{SCR}(f_d)=10\lg\left(\frac{|\alpha|^2}{S_\rho(f_d)}\right) \tag{6.1.12}$$

其中 $S_\rho(f_d)$为杂波功率谱密度。

AMF、ANMF、$\alpha$-AMF、自适应形式的 OKD 和 GLRT-LTD 检测器在两种实测数据下的检测概率曲线如图 6.4 所示，其中未知的杂波协方差矩阵采用 SCM 方法进行估计。如图 6.4(a)所示，在第一组数据 19980204-202225-ANSTEP 的实验中，匹配杂波纹理分布的 GLRT-LTD 检测器和 $\alpha$-AMF 检测器取得了最好的检测性能，由于该组数据对应杂波幅度分布的拖尾较重，ANMF 检测器的检测性能要远好于 AMF 检测器，并与 OKD 检测器近似。如图 6.4(b)所示，在第二组数据 19980217-224440-ANSTEP 的实验中，GLRT-LTD 检测器和 $\alpha$-AMF 检测器依然取得了几种检测器中最好的检测性能，OKD 检测器的检测概率在相同 SCR 下略小于前两者。由于该组数据对应杂波接近高斯分布，因此 AMF 检测器的检测概率相比于第一组实验有较明显的提升，而 ANMF 检测器的检测性能明显下降。在两组实验中，近最优的 $\alpha$-AMF 检测器的检测性能均好于自适应形式的 OKD 检测器，这是因为杂波纹理分布失配对 OKD 检测器造成了一定的性能损失，而 $\alpha$-AMF 检测器对于轻微的杂波模型失配并不敏感，由此说明 $\alpha$-AMF 检测器在实际应用中具有更好的稳健性。

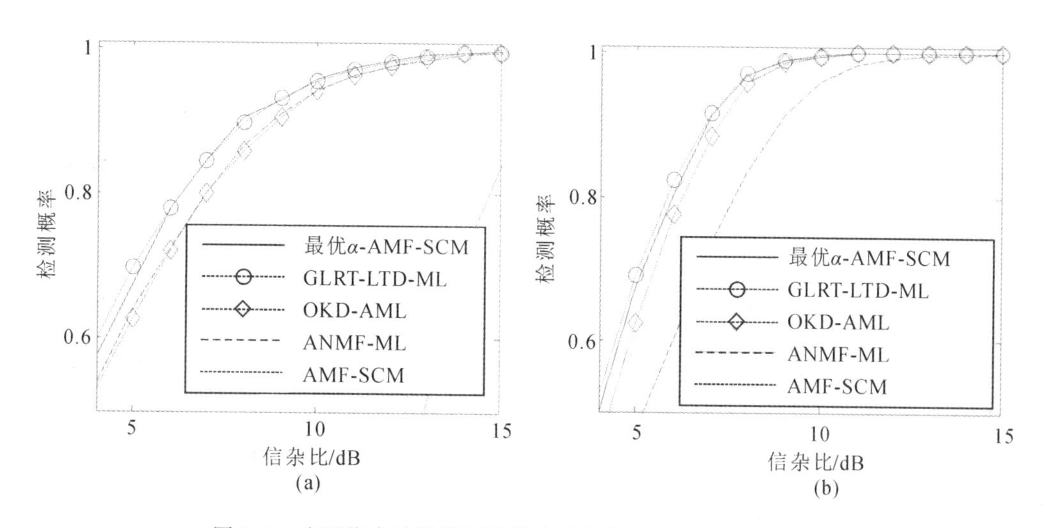


图 6.4 实测海杂波数据下几种自适应检测器的检测概率曲线

# 6.2 CG-IG 分布下的近最优检测器

类似于 K 分布杂波背景下匹配纹理分布的自适应检测器 OKD，CG-IG 杂波背景下匹配纹理分布的广义似然比检测器 GLRT-IG 也因含有计算量较大的第二类修正 Bessel 函数而无法在实际雷达系统中快速应用。若将 6.1 节给出的 K 分布杂波下近最优检测器 $\alpha$-MF 直接应用在 CG-IG 分布杂波下进行目标检测，则可能会出现因杂波模型失配带来的检测性能损失。本节在沿用 $\alpha$-MF 检测器思想的基础上推导 CG-IG 分布杂波下可快速计算的运动点目标近最优自适应检测器。

当脉冲累积数 $N$、参考单元数 $K$ 等检测参数固定时，在虚警概率较低的条件下，自适应检测器的检测门限往往是由杂波幅度分布的拖尾水平决定的。由于 K 分布和 CG-IG 分布的拖尾都属于指数衰减函数，在理论上 K 分布杂波下设计得到的 $\alpha$-MF 检测器结构也可以用于 CG-IG 分布杂波，但检测器中与复合高斯杂波形状参数有关的调控参数 $\alpha$ 需要重新确定计算公式。因此，本节将推导 K 分布形状参数和 CG-IG 分布形状参数之间的数学关系，给出适用于 CG-IG 分布杂波的 $\alpha$-MF 检测器中新的调控参数 $\alpha$ 计算公式，此时将得到 CG-IG 分布杂波背景下的近最优自适应检测器 $\alpha$-MF。

## 6.2.1 检测器形式

在 6.1 节中提到，复合高斯分布杂波背景下各种纹理分布对应的最优自适应检测器都可以写作色噪声背景下的匹配滤波器与依赖数据项门限相比较的形式，各检测器的区别仅在于依赖数据项门限不同。因此，在给定杂波分布时，设计可快速计算的自适应检测器的一种思路是寻找一个简单函数去近似依赖数据项门限对应的函数。$\alpha$-MF 检测器利用依赖数据项的幂函数近似门限函数，该检测器的检验统计量中包含由脉冲累积数 $N$ 和描述非高斯杂波幅度起伏的形状参数 $\nu$ 计算得到的调控参数 $\alpha$。由于检测器形式简单且能够匹配非高斯杂波的幅度分布特性，$\alpha$-MF 检测器在快速计算的同时能够取得较好的检测性能。

在将 K 分布杂波下的 $\alpha$-MF 检测器推广到 CG-IG 分布杂波时，由于第二类修正 Bessel 函数的存在，较难发现 K 分布和 CG-IG 分布对应最优检测器的依赖数据项门限函数之间的解析关系。由于在低虚警概率下自适应检测器的检测门限通常与杂波幅度分布的拖尾水平有关，因此考虑利用 K 分布和 CG-IG 分布幅度分布在拖尾部分的相似性将 $\alpha$-MF 检测器应用在 CG-IG 分布杂波下[5]。本书介绍的 K 分布和 CG-IG 分布中的尺度参数表示杂波的平均功率，而形状参数反映了杂波幅度分布的拖尾水平，则 CG-IG 分布杂波下的 $\alpha$-MF 检测器需要重新确定调控参数 $\alpha$ 与形状参数之间的关系。具体地，具有单位均值的 K 分布杂波幅度 PDF 为

$$f(r)=\frac{4\nu^{(\nu+1)/2}r^{\nu}}{\Gamma(\nu)}K_{\nu-1}(2r\sqrt{\nu}) \tag{6.2.1}$$

其中，$r$ 为杂波幅度，$\nu$ 为形状参数。根据 $p$ 阶第二类修正 Bessel 函数的渐进分布

$$K_p(x)\approx\sqrt{\left(\frac{\pi}{2x}\right)}\mathrm{e}^{-x},\quad x\to+\infty \tag{6.2.2}$$

式(6.2.1)给出的 K 分布渐进拖尾分布可以表示为

$$f(r;\nu)=\mathrm{e}^{-2r\sqrt{\nu}},\quad r\to+\infty \tag{6.2.3}$$

具有单位均值的 CG-IG 分布杂波幅度 PDF 为

$$f(r)=\frac{2\mathrm{e}^{\nu}r}{\nu}\left(1+\frac{2r^2}{\nu}\right)^{-3/2}\times\left(1+\nu\sqrt{1+\frac{2r^2}{\nu}}\right)\exp\left(-\nu\sqrt{1+\frac{2r^2}{\nu}}\right) \tag{6.2.4}$$

同样地，式(6.2.4)给出的 CG-IG 分布渐进拖尾函数为

$$f(r;\lambda)=\mathrm{e}^{-r\sqrt{2\nu}},\quad r\to+\infty \tag{6.2.5}$$

通过对比式(6.2.3)和式(6.2.5)，可以发现 K 分布和 CG-IG 分布的拖尾部分都是指数衰减函数，将式(6.2.3)和式(6.2.5)的衰减指数定义为 $\rho_{\mathrm{K}}=2\sqrt{\nu}$ 和 $\rho_{\text{CG-IG}}=\sqrt{2\nu}$。当 K 分布和 CG-IG 分布的衰减指数相等即 $\rho_{\mathrm{K}}=\rho_{\text{CG-IG}}$ 时，两个分布的拖尾水平相同，则

$$2\sqrt{\nu_{\mathrm{K}}}=\rho_{\mathrm{K}}=\rho_{\text{CG-IG}}=\sqrt{2\nu_{\text{CG-IG}}}\Rightarrow\nu_{\mathrm{K}}=\nu_{\text{CG-IG}} \tag{6.2.6}$$

由此得到了拖尾部分 K 分布形状参数 $\nu_{\mathrm{K}}$ 与 CG-IG 分布形状参数 $\nu_{\text{CG-IG}}$ 之间的关系。根据式(6.2.6)，CG-IG 分布杂波下 $\alpha$-MF 检测器调控参数 $\alpha$ 的计算公式为

$$\alpha=\frac{N}{N+\lambda/2} \tag{6.2.7}$$

则 CG-IG 分布杂波下的 $\alpha$-MF 检测器为

$$\Lambda=\frac{|\boldsymbol{p}^{\mathrm{H}}\boldsymbol{M}^{-1}\boldsymbol{z}|^2}{(\boldsymbol{p}^{\mathrm{H}}\boldsymbol{M}^{-1}\boldsymbol{p})(\boldsymbol{z}^{\mathrm{H}}\boldsymbol{M}^{-1}\boldsymbol{z})^{\frac{N}{N+\lambda/2}}} \tag{6.2.8}$$

下面分析 CG-IG 分布杂波下 $\alpha$-MF 检测器的 CFAR 特性。式(6.2.8)中的检验统计量可以重写为

$$\Lambda=\frac{|(\boldsymbol{M}^{-1/2}\boldsymbol{p})^{\mathrm{H}}(\boldsymbol{M}^{-1/2}\boldsymbol{z})|^2}{[(\boldsymbol{M}^{-1/2}\boldsymbol{p})^{\mathrm{H}}(\boldsymbol{M}^{-1/2}\boldsymbol{p})][(\boldsymbol{M}^{-1/2}\boldsymbol{z})^{\mathrm{H}}(\boldsymbol{M}^{-1/2}\boldsymbol{z})]^{\frac{N}{N+\lambda/2}}} \tag{6.2.9}$$

对于非零向量 $\boldsymbol{M}^{-1/2}\boldsymbol{p}$，存在一个 Householder 矩阵 $\boldsymbol{P}$，可以将其转换为 $\boldsymbol{P}\boldsymbol{M}^{-1/2}\boldsymbol{p}=|\boldsymbol{M}^{-1/2}\boldsymbol{p}|\boldsymbol{e}$，其中 $\boldsymbol{e}=[1, 0, 0, \cdots, 0]^{\mathrm{T}}$。在 $H_0$ 假设下，$\boldsymbol{M}^{-1/2}\boldsymbol{z}$ 可以化简为

$$\boldsymbol{M}^{-1/2}\boldsymbol{z}=\boldsymbol{M}^{-1/2}\boldsymbol{c}=\sqrt{\tau}\boldsymbol{M}^{-1/2}\boldsymbol{u}=\sqrt{\tau}\boldsymbol{g} \tag{6.2.10}$$

其中，$\boldsymbol{g}$ 服从零均值的白复高斯分布，即 $\boldsymbol{g}\sim\mathcal{CN}(0, \boldsymbol{I})$，$\boldsymbol{I}$ 表示单位阵。因此，式(6.2.9)可以重新写为

$$\Lambda=\tau^{1-\frac{N}{N+\nu/2}}\frac{|\boldsymbol{g}(1)|^2}{|\boldsymbol{g}|^{2\frac{N}{N+\nu/2}}} \tag{6.2.11}$$

从式(6.2.11)中可以看出，在 $H_0$ 假设下 $\alpha$-MF 检测器的检验统计量独立于目标导向向量 $\boldsymbol{p}$ 和杂波协方差矩阵结构 $\boldsymbol{M}$，因此 $\alpha$-MF 检测器对目标导向向量 $\boldsymbol{p}$ 和杂波协方差矩阵结构 $\boldsymbol{M}$ 具有 CFAR 特性。

### 6.2.2 实验结果与性能评价

本节验证 $\alpha$-MF 检测器在 CG-IG 分布杂波背景下对运动点目标的检测性能。首先，在不同形状参数的仿真 CG-IG 分布杂波背景下，将 $\alpha$-MF 检测器和高斯杂波背景下的 MF、复合高斯杂波背景下不考虑纹理分量分布的 NMF 和匹配纹理分量分布的 GLRT-IG 检测器进行了检测性能比较。对于仿真杂波数据，设杂波协方差矩阵结构 $\boldsymbol{M}$ 为具有一阶迟滞相关系数 $\rho=0.95$ 的指数相关型协方差矩阵，其元素表示为 $[\boldsymbol{M}]_{i,j}=\rho^{|i-j|}$ $(1\leqslant i, j\leqslant N)$；目标导向向量 $\boldsymbol{p}$ 设置为 $\boldsymbol{p}=[1, \mathrm{e}^{-\mathrm{j}2\pi f_{\mathrm{d}}}, \cdots, \mathrm{e}^{-\mathrm{j}2\pi(N-1)f_{\mathrm{d}}}]^{\mathrm{T}}$，其中目标归一化多普勒频率 $f_{\mathrm{d}}$ 在区间 $[-0.5, 0.5]$ 上随机变化；脉冲累积数 $N=8$，虚警概率 $P_{\mathrm{FA}}=10^{-4}$，实验中的信杂比定义单脉冲信杂比。

尺度参数为 1 和不同形状参数仿真 CG-IG 分布杂波中四种自适应检测器在杂波协方差矩阵已知条件下的检测概率曲线如图 6.5 所示，从实验结果中可以看出，本节给出的 $\alpha$-MF 检测器在相同信杂比下的检测性能与广义似然比检测器 GLRT-IG 在不同形状参数下几乎相同。对于图 6.5(a)和图 6.5(b)中形状参数较小代表的重拖尾杂波，$\alpha$-MF 检测器的检测性能好于不考虑纹理分布的渐进最优检测器 NMF；对于图 6.5(d)中形状参数较大代表的近高斯杂波，$\alpha$-MF 检测器的检测性能好于高斯杂波中的自适应检测器 MF。因此，CG-IG 分布杂波下匹配杂波形状参数的 $\alpha$-MF 检测器在不同形状参数下都具有较好的检测性能。

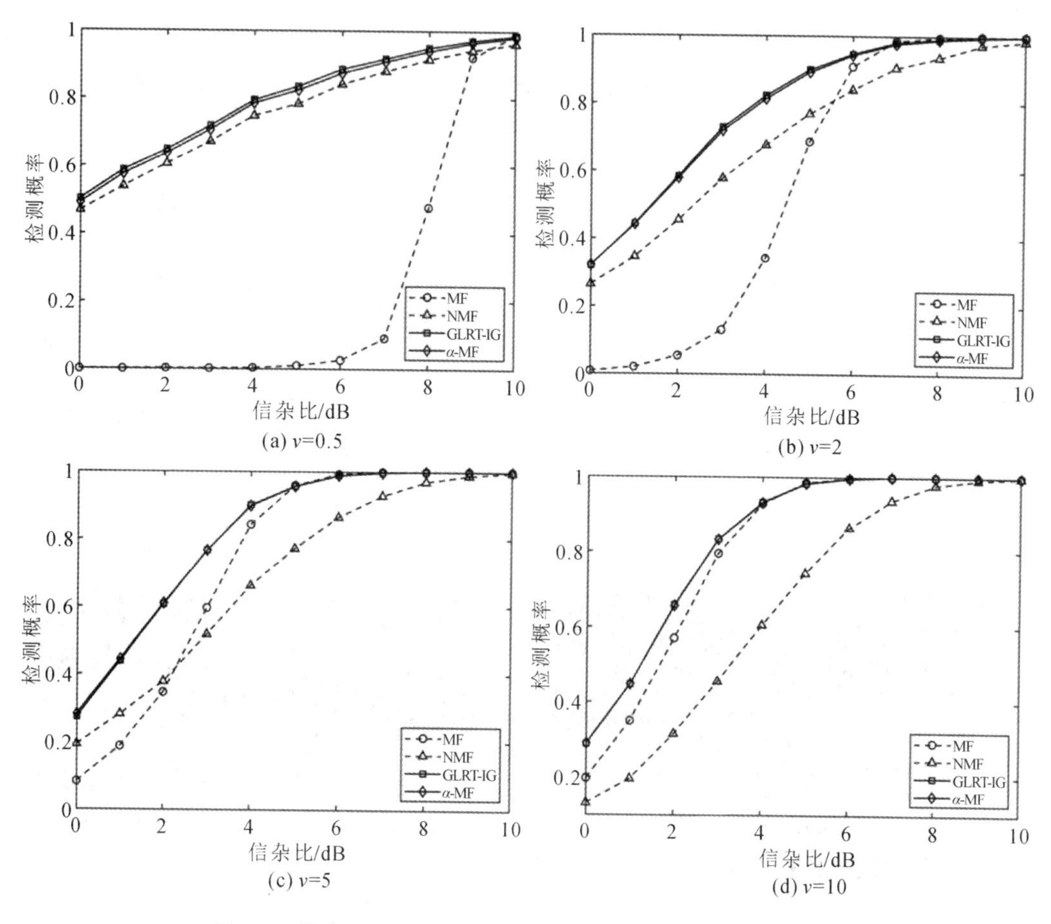


图 6.5 仿真 CG-IG 分布杂波下四种检测器的检测概率曲线图

接下来利用 Fynmeet 雷达实测海杂波数据 TFC15-005 验证本节给出的 $\alpha$-MF 检测器的检测性能，虚警概率为 $10^{-3}$ 条件下的实验结果如图 6.6 所示。图 6.6(a)显示了复合高斯杂波模型下的几种幅度分布对本组实测数据的拟合结果，从图中可以看出 CG-IG 分布对该组数据的拟合效果最好。为计算检测概率，在实测海杂波数据中加入两个匀加速的仿真目标，加入目标后的回波数据功率图如图 6.6(b)所示，其中目标 1 的信杂比为 12 dB，目标 2 的信杂比为 8 dB，两个目标的速度变化范围都是 0～8 m/s。图 6.6(c)～(f)中分别显示了 AMF、ANMF、GLRT-IG 以及 $\alpha$-AMF 等四种自适应检测器的检测结果，从图中可以看出，在四种检测器中 $\alpha$-AMF 检测器检测出目标 1 和目标 2 的概率都是最高的。本次实验中再次出现了 K 分布杂波实验下类似的情况，即近最优检测器的检测性能超过了所谓的最优检测器。实际上，这里所说的最优是指检测器在匹配杂波纹理分布上实现了最优。NP 准则下的最优检测器为似然比检测器，而广义似然比检测器使用了目标复幅度的最大似然估计值代替了真实值，这使得广义似然比检测器仅在多数情况下能取得较好的性能，而模型失配和未知参数估计误差将导致广义似然比检测器的性能损失。

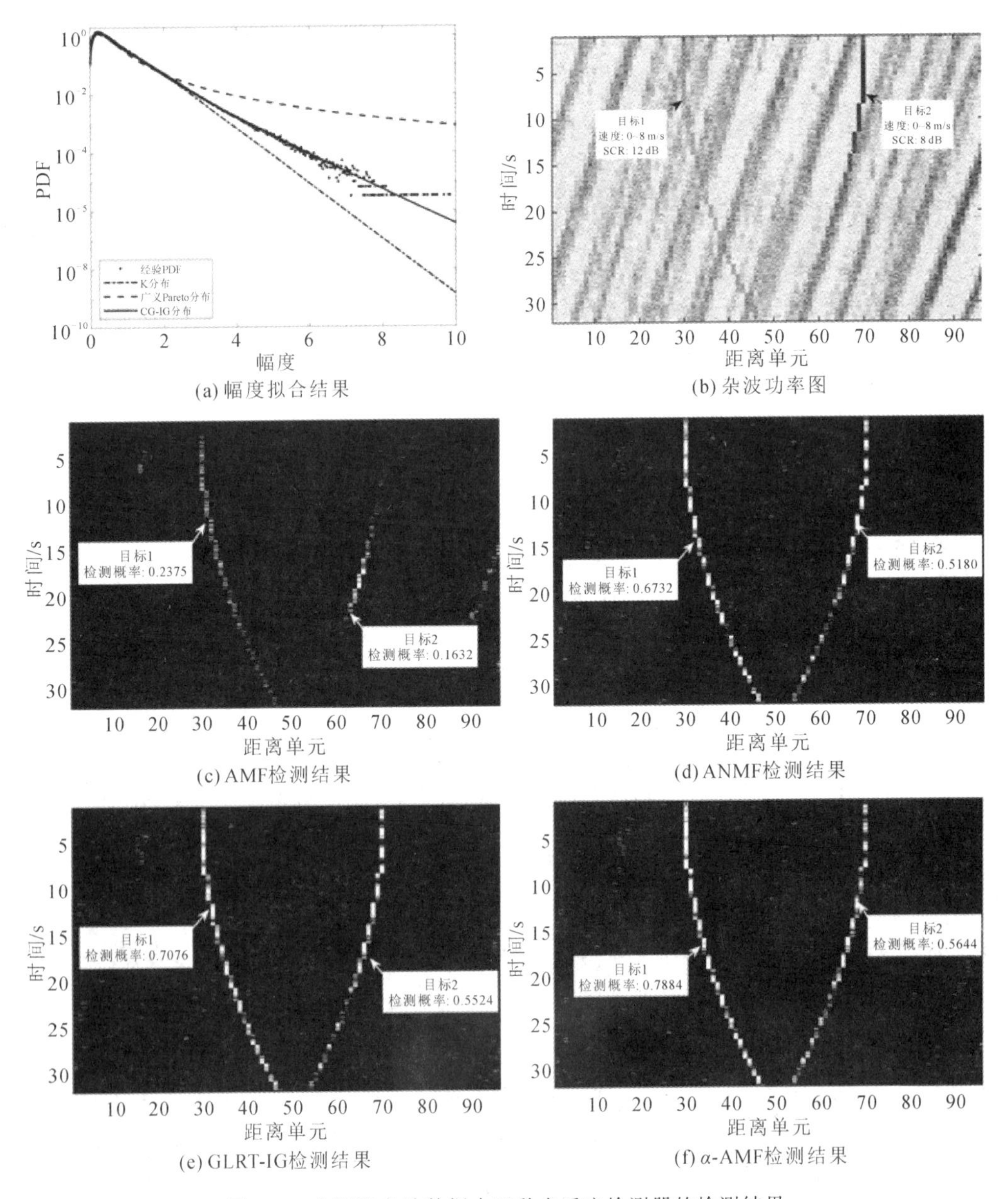


图 6.6 实测海杂波数据中四种自适应检测器的检测结果

# 本章小结

复合高斯杂波模型下的K分布与CG-IG分布对应匹配纹理的广义似然比检测器由于检验统计量中包含第二类修正Bessel函数而无法在实际雷达系统中应用，为此需要设计两种杂波幅度分布下可快速计算的次最优自适应检测器。匹配纹理分布的最优检测器可以写作色噪声背景下的匹配滤波器与依赖数据项门限相比较的形式，通过对依赖数据项门限函数进行近似，得到了可以看作是匹配滤波器与归一化匹配滤波器检验统计量相融合的$\alpha$-MF检测器。$\alpha$-MF检测器包含能够匹配杂波形状参数的调控参数，相比于匹配滤波器或归一化匹配滤波器能更好地感知杂波幅度的起伏特性。在得到K分布杂波下的$\alpha$-MF检测器后，通过分析K分布与CG-IG分布的拖尾特性，建立了两种幅度分布拖尾部分关于形状参数对应关系的表达式，从而将$\alpha$-MF检测器推广到CG-IG分布杂波的应用中。通过仿真和实测实验可以证明，$\alpha$-MF检测器的检测性能在多数情况下优于高斯杂波背景下性能较好的匹配滤波器和非高斯特性较强杂波背景下的渐进最优归一化匹配滤波器，且能够取得与匹配纹理分布的最优检测器近似的检测性能，因此$\alpha$-MF检测器是一种可快速计算的次最优检测器。

# 参考文献

[1] ROBEY F, FUHRMANN D, KELLY E, et al. A CFAR adaptive matched filter detector[J]. IEEE Transactions on Aerospace and Electronic Systems, 1992, 28(1): 208-216.

[2] CONTE E, LOPS M, RICCI G. Asymptotically optimum radar detection in compound-Gaussian clutter[J]. IEEE Transactions on Aerospace and Electronic Systems, 1995, 31(2): 617-625.

[3] SANGSTON J, GINI F, GRECO M, et al. Structures for radar detection in compound Gaussian clutter[J]. IEEE Transactions on Aerospace and Electronic Systems, 1999, 35(2): 445-458.

[4] SHUI P L, LIU M, XU S W. Shape-parameter-dependent coherent radar target

detection in K distributed clutter[J]. IEEE Transactions on Aerospace and Electronic Systems, 2016, 52(1): 451-465.

[5] XUE J, XU S W, SHUI P L. Near-optimum coherent CFAR detection of radar targets in compound-Gaussian clutter with inverse Gaussian texture[J]. Signal Processing, 2020, 166: 107236.

# 第7章　复合高斯杂波加白噪声背景下的自适应检测器

复合高斯杂波模型下的几种幅度分布均可用于低擦地角、高分辨海杂波建模，能够较好地描述海杂波的幅度分布特性，在对海目标检测方案设计及性能评价中发挥着重要作用。然而，在雷达目标检测过程中，接收机噪声是一直存在且无法回避的信号分量。K分布、广义Pareto分布、CG-IG分布和CG-GIG分布等幅度分布仅对纯杂波数据进行建模，并未考虑接收机热噪声对待检测数据的影响。在强海杂波背景下，即杂噪比足够大时可以忽略接收机热噪声，从而设计纯杂波背景下的自适应检测器。但当杂噪比较低以至于接收机热噪声对待检测数据的影响无法忽略时，纯杂波背景下推导得到的自适应检测器将会出现一定的性能损失，无法实现恒虚警检测[1-3]。因此，有必要在复合高斯杂波模型的基础上提出复合高斯杂波加噪声模型，从而在自适应检测器设计中考虑低杂噪比条件下接收机热噪声对检测器虚警概率的影响。本章首先介绍在复合高斯杂波模型基础上加上噪声分量而提出的等效形状参数的概念以及在目标检测中的应用，随后使用另外一种设计思路给出基于检测器融合与信杂比加权的自适应检测器，该检测器在复合高斯杂波加白噪声背景下有较明显的检测性能改善。

## 7.1　基于等效形状参数的自适应检测器

当高分辨雷达探测远距离海面时，每个分辨单元的噪声功率水平可能会与杂波平均功率水平相当，在这种低杂噪比的情况下必须考虑噪声的影响，否则会因模型失配而造成检测性能损失。此外，海杂波的多普勒谱可以划分为杂波占优区、噪声占优区、杂波噪声混合区等三个区域。在噪声占优区和杂噪混合区两个区域对应的多普勒通道中，即便是探测近距离目标，噪声分量的影响也是不可忽略的。为了在已有的复合高斯杂波模型基础上加入噪声分量，Watts于1986年在K分布海杂波背景下提出了“等效形状参数”的概念，从而将噪声分量加入K分布幅度模型中[4]，Luke等学者则给出了广义Pareto分布加噪声背景下形状参数的等效关系式[5]。下面介绍等效形状参数在K分布、广义Pareto分布和CG-IG分布等三种幅度分布加入噪声分量时的应用以及基于等效形状参数的自适应检测器设计。

### 7.1.1 复合高斯杂波加噪声后的等效形状参数

在复合高斯杂波模型下，雷达回波的功率或称强度分布为

$$p(z)=\int_0^{\infty}p(z\mid y)p(y)\mathrm{d}y \tag{7.1.1}$$

其中，$z$表示杂波功率，$y$表示纹理分量。特别地，当纹理概率密度函数$p(y)$为Gamma分布时，相应的K分布海杂波强度分布满足

$$\begin{cases}p_{z|y}(z|y)=\dfrac{1}{y}\exp\left(-\dfrac{z}{y}\right)\\[2ex] p(y)=\dfrac{(\nu/b)^{\nu}y^{\nu-1}}{\Gamma(\nu)}\exp\left(-\dfrac{\nu}{b}y\right)\end{cases} \tag{7.1.2}$$

其中，$\nu$表示形状参数，$b$表示尺度参数。K分布海杂波功率的$k$阶矩为

$$m_k=\frac{\Gamma(k+1)\Gamma(k+\nu)}{\Gamma(\nu)}\left(\frac{b}{\nu}\right)^k \tag{7.1.3}$$

当在杂波分布上加入噪声分量时，需要在代表杂波局部功率的纹理分量位置上加入噪声功率$p_{\mathrm{n}}$，此时杂噪比为$b/p_{\mathrm{n}}$，式(7.1.2)扩展为

$$p_{z|y}(z|y)=\frac{1}{y+p_{\mathrm{n}}}\exp\left(-\frac{z}{y+p_{\mathrm{n}}}\right) \tag{7.1.4}$$

则K分布海杂波加噪声的功率分布PDF为

$$p(z)=\frac{(\nu/b)^{\nu}}{\Gamma(\nu)}\int_0^{\infty}\frac{y^{\nu-1}}{p_{\mathrm{n}}+y}\exp\left(-\frac{z}{p_{\mathrm{n}}+y}-\frac{\nu}{b}y\right)\mathrm{d}y \tag{7.1.5}$$

由于式(7.1.5)中积分较为复杂，因此很难计算得到K分布海杂波加噪声对应功率PDF的任意$p$阶矩的显式形式，仅能计算得到正整数阶矩表达式的显式形式，其中功率一、二阶矩表达式为

$$\begin{cases}m_1=b+p_{\mathrm{n}}\\[1ex] m_2=\dfrac{2(\nu+1)b^2}{\nu}+4p_{\mathrm{n}}b+2p_{\mathrm{n}}^2\end{cases} \tag{7.1.6}$$

其中，$m_1$表示功率一阶矩，$m_2$表示功率二阶矩。利用等效参数代替K分布的形状参数，可

得功率一、二阶矩为

$$\begin{cases} m_1 = b_{\text{eff}} \\ m_2 = \dfrac{2(\nu_{\text{eff}}+1)b_{\text{eff}}^2}{\nu_{\text{eff}}} \end{cases} \tag{7.1.7}$$

其中，$\nu_{\text{eff}}$表示等效形状参数，$b_{\text{eff}}$表示等效尺度参数。等效形状参数的思想是假设K分布海杂波加噪声对应的回波数据仍然服从K分布，而新的K分布形状参数用等效形状参数来表示。等效形状参数$\nu_{\text{eff}}$与等效前纯杂波对应概率分布的形状参数$\nu$之间的关系为[6]

$$\nu_{\text{eff}} = \nu\left(1+\frac{1}{\text{CNR}}\right)^2 \tag{7.1.8}$$

广义Pareto分布的功率分布满足

$$\begin{cases} p_{z|y}(z|y) = \dfrac{1}{y}\exp\left(-\dfrac{z}{y}\right) \\ p(y) = \dfrac{y^{\nu-1}}{\Gamma(\nu)b^{\nu}}\exp\left(-\dfrac{y}{b}\right) \end{cases} \tag{7.1.9}$$

其中，$\nu$表示形状参数，$b$表示尺度参数。类似地，广义Pareto分布海杂波功率的$k$阶矩为

$$m_k = \frac{\Gamma(k+1)\Gamma(\nu-k)}{\Gamma(\nu)}b^{-k} \tag{7.1.10}$$

当在杂波分布上加入噪声分量时，广义Pareto分布海杂波加噪声的功率分布PDF为

$$p(z) = \frac{b^{-\nu}}{\Gamma(\nu)}\int_0^{\infty}\frac{y^{\nu-1}}{p_{\text{n}}+y}\exp\left(-\frac{z}{p_{\text{n}}+y}-by\right)\text{d}y \tag{7.1.11}$$

由于式(7.1.11)中积分较为复杂，同样很难计算得到广义Pareto分布海杂波加噪声对应功率PDF的任意$p$阶矩的显式形式，仅能计算得到正整数阶矩表达式的显式形式，其中功率一、二阶矩表达式为

$$\begin{cases} m_1 = \dfrac{1}{(\nu-1)b}+p_{\text{n}} \\ m_2 = \dfrac{2}{(\nu-1)(\nu-2)b^2}+\dfrac{4p_{\text{n}}}{(\nu-1)b}+2p_{\text{n}}^2 \end{cases} \tag{7.1.12}$$

其中，$m_1$表示功率一阶矩，$m_2$表示功率二阶矩。利用等效参数代替广义Pareto分布的形状参数，可得功率一、二阶矩为

$$\begin{cases} m_1 = \dfrac{1}{(\nu_{\text{eff}}-1)b_{\text{eff}}} \\ m_2 = \dfrac{2}{(\nu_{\text{eff}}-1)(\nu_{\text{eff}}-2)b_{\text{eff}}^2} \end{cases} \tag{7.1.13}$$

其中，$\nu_{\text{eff}}$表示等效形状参数，$b_{\text{eff}}$表示等效尺度参数。对于广义Pareto分布，等效形状参

数 $\nu_{\text{eff}}$ 与等效尺度参数 $b_{\text{eff}}$ 和等效前纯杂波对应概率分布的形状参数 $\nu$ 与尺度参数 $b$ 之间的关系为

$$\begin{cases} \nu_{\text{eff}}=(\nu-2)\left(1+\dfrac{1}{\text{CNR}}\right)^2+2 \\ b_{\text{eff}}=\dfrac{1}{(\nu_{\text{eff}}-1)m_1} \end{cases} \tag{7.1.14}$$

需要注意的是，式(7.1.14)中使用了强度二阶矩，因此广义 Pareto 分布的形状参数 $\nu$ 需满足 $\nu>2$[7]。文献[5]提出了一种基于阈值的更加有效的广义 Pareto 分布海杂波加噪声模型参数等效方法，表示为

$$\begin{cases} \nu_{\text{eff}}=(\nu-1)\left(1+\dfrac{1}{\text{CNR}}\right)+1 \\ b_{\text{eff}}=\dfrac{1}{(\nu_{\text{eff}}-1)m_1} \end{cases} \tag{7.1.15}$$

同样地，式(7.1.15)中使用了强度一阶矩，因此原形状参数 $\nu$ 需满足 $\nu>1$。

CG-IG 分布杂波的功率分布满足

$$\begin{cases} p_{z|y}(z|y)=\dfrac{1}{y}\exp\left(-\dfrac{z}{y}\right) \\ p(y)=\sqrt{\dfrac{\nu b}{2\pi y^3}}\exp\left(-\dfrac{\nu(b-y)^2}{2by}\right) \end{cases} \tag{7.1.16}$$

其中，$\nu$ 表示形状参数，$b$ 表示尺度参数。CG-IG 分布海杂波功率的 $k$ 阶矩为

$$m_k=b^k\mathrm{e}^{\nu}\sqrt{\frac{2\nu}{\pi}}\Gamma(1+n)K_{(n-1)/2}(\nu) \tag{7.1.17}$$

当在杂波分布上加入噪声分量时，CG-IG 分布海杂波加噪声的功率分布 PDF 为

$$p(z)=\int_0^{\infty}\frac{1}{y+p_{\mathrm{n}}}\exp\left(-\frac{z}{y+p_{\mathrm{n}}}\right)\sqrt{\frac{\nu b}{2\pi y^3}}\exp\left(-\frac{\nu(b-y)^2}{2by}\right)\mathrm{d}y \tag{7.1.18}$$

由于式(7.1.18)中积分较为复杂，同样很难计算得到 CG-IG 分布海杂波加噪声对应功率 PDF 的任意 $p$ 阶矩的显式形式，仅能计算得到正整数阶矩表达式的显式形式，其中功率一、二阶矩表达式为

$$\begin{cases} m_1=b+p_{\mathrm{n}} \\ m_2=b^2\left(\dfrac{1}{\nu}+1\right)+2p_{\mathrm{n}}b+p_{\mathrm{n}}^2 \end{cases} \tag{7.1.19}$$

其中，$m_1$ 表示功率一阶矩，$m_2$ 表示功率二阶矩。利用等效参数代替 CG-IG 分布的形状参

数，可得功率一、二阶矩为

$$\begin{cases} m_1 = b_{\text{eff}} \\ m_2 = 2b_{\text{eff}}^2 e^{\nu_{\text{eff}}} \sqrt{\dfrac{2\nu_{\text{eff}}}{\pi}} K_{1/2}(\nu_{\text{eff}}) \end{cases} \tag{7.1.20}$$

其中，$\nu_{\text{eff}}$表示等效形状参数，$b_{\text{eff}}$表示等效尺度参数。对于CG-IG分布，等效形状参数$\nu_{\text{eff}}$与等效尺度参数$b_{\text{eff}}$和等效前纯杂波对应概率分布的形状参数$\nu$与尺度参数$b$之间的关系为

$$\begin{cases} \nu_{\text{eff}} = \nu\left(1+\dfrac{1}{\text{CNR}}\right)^2 \\ b_{\text{eff}} = b\left(1+\dfrac{1}{\text{CNR}}\right) \end{cases} \tag{7.1.21}$$

### 7.1.2　基于等效形状参数的自适应检测器

对于K分布杂波背景下的目标检测问题，匹配纹理分布的广义似然比检测器OKD由于第二类修正Bessel函数的存在无法应用于实际雷达系统中。为解决这一问题，第6章给出了可快速计算且具有近最优检测性能的$\alpha$-MF检测器，K分布杂波下基于等效形状参数的自适应检测器考虑在$\alpha$-MF检测器的基础上改写检测器的形式。

从第3章对海杂波多普勒谱的介绍中可以看出，海杂波在不同多普勒通道中的功率是不同的，则不同多普勒通道中回波数据的杂噪比也是不同的。依赖于多普勒频率的杂噪比$\text{CNR}(f_{\text{d}})$定义为

$$\text{CNR}(f_{\text{d}}) = \frac{S_{\text{c}}(f_{\text{d}})}{\sigma^2} \tag{7.1.22}$$

其中：$S_{\text{c}}(f_{\text{d}})$表示杂波多普勒谱；$\sigma^2$表示每个多普勒通道中的噪声功率，这里认为每个多普勒通道中的噪声功率是相同的。杂波的多普勒谱可以表示为

$$S_{\text{c}}(f_{\text{d}}) = \frac{bE\{\boldsymbol{p}^{\text{H}}(f_{\text{d}})\boldsymbol{M}\boldsymbol{p}(f_{\text{d}})\}}{\boldsymbol{p}^{\text{H}}(f_{\text{d}})\boldsymbol{p}(f_{\text{d}})} \tag{7.1.23}$$

其中：$\boldsymbol{M}$表示杂波散斑协方差矩阵；$\boldsymbol{p}(f_{\text{d}})$表示多普勒频率为$f_{\text{d}}$时的目标多普勒导向向量。当使用等效形状参数$\nu_{\text{eff}}$来描述K分布杂波加噪声下的等效杂波分布时，对于式(6.1.5)给出的$\alpha$-MF检测器，调控参数$\alpha$的计算方法由式(6.1.11)改写为

$$\alpha = \frac{N}{N+\nu_{\text{eff}}}, \quad \nu_{\text{eff}} = \nu\left(1+\frac{1}{\text{CNR}(f_{\text{d}})}\right)^2 \tag{7.1.24}$$

则将强杂波背景下提出的$\alpha$-MF检测器推广到K分布杂波加噪声情形下进行目标检测的检测器形式为

$$\frac{|\boldsymbol{p}^{\mathrm{H}}\boldsymbol{M}^{-1}\boldsymbol{z}|^2}{(\boldsymbol{p}^{\mathrm{H}}\boldsymbol{M}^{-1}\boldsymbol{p})(\boldsymbol{z}^{\mathrm{H}}\boldsymbol{M}^{-1}\boldsymbol{z})^{\frac{N}{N+\nu_{\mathrm{eff}}}}}\underset{H_0}{\overset{H_1}{\gtrless}}\gamma \tag{7.1.25}$$

其中，$\gamma$ 表示与虚警概率有关的检测门限。

在广义 Pareto 分布杂波下，匹配纹理分布的广义似然比检测器为式(5.2.5)给出的 GLRT-LTD 检测器。当在广义 Pareto 分布杂波加噪声情形下使用等效形状参数和尺度参数对 GLRT-LTD 检测器进行改写时，GLRT-LTD 检测器的形式变为

$$\frac{|\boldsymbol{p}^{\mathrm{H}}\boldsymbol{M}^{-1}\boldsymbol{z}|^2}{(\boldsymbol{p}^{\mathrm{H}}\boldsymbol{M}^{-1}\boldsymbol{p})(\boldsymbol{z}^{\mathrm{H}}\boldsymbol{M}^{-1}\boldsymbol{z}+1/b_{\mathrm{eff}})}\underset{H_0}{\overset{H_1}{\gtrless}}1-\exp(-T/(N+\nu_{\mathrm{eff}})) \tag{7.1.26}$$

其中：$T$ 表示与虚警概率有关的检测门限；等效形状参数和等效尺度参数采用式(7.1.15)给出的计算方法，即

$$\begin{cases}\nu_{\mathrm{eff}}=(\nu-1)\left(1+\dfrac{1}{\mathrm{CNR}(f_{\mathrm{d}})}\right)+1\\ b_{\mathrm{eff}}=m_1(\nu_{\mathrm{eff}}-1)\end{cases}$$

在 CG-IG 分布杂波下，匹配纹理分布的广义似然比检测器 GLRT-IG 同样包含第二类修正 Bessel 函数，无法应用于实际雷达系统中。6.2 节通过对比 K 分布和 CG-IG 分布的拖尾特性，将可快速计算的 $\alpha$-MF 检测器推广到了 CG-IG 分布杂波下，并取得了较好的检测性能。类似于式(7.1.25)，CG-IG 分布杂波加噪声情形下的 $\alpha$-MF 检测器的形式为

$$\frac{|\boldsymbol{p}^{\mathrm{H}}\boldsymbol{M}^{-1}\boldsymbol{z}|^2}{(\boldsymbol{p}^{\mathrm{H}}\boldsymbol{M}^{-1}\boldsymbol{p})(\boldsymbol{z}^{\mathrm{H}}\boldsymbol{M}^{-1}\boldsymbol{z})^{\frac{N}{N+\nu_{\mathrm{eff}}/2}}}\underset{H_0}{\overset{H_1}{\gtrless}}\gamma \tag{7.1.27}$$

其中，$\gamma$ 表示与虚警概率有关的检测门限，等效形状参数的计算方法同式(7.1.21)。

### 7.1.3 性能评价与分析

首先通过仿真实验评价基于等效形状参数复合高斯模型的 PDF 曲线拟合复合高斯杂波加噪声数据经验 PDF 曲线的可行性。在不同形状参数以及杂噪比条件下使用等效形状参数 K 分布拟合仿真 K 分布杂波加噪声数据的实验结果如图 7.1 所示。从图 7.1 中可以看出，在杂噪比数值较大的条件下，形状参数较小时使用等效形状参数的 K 分布对仿真数据幅度分布拖尾部分的拟合效果较好，但在幅度分布主体部分拟合效果变差；随着形状参数的增大，使用等效形状参数的 K 分布对仿真数据幅度分布的拟合效果整体变好。在杂噪比数值较小的条件下，使用等效形状参数的 K 分布仅在杂波形状参数非常大时拟合效果较好，形状参数减小时主体部分和尾部的拟合效果都会变差。

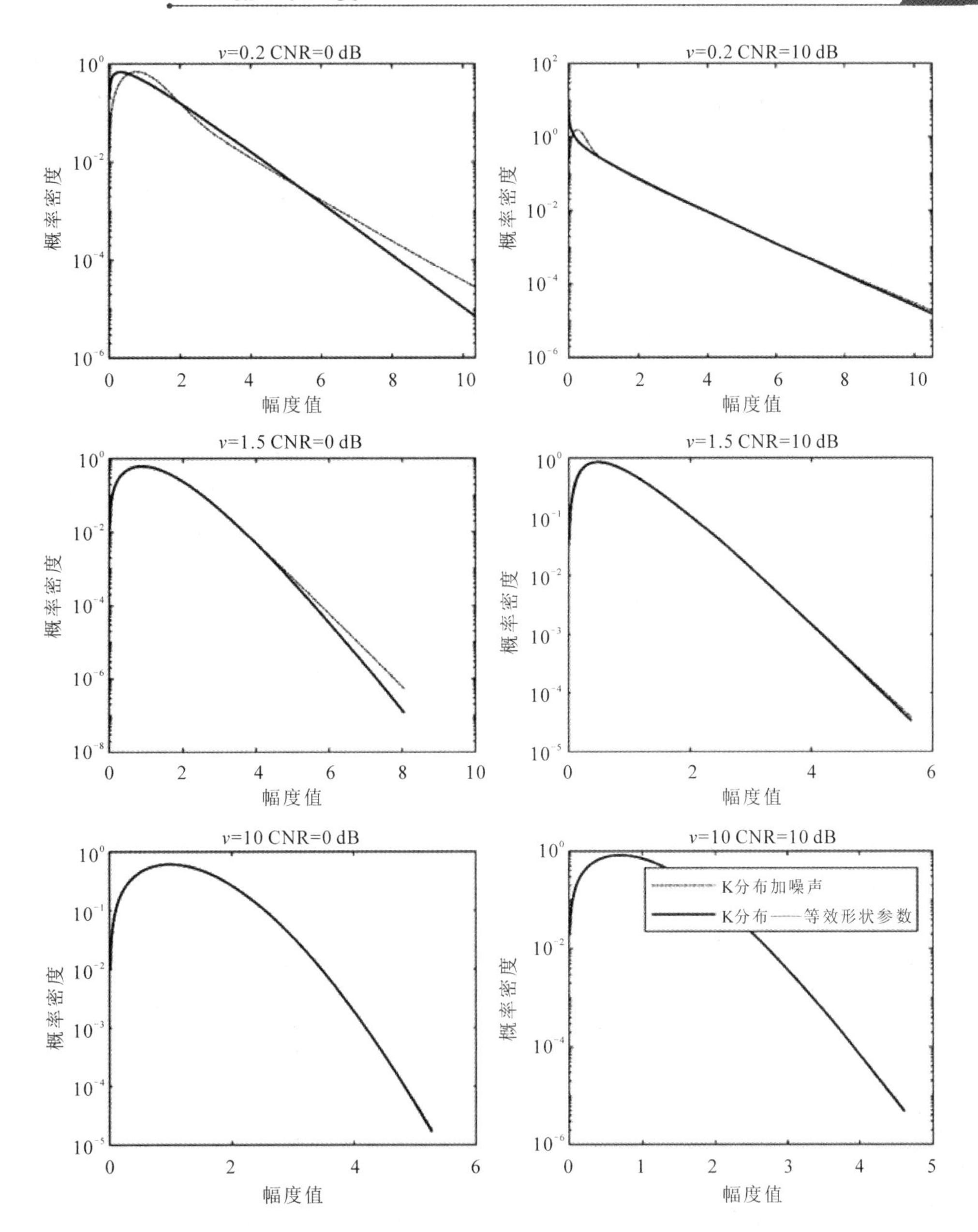


图 7.1　使用等效形状参数的 K 分布对仿真数据的拟合结果

类似地，在不同形状参数以及杂噪比条件下使用等效形状参数广义 Pareto 分布和 CG-IG 分布拟合对应的仿真分布杂波加噪声数据的实验结果分别如图 7.2 和图 7.3 所示。从实验结果中可以看出，使用等效形状参数的复合高斯分布仅在杂噪比较高以及形状参数较大时对仿真杂波加噪声数据的拟合效果较好，当杂噪比或杂波形状参数减小时，拟合效果会不同程度地变差。特别地，当杂噪比由 10 dB 降至 0 dB 时，使用等效形状参数的 CG-IG 分布对仿真数据拟合的失配程度明显大于其他两种复合高斯分布。

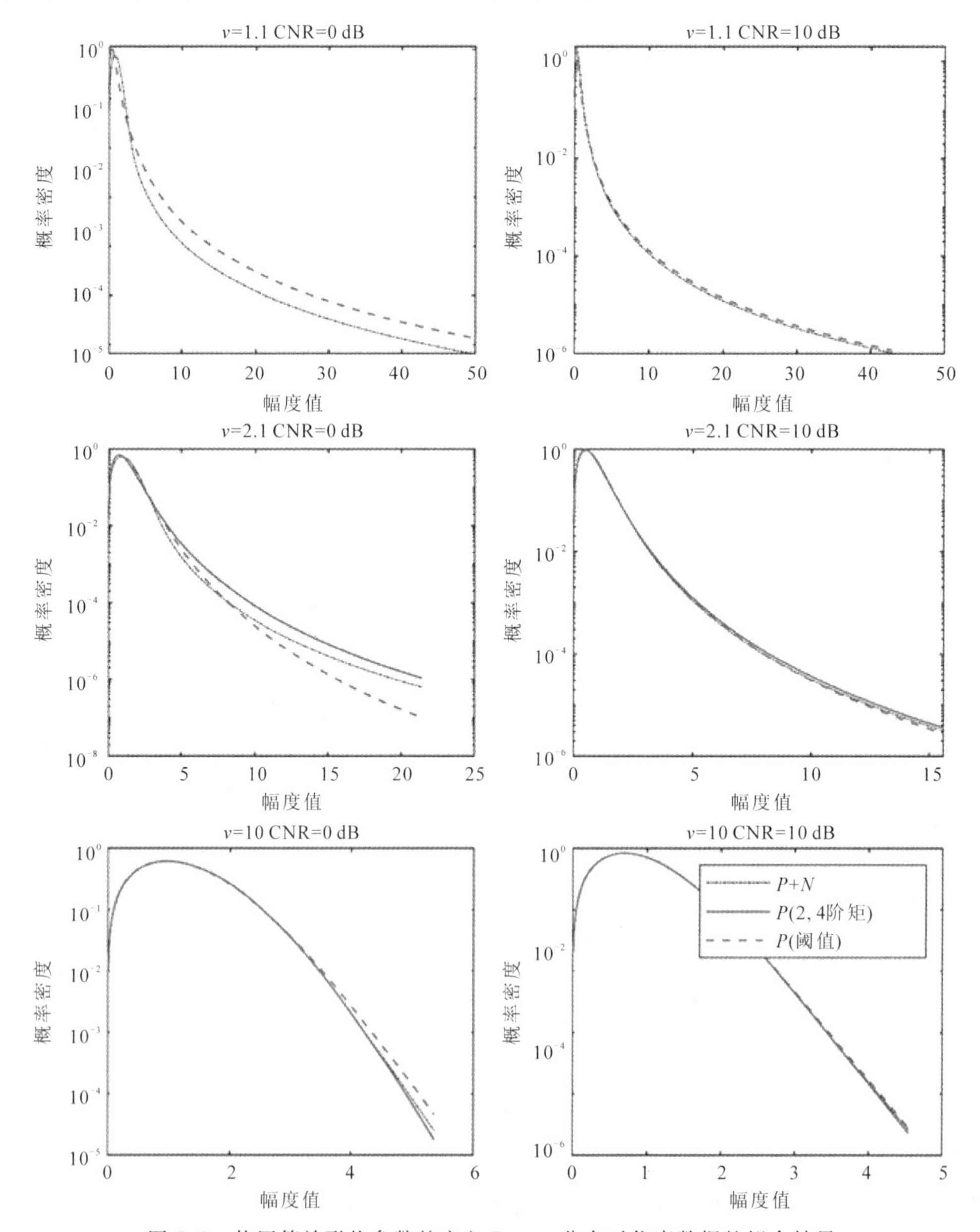


图 7.2　使用等效形状参数的广义 Pareto 分布对仿真数据的拟合结果

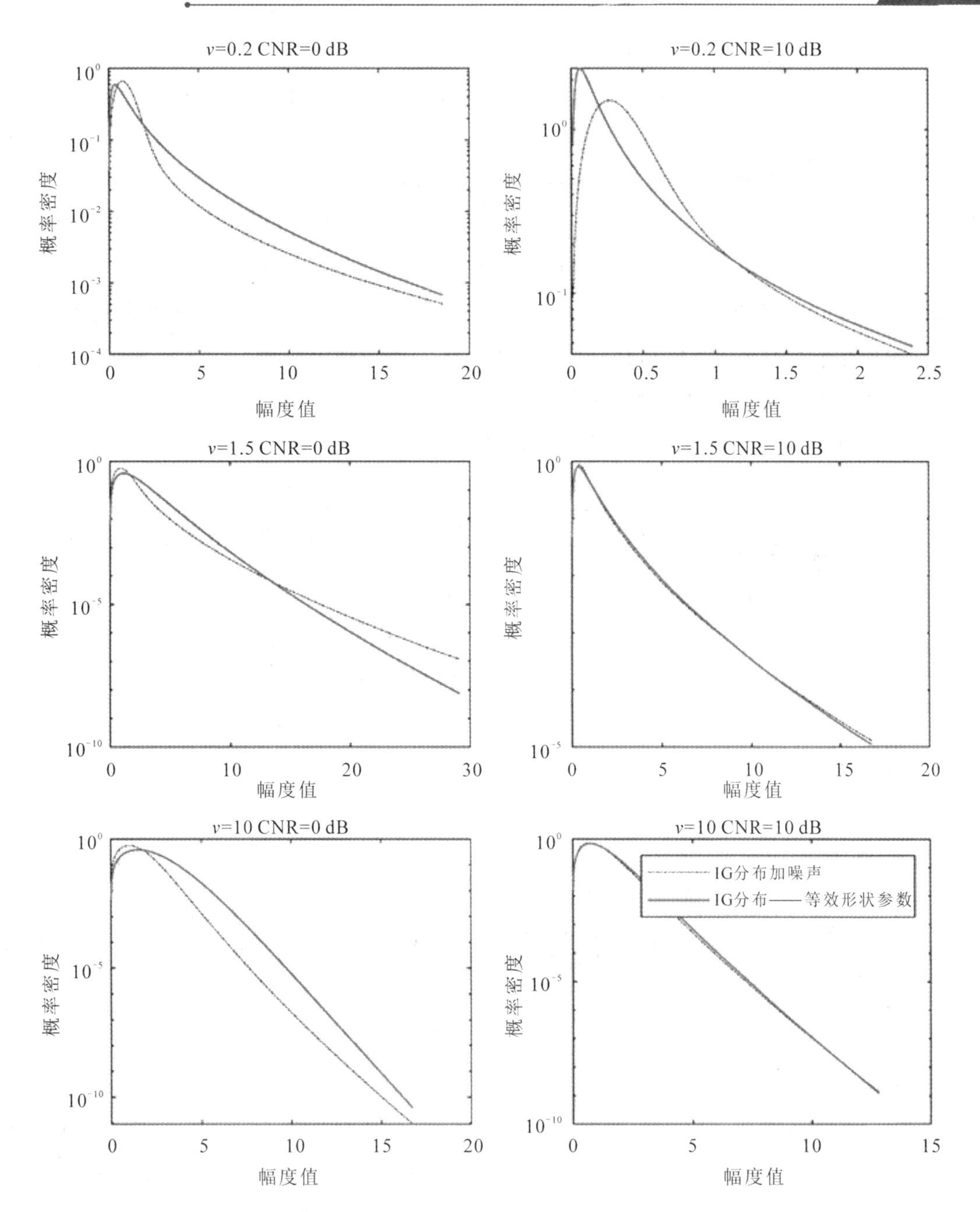


图 7.3　使用等效形状参数的 CG-IG 分布对仿真数据的拟合结果

下面以 K 分布及有关检测器为例进行仿真实验，评价使用等效形状参数的自适应检测器在仿真复合高斯杂波加噪声数据中的检测性能。首先生成不同形状参数下的仿真 K 分布杂波数据，其中尺度参数由杂噪比与噪声功率确定，杂波散斑协方差矩阵结构为具有一阶迟滞相关系数 $\rho=0.9$ 的指数相关型协方差矩阵。随后加入功率为1的高斯白噪声，在脉冲累积数 $N=8$、虚警概率 $P_{\mathrm{FA}}=10^{-3}$、杂噪比为0 dB、信杂噪比为3 dB的条件下进行目标检测，目标归一化多普勒频率从0变化至0.5，即杂噪比逐渐变大。自适应检测器AMF、使用杂波形状参数 $\nu$ 的 $\alpha$-AMF、使用认为仿真数据整体服从K分布从而直接估计形状参数 $\nu_k$ 并代入调控参数的 $\alpha$-AMF和使用等效形状参数 $\nu_{\mathrm{eff}}$ 的 $\alpha$-AMF等四种自适应检测器在上述参数条件下的检测结果如图7.4所示。由图7.4中可以看出，使用等效形状参数 $\nu_{\mathrm{eff}}$ 的 $\alpha$-AMF在杂波形状参数较小时的检测性能优于其他三种检测器，当待检测数据近似高斯时与其他三种检测器的检测性能近似相同。此外，使用杂波形状参数 $\nu$ 的 $\alpha$-AMF的检测概率在本次实验中一直低于直接从仿真数据中估计形状参数的 $\alpha$-AMF。

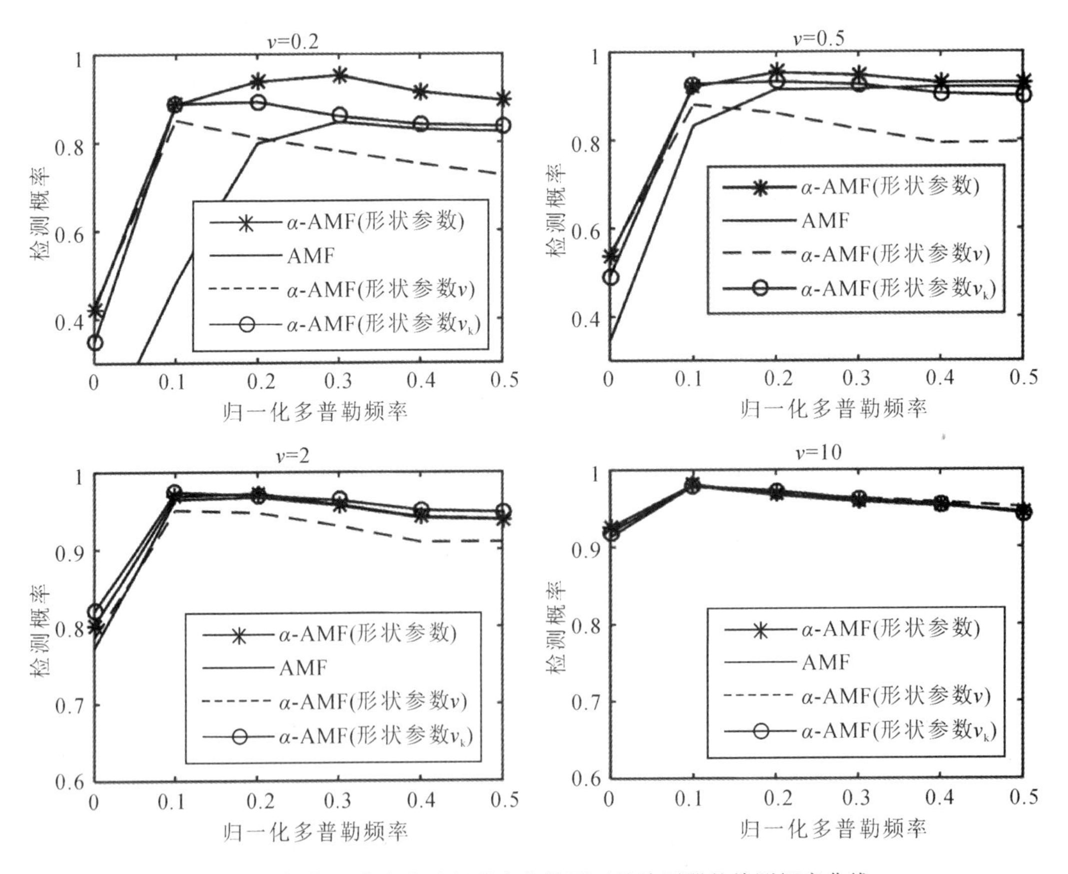


图7.4 仿真K分布杂波加噪声背景下四种检测器的检测概率曲线

需要注意的是，等效形状参数理论存在一定的局限性。在等效形状参数理论中，当杂噪比已知时，K分布杂波模型功率的 $k$ 阶矩仅与杂波形状参数 $\nu$ 和尺度参数 $b$ 有关，使用K分布杂波模型对K分布杂波加噪声数据进行建模时，杂噪比越大拟合效果越好。当CNR较小以至于数据中的噪声不可被忽略时，使用等效形状参数的K分布模型拟合效果变差。此外，杂波形状参数越大，即杂波越接近高斯分布时，使用K分布杂波模型拟合K分布杂波加噪声数据效果越好。当形状参数变小，即杂波非高斯性较强时，使用等效形状参数的K分布模型拟合效果将变差。该结论已通过图7.1显示的拟合实验给出。

## 7.2　基于杂噪比加权的自适应检测器

参考文献[1]给出了K分布杂波加噪声背景下的最优自适应检测器，但该检测器的检验统计量中含有复杂的数值积分，无法在实际雷达系统中应用。遗憾的是，使用简单函数来近似K分布杂波加噪声下最优自适应检测器门限函数的方法计算量较大且难以确定各个参数与门限函数之间的关系。借助自适应检测器 $\alpha$-MF 的设计思路，本节利用杂噪比信息尝试将高斯杂波背景下的检测器MF与K分布杂波背景下的检测器 $\alpha$-MF 进行融合，给出一种基于杂噪比加权的自适应检测器。

### 7.2.1　检测器设计

首先考虑非相关K分布杂波加噪声这一简单的情形，此时K分布杂波的散斑协方差矩阵为单位阵，则待检测数据 $z$ 的协方差矩阵为 $\boldsymbol{R}=\tau\boldsymbol{M}+\sigma^2\boldsymbol{I}$。在非相关K分布杂波加噪声背景下，OKGD的形式为

$$\Lambda=\frac{\displaystyle\int_0^{+\infty}\frac{1}{(\tau+\sigma^2)^N}\exp\left(-\frac{(\boldsymbol{z}-\alpha\boldsymbol{p})^{\mathrm{H}}(\boldsymbol{z}-\alpha\boldsymbol{p})}{\tau+\sigma^2}\right)p(\tau)\mathrm{d}\tau}{\displaystyle\int_0^{+\infty}\frac{1}{(\tau+\sigma^2)^N}\exp\left(-\frac{\boldsymbol{z}^{\mathrm{H}}\boldsymbol{z}}{\tau+\sigma^2}\right)p(\tau)\mathrm{d}\tau}\underset{H_0}{\overset{H_1}{\gtrless}}T \tag{7.2.1}$$

此时OKGD的检验统计量与K分布杂波的形状参数 $\nu$、尺度参数 $b$、脉冲累积数 $N$ 和噪声功率 $\sigma^2$ 等参数有关。事实上，当K分布杂波向量不相关时，OKGD仅依赖于脉冲累积数 $N$、形状参数 $\nu$ 和杂噪比 $E(\tau)/\sigma^2=b/\sigma^2$。令

$$\tau'=\frac{\tau}{\sigma^2}\sim p(\tau'),\ \boldsymbol{z}'=\frac{\boldsymbol{z}}{\sigma}=\frac{\alpha}{\sigma}\boldsymbol{p}+\sqrt{\tau'}\boldsymbol{u}+\boldsymbol{g} \tag{7.2.2}$$

则式(7.2.1)中分子的积分式可以写为

$$\sigma^{-2N}\int_0^{+\infty}(\tau'+1)^{-N}\exp\left(-\frac{\boldsymbol{z}'^{\mathrm{H}}\boldsymbol{z}'-|\boldsymbol{p}^{\mathrm{H}}\boldsymbol{z}'|^2/(\boldsymbol{p}^{\mathrm{H}}\boldsymbol{p})}{\tau'+1}\right)p(\tau')\mathrm{d}\tau' \tag{7.2.3}$$

同样地，式(7.2.1)中分母的积分式也可以写成如式(7.2.3)所示的形式，则非相关K分布杂波加噪声背景下最优相干检测器的形式变为

$$\Lambda=\frac{\displaystyle\int_0^{+\infty}(\tau'+1)^{-N}\exp\left(-\frac{\boldsymbol{z}'^{\mathrm{H}}\boldsymbol{z}'-|\boldsymbol{p}^{\mathrm{H}}\boldsymbol{z}'|^2/(\boldsymbol{p}^{\mathrm{H}}\boldsymbol{p})}{\tau'+1}\right)p(\tau')\mathrm{d}\tau'}{\displaystyle\int_0^{+\infty}(\tau'+1)^{-N}\exp\left(-\frac{\boldsymbol{z}'^{\mathrm{H}}\boldsymbol{z}'}{\tau'+1}\right)p(\tau')\mathrm{d}\tau'}\underset{H_0}{\overset{H_1}{\gtrless}}T \tag{7.2.4}$$

由此可以看出K分布杂波向量不相关时，除了脉冲累积数$N$和形状参数$\nu$，OKGD高度依赖于杂噪比。当杂噪比趋于零时，$H_0$假设下的待检测数据$\boldsymbol{z}$仅包含噪声分量；当杂噪比趋于正无穷时，待检测数据$\boldsymbol{z}$中的噪声分量几乎为零，此时K分布杂波加噪声模型退化为形状参数为$\nu$的纯K分布杂波模型。式(7.2.2)中的随机向量$\boldsymbol{z}'$可以认为是$H_0$假设下纹理分量为$\tau'+1$、散斑协方差矩阵为单位阵的SIRV。第6章中已经提到，复合高斯杂波背景下的最优检测器可以写作是色噪声背景下的匹配滤波器与依赖数据项门限相比较的形式，然而几乎无法找到形式简单且有效的用于近似复合高斯杂波加噪声背景下检测器依赖数据项门限的函数。借助第6章中设计$\alpha$-MF检测器所使用的融合检测思想，K分布杂波加噪声背景下的自适应检测器也考虑为两种形式简单的检测器相融合的形式[8]。

设计融合检测器首先应当考虑杂波加噪声模型对应两种极端情况，即纯杂波和纯噪声背景下的目标检测问题。高斯白噪声背景下的最优检测器为MF检测器，即

$$\Lambda_{\mathrm{MF}}=\frac{|\boldsymbol{p}^{\mathrm{H}}\boldsymbol{z}|^2}{\boldsymbol{p}^{\mathrm{H}}\boldsymbol{p}}\underset{H_0}{\overset{H_1}{\gtrless}}\sigma^2 T \tag{7.2.5}$$

K分布杂波背景下考虑使用第6章中给出的近最优$\alpha$-MF检测器，即

$$\Lambda_{\alpha-\mathrm{MF}}=\frac{|\boldsymbol{p}^{\mathrm{H}}\boldsymbol{z}|^2}{\boldsymbol{p}^{\mathrm{H}}\boldsymbol{p}}\underset{H_0}{\overset{H_1}{\gtrless}}T(\boldsymbol{z}^{\mathrm{H}}\boldsymbol{z})^{\alpha},\quad \alpha=\frac{N}{N+\nu} \tag{7.2.6}$$

当杂噪比取值位于两种极端情况之间时，考虑利用MF的固定门限以及$\alpha$-MF的依赖数据项门限的线性组合作为非相关K分布杂波加噪声背景下检测器的检测门限，即

$$f_{\mathrm{opt}}(\boldsymbol{z}^{\mathrm{H}}\boldsymbol{z},\ T_0)\approx T_0(1+\beta(\boldsymbol{z}^{\mathrm{H}}\boldsymbol{z})^{\alpha}) \tag{7.2.7}$$

于是得到了一组对检测门限进行加权的称为$\alpha\beta$-MF的检测器：

$$\Lambda_{\alpha\beta-\mathrm{MF}}=\frac{|\boldsymbol{p}^{\mathrm{H}}\boldsymbol{z}|^2}{\boldsymbol{p}^{\mathrm{H}}\boldsymbol{p}(1+\beta(\boldsymbol{z}^{\mathrm{H}}\boldsymbol{z})^{\alpha})}\underset{H_0}{\overset{H_1}{\gtrless}}T \tag{7.2.8}$$

令系数$\beta$与杂噪比有关，则$\beta$应满足杂噪比趋于零时$\beta$也趋于0，杂噪比趋于正无穷时$\beta$也趋于正无穷，此时$\alpha\beta$-MF在纯噪声背景下退化为MF，在纯杂波背景下等价于$\alpha$-MF。同时$\beta$应为随杂噪比增大而增大的变量，从而保证杂噪比从零增大到正无穷时，$\alpha\beta$-MF检

测器由 MF 逐渐变化为 $\alpha$-MF。

为了使 $\alpha\beta$-MF 能够快速计算，考虑令系数 $\beta$ 为杂噪比的功率函数，不妨设 $\beta=\mathrm{CNR}^{\gamma}$，其中 $\gamma$ 为大于零的指数因子，作用为调节 $\alpha\beta$-MF 对杂噪比变化的敏感度。指数因子 $\gamma$ 越大，杂噪比从零变化到正无穷时 $\alpha\beta$-MF 由 MF 过渡到 $\alpha$-MF 的速度越快，因此指数因子 $\gamma$ 的选取在很大程度上影响着 $\alpha\beta$-MF 在杂波加噪声混合背景下的检测性能。类似于 $\alpha$-MF 中调控参数 $\alpha$ 的计算公式是根据数据分析得到的经验公式，在 $\alpha\beta$-MF 中依然很难通过数学推导得到指数因子 $\gamma$ 的最优数值，于是需要进行仿真实验寻找参数 $\gamma$ 合理的取值范围。

仿真生成不同形状参数和杂噪比的非相关 K 分布杂波与白噪声数据，在脉冲累积数 $N=8$、虚警概率 $P_{\mathrm{FA}}=10^{-3}$、噪声功率 $\sigma^2=1$ 以及随机归一化目标多普勒频率和不同信杂噪比的条件下进行目标检测。当杂噪比从 −10 dB 增大至 10 dB 时，OKGD、MF、$\alpha$-MF 和指数因子 $\gamma$ 分别取 1、2 和 3 时的 $\alpha\beta$-MF 的检测概率曲线如图 7.5 所示。

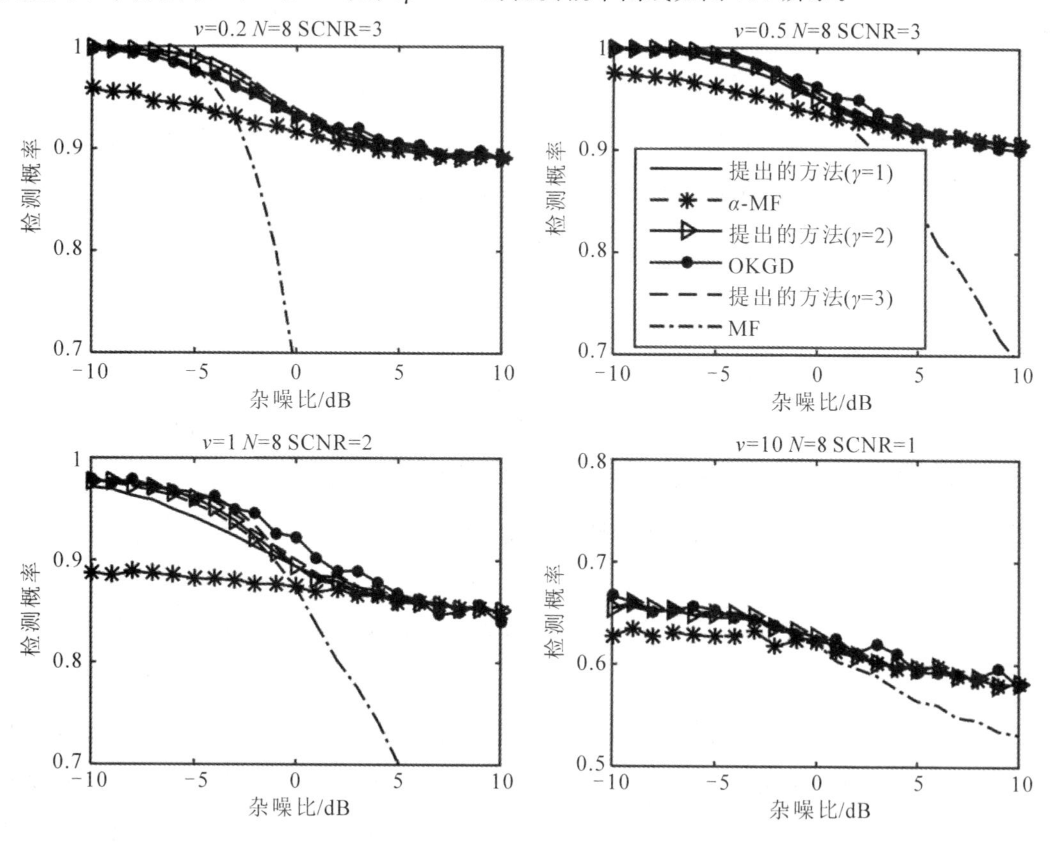


图 7.5　非相关 K 分布杂波加噪声背景下几种检测器的检测概率曲线

由图 7.5 中可以看出，MF 的检测性能随着杂噪比增大而迅速降低，说明杂波模型失配造成了 MF 严重的性能损失。当待检测数据由高斯白噪声逐渐变化为 K 分布杂波时，$\alpha$-MF 的检测性能缓慢降低，说明 $\alpha$-MF 因杂波模型失配造成的性能损失较小。在杂噪比较低时，本节所提出的检测方法的检测概率与白噪声背景下最优的 MF 相同；在杂噪比较高时，本节所提出的检测方法的检测概率优于 K 分布杂波下近最优的 $\alpha$-MF，甚至略超过在理论上能够达到最优性能的 OKGD，这是因为目标未知复幅度对应最大似然估计值的引入使得 OKGD 失去了理论上的最优性。

从实验结果中可以看出，对于指数因子 $\gamma$ 的数值选取，当 $\gamma=2$ 时 $\alpha\beta$-MF 的检测性能比较稳定，相对于其他取值没有出现较大的性能损失，因此在后续的实验中仍然选取指数因子 $\gamma=2$，由此得到了非相关 K 分布杂波加噪声背景下基于杂噪比加权的自适应检测器为

$$\Lambda_{\alpha\beta-\mathrm{MF}}=\frac{|\boldsymbol{p}^{\mathrm{H}}\boldsymbol{z}|^{2}}{\boldsymbol{p}^{\mathrm{H}}\boldsymbol{p}(1+\mathrm{CNR}^{2}(\boldsymbol{z}^{\mathrm{H}}\boldsymbol{z})^{\alpha})}\underset{H_0}{\overset{H_1}{\gtrless}}T \tag{7.2.9}$$

对于非相关 K 分布杂波加噪声模型，杂噪比与多普勒通道无关，因此系数 $\beta$ 仅是与杂噪比有关的参数。在常规的相关 K 分布杂波下，波功率谱由杂波功率及散斑分量的协方差矩阵决定，杂噪比会随多普勒通道发生变化，其中不同多普勒通道的杂噪比为

$$\mathrm{CNR}(f_{\mathrm{d}})=\frac{b\mathrm{E}\{(\boldsymbol{p}^{\mathrm{H}}(f_{\mathrm{d}})\boldsymbol{M}\boldsymbol{p}(f_{\mathrm{d}})\}}{\sigma^{2}\boldsymbol{p}^{\mathrm{H}}(f_{\mathrm{d}})\boldsymbol{p}(f_{\mathrm{d}})} \tag{7.2.10}$$

类似非相关 K 分布杂波加噪声模型下的检测器设计，相关 K 分布杂波加噪声背景下的最优自适应检测器没有形式简单的计算表达式。这里直接将非相关 K 分布杂波加噪声模型下设计得到的 $\alpha\beta$-MF 推广到 K 分布杂波加噪声模型下，使用依赖多普勒频率 $f_{\mathrm{d}}$ 的杂噪比 $\mathrm{CNR}(f_{\mathrm{d}})$ 代替式(7.2.8)检测器中的杂噪比，得到给定多普勒通道下的检测器为

$$\Lambda_{\alpha\beta-\mathrm{MF}}=\frac{|\boldsymbol{p}^{\mathrm{H}}(f_{\mathrm{d}})\boldsymbol{M}^{-1}\boldsymbol{z}|^{2}}{\boldsymbol{p}^{\mathrm{H}}(f_{\mathrm{d}})\boldsymbol{M}^{-1}\boldsymbol{p}(f_{\mathrm{d}})(1+\mathrm{CNR}^{2}(f_{\mathrm{d}})(\boldsymbol{z}^{\mathrm{H}}\boldsymbol{M}^{-1}\boldsymbol{z})^{\frac{N}{N+\nu}})}\underset{H_0}{\overset{H_1}{\gtrless}}T \tag{7.2.11}$$

将由辅助数据估计得到的杂波协方差矩阵结构估计值 $\boldsymbol{M}^{-1}$ 代入式(7.2.11)，就得到了自适应的 $\alpha\beta$-AMF 检测器。综上，$\alpha\beta$-MF 检测器中的依赖数据项门限被设计为白噪声下最优的 MF 固定门限与 K 分布杂波下近最优的 $\alpha$-MF 依赖数据项门限的线性组合，其中加权参数设为当前多普勒通道对应杂噪比的平方。本节给出的基于杂噪比加权的自适应检测器设计也可以扩展到其他复合高斯杂波分布下。

### 7.2.2　实验结果与性能评价

首先利用仿真数据验证本节给出的K分布杂波加噪声背景下的检测器检测性能。生成形状参数$\nu$分别为0.5和1、杂波散斑协方差矩阵结构为具有一阶迟滞相关系数$\rho=0.95$的指数相关型协方差矩阵条件下的仿真K分布杂波数据，随后加入功率为1的高斯白噪声，在脉冲累积数$N=8$、虚警概率$P_{\mathrm{FA}}=10^{-3}$、信杂噪比为3 dB的条件下进行目标检测，目标归一化多普勒频率从0变化至0.5，即杂噪比逐渐变大。AMF、$\alpha$-AMF和本节所提的$\alpha\beta$-MF检测器在上述参数仿真K分布杂波加噪声背景下的检测概率曲线如图7.6所示。从图7.6中可以看出，当归一化多普勒频率值较小，即目标位于杂波占优区时，本节提出的方法与K分布杂波下近最优的$\alpha$-AMF检测概率基本相同，优于AMF检测器；当归一化多普勒频率值较大，即目标位于噪声占优区时，本节提出的方法的检测性能接近甚至略优于AMF，且检测概率比$\alpha$-AMF高得多。在杂波噪声混合区下，所提出的方法也具有良好的检测性能，因此可以认为检测器形式简单的$\alpha\beta$-MF相比于纯噪声或纯杂波背景下推导出来的检测器在检测性能上有所提升。

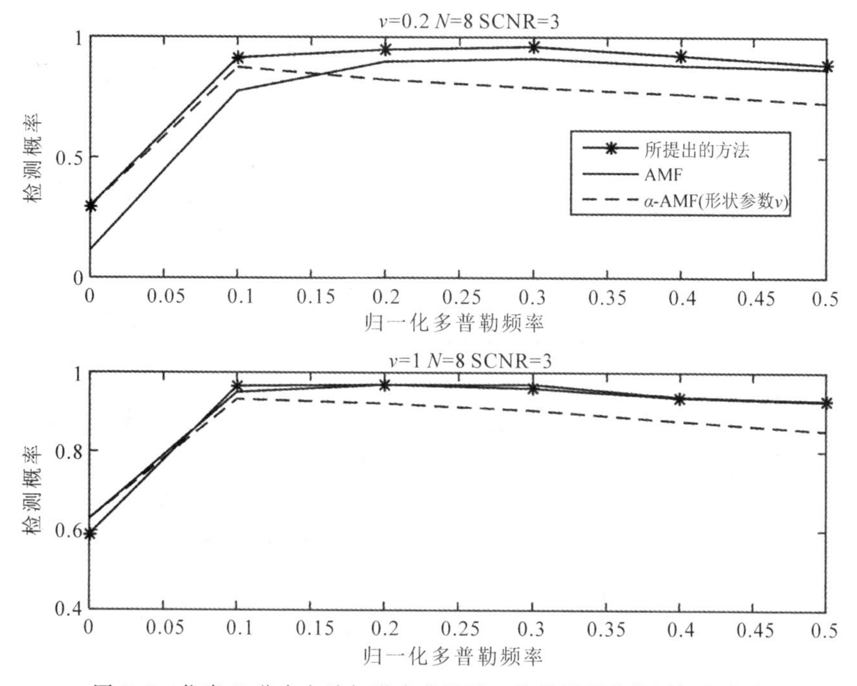


图7.6　仿真K分布杂波加噪声背景下三种检测器的检测概率曲线

接下来利用 Fynmeet 雷达实测海杂波数据集 TFC15_007 验证本节所提出的检测器的检测性能。本组实测数据由 96 个邻近的距离单元组成，作为配试目标的径向速度较低的运动小船位于第 20 个距离单元，观测时间共 20 s。在观测时间 13～17 s 内，配试目标的信杂噪比约为 15 dB，其他时间低于 6 dB。配试目标的多普勒频移落在区间[0 Hz，40 Hz]内，即仅位于海杂波多普勒谱的杂波占优区。由于配试目标所处多普勒区间窄且在大部分观测时间内信杂噪比数值较低，因此该目标不适用于杂波加噪声背景下自适应检测器的性能验证。为此在第 60 个距离单元加入振幅存在起伏的仿真目标回波，令平均信杂噪比 SCNR＝2.63 dB。实测杂波数据的时间—距离强度图如图 7.7(a)所示，加入仿真目标后海杂波的时频分布图如图 7.7(b)所示。第 47 到第 49 距离单元实测数据的经验累积概率密度分布和分别使用 K 分布模型、K 分布杂波加噪声模型对实测数据进行拟合得到的经验累计概率密度曲线如图 7.7(c)所示。从图中可以看出，K 分布杂波加噪声模型对实测数据的拟合效果更好，也说明了噪声分量的引入有利于更准确地建模海杂波幅度分布。在使用 K 分布杂波加噪声模型进行参数估计时，噪声功率估计值为 0.095，杂波平均功率估计值为 0.598，形状参数估计值 $\nu_1=0.394$；当忽略噪声分量直接使用 K 分布杂波模型估计

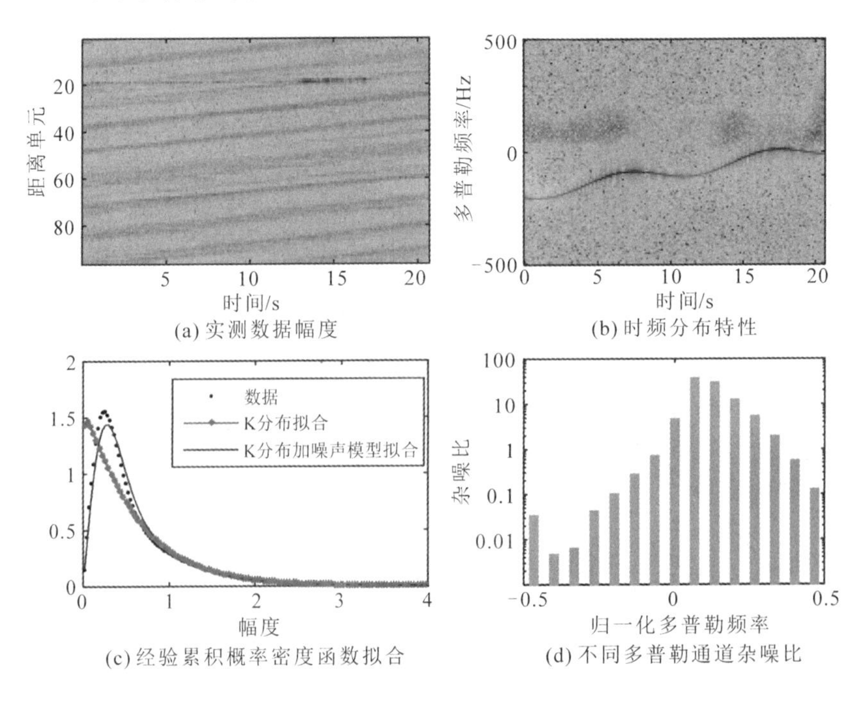

(a) 实测数据幅度　(b) 时频分布特性

(c) 经验累积概率密度函数拟合　(d) 不同多普勒通道杂噪比

图 7.7　实测海杂波数据 TFC15_007 的部分统计特性

实测数据时，得到的形状参数估计值 $\nu_2=0.532$。利用实测数据估计海杂波的平均多普勒谱，计算每个多普勒通道对应的杂噪比，划分为15个多普勒通道后各通道的杂噪比如图7.7(d)所示。

在进行目标检测时，每个多普勒通道的虚警概率都设置为 $P_{FA}=10^{-4}$，15个多普勒通道对应的恒虚警门限并不相同，当存在某个通道对应检验统计量的值大于或等于该通道的检测门限时，就认为该数据所在时间—距离单元内存在目标。AMF、两个形状参数估计值 $\nu_1$ 和 $\nu_2$ 对应的 $\alpha$-AMF 和本节所提出的 $\alpha\beta$-MF 的检测结果如图7.8所示。由于每个多普勒通道对应的虚警概率都是恒定的，可以比较所有时间—距离单元的虚警次数。在图7.8中，没有位于第20或第60个距离单元的黑色像素均为虚警单元，经统计发现AMF和本节提出的方法出现的虚警次数更少。图7.8中出现在第60个距离单元的像素点表示检测到了仿真目标，由椭圆线圈标记的黑色像素表示正确检测到了配试目标。从图7.8中可以看出，配试目标仅在观测时间为13～17 s时才被四个检测器检测到，在该时间区间外四个检测器均没有检测到配试目标，这是由于配试目标多普勒频率落在杂波占优区且信杂噪比水平较低，极大增大了检测难度。

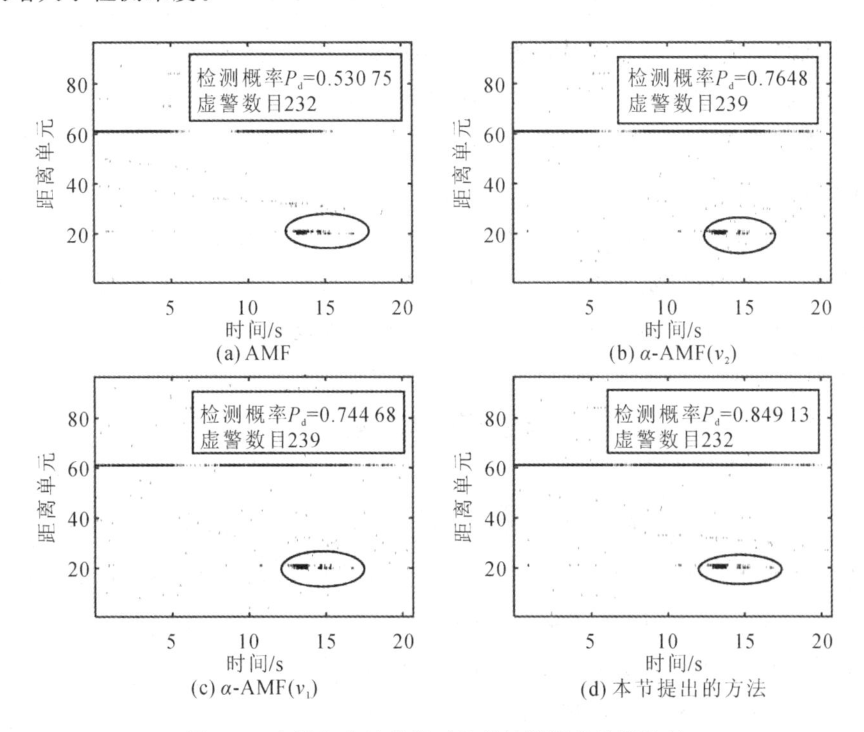

(a) AMF　(b) $\alpha$-AMF($\nu_2$)　(c) $\alpha$-AMF($\nu_1$)　(d) 本节提出的方法

图7.8　实测海杂波数据下几种检测器的检测结果

四个检测器对位于第60距离单元仿真目标的检测性能各不相同。由图7.8中可以看出，AMF对仿真目标的检测概率仅有0.531，这是因为K分布杂波加噪声背景与该检测器所适用的高斯模型严重失配。两个不同形状参数下的$\alpha$-AMF的检测概率分别为0.765和0.745，其中使用形状参数$\nu_2=0.532$的$\alpha$-AMF检测概率更高一些。相比于其他三个检测器，本节提出的$\alpha\beta$-MF的检测概率为0.849，高于其他三个检测器，由此显示了本节介绍的方法在实际目标检测中有着较好的检测性能。

# 本章小结

当待检测数据对应的杂噪比较低以至于接收机热噪声无法忽略时，在强杂波背景下推导得到的自适应检测器在进行目标检测时会出现检测性能损失或无法保证恒虚警特性，因此需要设计复合高斯杂波加噪声背景下的自适应检测器。本章首先介绍了为在复合高斯杂波模型基础上加入噪声分量而提出的等效形状参数的概念，使用替换为等效形状参数的复合高斯杂波模型对不同形状参数及杂噪比条件下的仿真数据进行拟合，随后将应用于强杂波下自适应检测器中的形状参数替换为等效形状参数并进行目标检测。尽管替换为等效形状参数后的检测器检测概率有所提升，但使用等效形状参数的复合高斯分布存在形状参数或杂噪比变小时拟合效果变差的局限性。为此本章利用检测器融合的思想设计了一种基于杂噪比加权的自适应检测器，该检测器的依赖数据项门限为纯噪声以及纯杂波背景下检测性能最优或近最优检测器门限的线性组合，加权系数为与杂噪比有关的参数。通过仿真和实测海杂波数据实验可以发现相比于融合前纯噪声以及纯杂波下的检测器，基于杂噪比加权的自适应检测器在低杂噪比或高杂噪比情形下检测性能均有所提升。

# 参考文献

[1] GINI F, GRECO M, FARINA A, et al. Optimum and mismatched detection against K-distributed plus Gaussian clutter [J]. IEEE Transactions on Aerospace and Electronic Systems, 1998, 34(3): 860-876.

[2] GINI F. Suboptimal coherent radar detection in a mixture of K-distributed and Gaussian clutter[J]. IEE Proceedings-Radar, Sonar and Navigation, 1997, 144(1): 39-48.

[3] SHUI P L, LIU M. Subband adaptive GLRT-LTD for weak moving targets in sea clutter

[J]. IEEE Transactions on Aerospace Electronic Systems, 2016, 52(1): 423-437.

[4] WATTS S. Radar detection prediction in K-distributed sea clutter and thermal noise[J]. IEEE Transactions on Aerospace and Electronic Systems, 1987, 23(1): 40-45.

[5] LUKE R, STEPHEN B. Application of the pareto plus noise distribution to medium grazing angle sea-clutter[J]. IEEE Journal of Selected Topics in Applied Earth Observations and Remote Sensing, 2015, 8(1): 255-261.

[6] MEZACHE A, SAHED M, SOLTANI F, et al. Estimation of the k-distributed clutter plus thermal noise parameters using higher order and fractional moments[J]. IEEE Transactions on Aerospace & Electronic Systems, 2015, 51(1): 733-738.

[7] BALLERI A, NEHORAI A, Wang J. Maximum likelihood estimation for compound-Gaussian clutter with inverse gamma texture[J]. IEEE Transactions on Aerospace and Electronic Systems, 2007, 43(2): 775-779.

[8] SHUI P L, LIU M, XU S W. Shape-parameter dependent coherent radar target detection in K-distributed clutter[J]. IEEE Transactions on Aerospace and Electronic Systems, 2016, 52(1): 451-465.

# 第8章　子空间目标模型下的检测器设计

前几章讨论的复合高斯杂波背景下的自适应检测器都是在假设目标为秩1模型的基础上推导的。随着距离分辨率的提高，雷达可以观测到目标更加精细的运动状态。例如，除了目标沿雷达视线的平动之外，还有可能存在目标相对雷达视线的俯仰、偏航等转动，此时目标将存在多普勒扩展。在这种情形下，秩1目标模型显然失配，使用多秩线性子空间对目标信号进行精细化建模显得更为合理[1-5]。本章将介绍复合高斯杂波背景下自适应子空间目标检测器设计，由于几种复合高斯幅度分布下的检测器设计流程类似，本章仅以纹理分量服从逆高斯分布的CG-IG分布杂波为例。设计检测器时将目标建模为子空间信号，在假设目标导向矩阵已知的条件下采用两步广义似然比检验、两步Rao检验以及两步Wald检验分别进行推导。当目标多普勒信息未知时，本章将提出一种基于多通道顺序统计量的子空间信号检测方法及自适应检测器。

## 8.1　子空间目标模型

当使用多秩线性子空间对目标信号进行建模时，目标信号是距离分辨单元内有限个孤立强散射体回波的向量和，可以表示为

$$\boldsymbol{s}=\boldsymbol{E}\boldsymbol{a} \tag{8.1.1}$$

其中

$$\boldsymbol{E}=\begin{bmatrix} \exp(\mathrm{j}2\pi f_{\mathrm{d},1}) & \exp(\mathrm{j}2\pi f_{\mathrm{d},2}) & \cdots & \exp(\mathrm{j}2\pi f_{\mathrm{d},k}) \\ \exp(\mathrm{j}2\pi\times 2f_{\mathrm{d},1}) & \exp(\mathrm{j}2\pi\times 2f_{\mathrm{d},2}) & \cdots & \exp(\mathrm{j}2\pi\times 2f_{\mathrm{d},k}) \\ \vdots & \vdots & & \vdots \\ \exp(\mathrm{j}2\pi\times Nf_{\mathrm{d},1}) & \exp(\mathrm{j}2\pi\times 2f_{\mathrm{d},2}) & \cdots & \exp(\mathrm{j}2\pi\times 2f_{\mathrm{d},k}) \end{bmatrix}$$

表示导向矩阵；$K$ 表示距离单元中散射体的个数；$\boldsymbol{a}=[a_1, a_2, \cdots, a_k]^{\mathrm{T}}$ 表示各散射体的复幅度；$f_{\mathrm{d},k}(k=1, 2, \cdots, K)$ 表示第 $k$ 个散射体的归一化多普勒频率。在设计检测器时，一

般假设导向矩阵 $\boldsymbol{E}$ 是已知的，而 $\boldsymbol{a}$ 是未知的。本章将 $\boldsymbol{a}$ 建模为确定的未知向量，则待检测数据 $\boldsymbol{z}$ 为均值为 $\boldsymbol{Ea}$、协方差矩阵为 $\tau\boldsymbol{M}$ 的复高斯随机向量，记为 $\boldsymbol{z}\sim\mathcal{CN}(\boldsymbol{Ea},\ \tau\boldsymbol{M})$。

将 $\boldsymbol{E}$ 进行奇异值分解，得到 $\boldsymbol{E}=\boldsymbol{U}\boldsymbol{\Lambda}\boldsymbol{V}^{\mathrm{H}}$，其中 $\boldsymbol{U}$ 是由左奇异向量构成的维数为 $N\times K$ 的酉矩阵，$\boldsymbol{\Lambda}$ 是奇异值组成的 $K\times K$ 对角阵，$\boldsymbol{V}$ 是右奇异向量构成的酉矩阵，则 $\boldsymbol{s}$ 可以等价表示为

$$\boldsymbol{s}=\boldsymbol{U}\boldsymbol{b} \tag{8.1.2}$$

其中，$\boldsymbol{b}=\boldsymbol{\Lambda}\boldsymbol{V}^{\mathrm{H}}\boldsymbol{a}$。式(8.1.2)说明多普勒扩展目标的回波信号可以用线性子空间模型来建模，即目标回波在由酉矩阵 $\boldsymbol{U}$ 的列向量张成的信号子空间 $\langle\boldsymbol{U}\rangle$ 上，将酉矩阵 $\boldsymbol{U}$ 称为模式矩阵；$K\times 1$ 的列向量 $\boldsymbol{b}$ 称为位置向量。模式矩阵 $\boldsymbol{U}$ 的秩确定了信号子空间 $\langle\boldsymbol{U}\rangle$ 的维数 $K$，即目标回波所在信号子空间 $\langle\boldsymbol{U}\rangle$ 的维数等于距离单元内目标主散射体的数目，且一般有 $K\leqslant N$。在实际应用中，维数 $K$ 可以从实测数据中估计得到，而信号子空间 $\langle\boldsymbol{U}\rangle$ 可以用超分辨谱估计算法得到。

根据参考文献[6]，可以使用旋转不变技术估计信号参数(Estimating Signal Parameter via Rotational Invariance Techniques, ESPRIT)和求根多重信号分类(Multiple Signal Classification, MUSIC)算法给出多普勒频率的估计值，避免了使用 MUSIC 时需要搜索谱峰的麻烦。但是这两种算法需要预先知道信号子空间的维数，即信号多普勒频率分量的个数。为此，我们使用最小描述长度准则估计信号子空间的维数[7]。求根 MUSIC 算法流程如下：

(1) 估计待检测数据向量 $\boldsymbol{z}$ 的自相关矩阵 $\hat{\boldsymbol{R}}$；

(2) 对矩阵 $\hat{\boldsymbol{R}}$ 做特征值分解，并确定多普勒分量的个数；

(3) 确定信号子空间 $\hat{\boldsymbol{U}}_{\mathrm{S}}$ 和噪声子空间 $\hat{\boldsymbol{U}}_{\mathrm{N}}$；

(4) 定义多项式 $f(z)=z^{(N-1)}p^{\mathrm{T}}(z^{-1})\hat{U}_{\mathrm{N}}\hat{U}_{\mathrm{N}}^{\mathrm{H}}p(z)$；

(5) 求单位圆上的根，得到多普勒频率的估计值。

ESPRIT 算法流程如下：

(1) 根据待检测数据向量 $\boldsymbol{z}$ 定义一个新的随机过程 $\boldsymbol{y}(n)=\boldsymbol{z}(n+1)$；

(2) 估计自相关矩阵 $\hat{R}_{zz}$ 和互相关矩阵 $\hat{R}_{zy}$；

(3) 对 $\hat{R}_{zz}$ 做奇异值分解，将最小奇异值作为噪声方差 $\sigma^2$ 的估计值；

(4) 计算 $C_{zz}=\hat{R}_{zz}-\sigma^2\boldsymbol{I}$，$C_{zy}=\hat{R}_{zy}-\sigma^2\boldsymbol{Z}$；

(5) 求矩阵束$\{C_{zz}, C_{zy}\}$的广义特征值分解，得到位于单位圆上的广义特征值，即可得到多普勒频率的估计值。

# 8.2 基于不同检验准则的检测器设计与实验

## 8.2.1 GLRT 检测器

强杂波背景下子空间目标模型的检测问题依然可以使用第 4 章中式(4.1.2)给出的二元假设检验问题来描述，只是此时对立假设 $H_1$ 中待检测数据 $\boldsymbol{z}$ 中的目标信号分量需要从秩 1 模型的 $\boldsymbol{s}=\alpha\boldsymbol{p}$ 替换成式(8.1.2)给出的子空间目标模型。此时待检测数据 $\boldsymbol{z}$ 在原假设 $H_0$ 和对立假设 $H_1$ 下的条件概率密度函数分别为

$$f_1(\boldsymbol{z}|\tau, \boldsymbol{b}; H_1)=\frac{1}{(\tau\pi)^N|\boldsymbol{M}|}\exp\left(-\frac{q_1}{\tau}\right), \quad q_1=(\boldsymbol{z}-\boldsymbol{U}\boldsymbol{b})^{\mathrm{H}}\boldsymbol{M}^{-1}(\boldsymbol{z}-\boldsymbol{U}\boldsymbol{b}) \tag{8.2.1}$$

$$f_1(\boldsymbol{z}|\tau; H_0)=\frac{1}{(\tau\pi)^N|\boldsymbol{M}|}\exp\left(-\frac{q_0}{\tau}\right), \quad q_0=\boldsymbol{z}^H\boldsymbol{M}^{-1}\boldsymbol{z} \tag{8.2.2}$$

当采用两步法设计 GLRT 检测器时，在杂波散斑协方差矩阵已知的条件下，GLRT 检测器的形式为

$$\Lambda=\frac{\max\limits_{b}\int f(\boldsymbol{z}\mid\boldsymbol{b}, \tau; H_1)f(\tau)\mathrm{d}\tau}{\int f(\boldsymbol{z}\mid\tau; H_0)f(\tau)\mathrm{d}\tau}\underset{H_0}{\overset{H_1}{\gtrless}}\gamma \tag{8.2.3}$$

当杂波纹理服从逆高斯分布，即纹理 PDF 为式(5.3.1)时，将式(5.3.1)、式(8.2.1)和式(8.2.2)代入式(8.2.3)并对分子进行积分，可得

$$\begin{aligned}f(\boldsymbol{z}\mid\boldsymbol{b}, \tau; H_1)f(\tau)\mathrm{d}\tau &= \int\sqrt{\frac{\nu b}{2\pi}}\tau^{-3/2}\exp\left[-\frac{\nu(\tau-b)^2}{2b\tau}\right]\times\frac{1}{(\pi\tau)^N|\boldsymbol{M}|}\exp\left[-\frac{q_1}{\tau}\right]\mathrm{d}\tau\\ &=\sqrt{\frac{\nu b}{2\pi}}\pi^{-N}|\boldsymbol{M}|^{-1}\int\tau^{-N-\frac{3}{2}}\exp\left[-\left(\frac{\nu}{2b}-\nu+\frac{2q_1+\nu b}{2\tau}\right)\right]\mathrm{d}\tau\end{aligned} \tag{8.2.4}$$

使用第二类修正 Bessel 函数的积分形式对式(8.2.4)进行化简，可得

$$\int f(\boldsymbol{z}\mid\boldsymbol{b}, \tau; H_1)f(\tau)\mathrm{d}\tau=\sqrt{2\nu b}\,\pi^{-N-\frac{1}{2}}\mathrm{e}^{\nu}b^{-N-\frac{1}{2}}|\boldsymbol{M}|^{-1}\left(1+\frac{2q_1}{\nu b}\right)^{-\frac{N}{2}-\frac{1}{4}}\times K_{N+\frac{1}{2}}\left(\nu\sqrt{1+\frac{2q_1}{\nu b}}\right) \tag{8.2.5}$$

类似地，式(8.2.3)分式中的分母可以化简为

$$\int f(\boldsymbol{z} \mid \tau;\ H_0)f(\tau)\mathrm{d}\tau = \sqrt{2\nu b}\,\pi^{-N-\frac{1}{2}}\mathrm{e}^{\nu}\,b^{-N-\frac{1}{2}}\,|\boldsymbol{M}|^{-1}\left(1+\frac{2q_0}{\nu b}\right)^{-\frac{N}{2}-\frac{1}{4}}\times K_{N+\frac{1}{2}}\left(\nu\sqrt{1+\frac{2q_0}{\nu b}}\right) \tag{8.2.6}$$

位置向量 $\boldsymbol{b}$ 的最大似然估计值可以通过最小化 $q_1$ 得到，即

$$\hat{\boldsymbol{b}}=(\boldsymbol{U}^H\boldsymbol{M}^{-1}\boldsymbol{U})^{-1}\boldsymbol{U}^H\boldsymbol{M}^{-1}\boldsymbol{z} \tag{8.2.7}$$

将式(8.2.5)～式(8.2.7)代入式(8.2.3)，就可以得到 CG-IG 分布杂波背景下的子空间目标 GLRT 检测器(下文简记为 S-GLRT-IG)为

$$\Lambda=\frac{(2\hat{q}_1+\nu b)^{-\frac{N}{2}-\frac{1}{4}}K_{N+\frac{1}{2}}\left(\nu\sqrt{1+\frac{2\hat{q}_1}{\nu b}}\right)}{(2q_0+\nu b)^{-\frac{N}{2}-\frac{1}{4}}K_{N+\frac{1}{2}}\left(\nu\sqrt{1+\frac{2q_0}{\nu b}}\right)}\underset{H_0}{\overset{H_1}{\gtrless}}\gamma_{\text{S-GLRT-IG}} \tag{8.2.8}$$

其中 $\hat{q}_1=(\boldsymbol{z}-\boldsymbol{U}\hat{\boldsymbol{b}})^{\mathrm{H}}\boldsymbol{M}^{-1}(\boldsymbol{z}-\boldsymbol{U}\hat{\boldsymbol{b}})$。由于杂波散斑协方差矩阵 $\boldsymbol{M}$ 在实际应用中是未知的，因此在进行目标检测时需要利用辅助数据得到 $\boldsymbol{M}$ 的估计值并代入检测器中，以实现对杂波协方差矩阵结构的自适应。

## 8.2.2　Rao 检测器

在利用 Rao 检验推导自适应检测器之前，首先给出部分参数的定义：

$\boldsymbol{\theta}_r=[\boldsymbol{b}_{\mathrm{R}},\ \boldsymbol{b}_{\mathrm{I}}]^{\mathrm{T}}$，其中 $\boldsymbol{b}_{\mathrm{R}}$、$\boldsymbol{b}_{\mathrm{I}}$ 分别表示 $\boldsymbol{b}$ 的实部和虚部；

$\theta_s=\tau$ 表示一个未知参数；

$\boldsymbol{\theta}=[\boldsymbol{\theta}_r^{\mathrm{T}},\ \theta_s]^{\mathrm{T}}$ 表示所有的未知参数。

与 GLRT 检测器类似，这里同样采用两步法设计 Rao 检测器。当假设杂波散斑协方差矩阵已知时，Rao 检测器的形式为

$$\left.\frac{\partial\ln f(\boldsymbol{z}|\boldsymbol{\theta};\ H_1)}{\partial\boldsymbol{\theta}_r}\right|^{\mathrm{T}}_{\boldsymbol{\theta}=\hat{\boldsymbol{\theta}}_0}[\boldsymbol{I}^{-1}(\hat{\boldsymbol{\theta}}_0)]_{\boldsymbol{\theta}_r,\boldsymbol{\theta}_r}\left.\frac{\partial\ln f(\boldsymbol{z}|\boldsymbol{\theta};\ H_1)}{\partial\boldsymbol{\theta}_r}\right|_{\boldsymbol{\theta}=\hat{\boldsymbol{\theta}}_0}\underset{H_0}{\overset{H_1}{\gtrless}}\gamma_{\text{S-Rao-IG}} \tag{8.2.9}$$

其中：$[\boldsymbol{I}^{-1}(\boldsymbol{\theta})]_{\boldsymbol{\theta}_r,\boldsymbol{\theta}_r}=(\boldsymbol{I}_{\boldsymbol{\theta}_r,\boldsymbol{\theta}_r}(\boldsymbol{\theta})-I_{\boldsymbol{\theta}_r,\boldsymbol{\theta}_s}(\boldsymbol{\theta})\boldsymbol{I}^{-1}_{\boldsymbol{\theta}_s,\boldsymbol{\theta}_s}(\boldsymbol{\theta})\boldsymbol{I}_{\boldsymbol{\theta}_s,\boldsymbol{\theta}_r}(\boldsymbol{\theta}))^{-1}$；$\hat{\boldsymbol{\theta}}_0$ 表示 $\boldsymbol{\theta}$ 在 $H_0$ 假设下的估计值；$\boldsymbol{I}(\boldsymbol{\theta})$表示费舍尔信息矩阵，即

$$\boldsymbol{I}(\boldsymbol{\theta})=\begin{bmatrix}\boldsymbol{I}_{\boldsymbol{\theta}_r,\boldsymbol{\theta}_r}(\boldsymbol{\theta}) & \boldsymbol{I}_{\boldsymbol{\theta}_r,\boldsymbol{\theta}_s}(\boldsymbol{\theta})\\ \boldsymbol{I}_{\boldsymbol{\theta}_s,\boldsymbol{\theta}_r}(\boldsymbol{\theta}) & \boldsymbol{I}_{\boldsymbol{\theta}_s,\boldsymbol{\theta}_s}(\boldsymbol{\theta})\end{bmatrix} \tag{8.2.10}$$

式(8.2.9)关于 $\boldsymbol{b}$ 的实部和虚部的导数分别为

$$\begin{cases}\dfrac{\partial\ln(f(\boldsymbol{z}|\boldsymbol{\theta},\ H_1))}{\partial\boldsymbol{b}_{\mathrm{R}}}=2\mathrm{Re}\{\boldsymbol{U}^H\boldsymbol{M}^{-1}(\boldsymbol{z}-\boldsymbol{U}\boldsymbol{b})\}\\ \dfrac{\partial\ln(f(\boldsymbol{z}|\boldsymbol{\theta},\ H_1))}{\partial\boldsymbol{b}_{\mathrm{I}}}=2\mathrm{Im}\{\boldsymbol{U}^H\boldsymbol{M}^{-1}(\boldsymbol{z}-\boldsymbol{U}\boldsymbol{b})\}\end{cases}\tag{8.2.11}$$

其中，Re{ · }和 Im{ · }分别表示求实部和虚部，故式(8.2.9)对 $\boldsymbol{\theta}_r$ 求偏导的结果为

$$\frac{\partial\ln f(\boldsymbol{z}|\boldsymbol{\theta};\ H_1)}{\partial\boldsymbol{\theta}_r}=2[\mathrm{Re}\{\boldsymbol{U}^{\mathrm{H}}\boldsymbol{M}^{-1}(\boldsymbol{z}-\boldsymbol{U}\boldsymbol{b})\},\ \mathrm{Im}\{\boldsymbol{U}^{\mathrm{H}}\boldsymbol{M}^{-1}(\boldsymbol{z}-\boldsymbol{U}\boldsymbol{b})\}]^{\mathrm{T}}\tag{8.2.12}$$

费舍尔信息矩阵 $\boldsymbol{I}(\boldsymbol{\theta})$ 中的元素为

$$\begin{cases}[\boldsymbol{I}(\boldsymbol{\theta})]_{\boldsymbol{\theta}_r,\boldsymbol{\theta}_r}=2\mathrm{diag}\left[\dfrac{\boldsymbol{U}^{\mathrm{H}}\boldsymbol{M}^{-1}\boldsymbol{U}}{\tau},\ \dfrac{\boldsymbol{U}^{\mathrm{H}}\boldsymbol{M}^{-1}\boldsymbol{U}}{\tau}\right]\\ [\boldsymbol{I}(\boldsymbol{\theta})]_{\boldsymbol{\theta}_r,\boldsymbol{\theta}_s}=0\end{cases}$$

其中 diag( · )表示由操作数沿对角线构成的对角矩阵。因此式(8.2.9)中的 $[\boldsymbol{I}^{-1}(\boldsymbol{\theta})]_{\boldsymbol{\theta}_r,\boldsymbol{\theta}_r}$ 为

$$[\boldsymbol{I}^{-1}(\boldsymbol{\theta})]_{\boldsymbol{\theta}_r,\boldsymbol{\theta}_r}=\frac{1}{2}\mathrm{diag}\left[\frac{\tau}{\boldsymbol{U}^{\mathrm{H}}\boldsymbol{M}^{-1}\boldsymbol{U}},\ \frac{\tau}{\boldsymbol{U}^{\mathrm{H}}\boldsymbol{M}^{-1}\boldsymbol{U}}\right]\tag{8.2.13}$$

根据式(5.3.1)和式(8.2.2)，得

$$f(\boldsymbol{z}\mid\tau;\ H_0)p(\tau)=\sqrt{\frac{\nu b}{2\pi}}\pi^{-N}|\boldsymbol{M}|^{-1}\int\tau^{-N-\frac{3}{2}}\exp\left[-\left(\frac{\nu\tau}{2b}+\frac{2q_0+\nu b}{2\tau}\right)\right]\mathrm{d}\tau\tag{8.2.14}$$

令

$$L(\tau)=\tau^{-N-1.5}\exp\left(-\left(\frac{q_0+\nu b/2}{\tau}+\frac{\nu\tau}{2b}\right)\right)\tag{8.2.15}$$

对式(8.2.15)取对数，随后对 $\tau$ 求偏导并令结果为零，可得纹理分量 $\tau$ 在 $H_0$ 假设下的最大后验估计(Maximum A Posteriori Estimation，MAPE)为

$$\hat{\tau}_0=\frac{(-N-1.5)+\sqrt{(-N-1.5)^2+\dfrac{\nu}{b}(2q_0+\nu b)}}{\nu/b}\tag{8.2.16}$$

将式(8.2.12)、式(8.2.13)和式(8.2.16)代入式(8.2.9)，就可以得到 CG-IG 分布杂波背景下的子空间目标 Rao 检测器(下文简记为 S-Rao-IG 检测器)为

$$\frac{\boldsymbol{z}^{\mathrm{H}}\boldsymbol{Q}\boldsymbol{z}}{\hat{\tau}_0}\underset{H_0}{\overset{H_1}{\gtrless}}\gamma_{\mathrm{S\text{-}Rao\text{-}IG}}\tag{8.2.17}$$

其中，$\boldsymbol{Q}=\boldsymbol{M}^{-1}\boldsymbol{U}(\boldsymbol{U}^{\mathrm{H}}\boldsymbol{M}^{-1}\boldsymbol{U})^{-1}\boldsymbol{U}^H\boldsymbol{M}^{-1}$。同样地，在进行目标检测时需要利用辅助数据得到

$\boldsymbol{M}$ 的估计值并代入 Rao 检测器中，以实现对杂波协方差矩阵结构的自适应。

### 8.2.3 Wald 检测器

利用上一小节的符号定义，当假设杂波散斑协方差矩阵 $\boldsymbol{M}$ 已知时，基于 Wald 检验的检测器形式为

$$\hat{\boldsymbol{\theta}}_{r,1}^{\mathrm{T}}([\boldsymbol{I}^{-1}(\hat{\boldsymbol{\theta}}_1)_{\boldsymbol{\theta}_r,\boldsymbol{\theta}_r}])^{-1}\hat{\boldsymbol{\theta}}_{r,1} \underset{H_0}{\overset{H_1}{\gtrless}} \gamma_{\text{S-Wald-IG}} \tag{8.2.18}$$

其中，$\hat{\boldsymbol{\theta}}_{r,1}$是参数 $\boldsymbol{\theta}_r$ 在 $H_1$ 假设下的估计值，$\hat{\boldsymbol{\theta}}_1=[\hat{\boldsymbol{\theta}}_{r,1}^{\mathrm{T}},\hat{\boldsymbol{\theta}}_{s,1}^{\mathrm{T}}]^{\mathrm{T}}$。对于估计值 $\hat{\boldsymbol{\theta}}_{r,1}$，有

$$\hat{\boldsymbol{\theta}}_{r,1}=[\mathrm{Re}\{(\boldsymbol{U}^{\mathrm{H}}\boldsymbol{M}^{-1}\boldsymbol{U})^{-1}\boldsymbol{U}^{\mathrm{H}}\boldsymbol{M}^{-1}\boldsymbol{z}\},\ \mathrm{Im}\{(\boldsymbol{U}^{\mathrm{H}}\boldsymbol{M}^{-1}\boldsymbol{U})^{-1}\boldsymbol{U}^{\mathrm{H}}\boldsymbol{M}^{-1}\boldsymbol{z}\}]^{\mathrm{T}} \tag{8.2.19}$$

而

$$[\boldsymbol{I}^{-1}(\boldsymbol{\theta})]_{\boldsymbol{\theta}_r,\boldsymbol{\theta}_r}=\frac{1}{2}\mathrm{diag}\left[\frac{\tau}{\boldsymbol{U}^{\mathrm{H}}\boldsymbol{M}^{-1}\boldsymbol{U}},\ \frac{\tau}{\boldsymbol{U}^{\mathrm{H}}\boldsymbol{M}^{-1}\boldsymbol{U}}\right] \tag{8.2.20}$$

根据式(5.3.1)和式(8.2.1)，得

$$f(\boldsymbol{z}\mid\tau;\ H_1)p(\tau)=\sqrt{\frac{\nu b}{2\pi}}\pi^{-N}\,|\boldsymbol{M}|^{-1}\int\tau^{-N-\frac{3}{2}}\exp\left[-\left(\frac{\nu\tau}{2b}+\frac{2q_1+\nu b}{2\tau}\right)\right]\mathrm{d}\tau \tag{8.2.21}$$

令

$$L(\tau)=\tau^{-N-1.5}\exp\left(-\left(\frac{q_1+\nu b/2}{\tau}+\frac{\nu\tau}{2b}\right)\right) \tag{8.2.22}$$

对式(8.2.22)取对数，随后对 $\tau$ 求偏导并令结果为零，可得纹理分量 $\tau$ 在 $H_1$ 假设下的最大后验估计为

$$\hat{\tau}_1=\frac{(-N-1.5)+\sqrt{(-N-1.5)^2+\dfrac{\nu}{b}(2q_1+\nu b)}}{\nu/b} \tag{8.2.23}$$

将式(8.2.19)、式(8.2.20)和式(8.2.23)代入式(8.2.18)，就可以得到 CG-IG 分布杂波背景下的子空间目标 Wald 检测器(下文简记为 S-Wald-IG 检测器)为

$$\frac{\boldsymbol{z}^{\mathrm{H}}\boldsymbol{Q}\boldsymbol{z}}{\hat{\tau}_1}\underset{H_0}{\overset{H_1}{\gtrless}}\gamma_{\text{S-Wald-IG}} \tag{8.2.24}$$

其中，$\boldsymbol{Q}$ 的定义与式(8.2.17)中的相同。同样地，在进行目标检测时需要利用辅助数据得到 $\boldsymbol{M}$ 的估计值并代入 Wald 检测器中，以实现对杂波协方差矩阵结构的自适应。

### 8.2.4 仿真实验与性能评价

本小节将通过仿真实验评价前三小节介绍的基于不同检验检测器的检测性能，在实验中将考虑中心多普勒频率、参考单元数目等因素对检测器性能的影响。由于三种自适应检测器的形式较为复杂，难以求得虚警概率 $P_{FA}$ 和检测概率 $P_D$ 的解析表达式，因此在仿真实验中采用蒙特卡罗方法来分析检测器的检测性能。实验中的信杂比定义为

$$\text{SCR}=10\lg\frac{(\boldsymbol{Ea})^{H}(\boldsymbol{Ea})}{Nb} \tag{8.2.25}$$

其中尺度参数 $b$ 表示杂波的平均功率。子空间目标模型的设置如表 8.1 所示，当目标为 M1 模型时，子空间模型就退化为常见的秩 1 点目标模型。

**表 8.1　子空间目标模型设置**

| 目标模型 | 目标散射体归一化多普勒频率 |
| --- | --- |
| M1 | 0.1 |
| M2 | 0.1，0.2 |
| M3 | 0，0.1，0.2 |
| M4 | 0，0.1，0.2，0.3 |

首先分析在 M1 和 M2 模型下本节给出的三种自适应检测器的性能，在仿真实验中脉冲累积数 $N=8$，虚警概率 $P_{FA}=10^{-3}$，形状参数 $\nu=2$，指数相关型杂波散斑协方差矩阵的一阶迟滞相关系数 $\rho=0.95$，散斑协方差矩阵的估计方法为 CAMLE。检测器的检测门限通过 $100/P_{FA}$ 次蒙特卡罗实验得到，每个信杂比数值下进行 7500 次蒙特卡罗实验以计算检测概率。

目标为 M1 模型时，不同参考单元数目下三种自适应检测器的检测概率曲线如图 8.1 所示。从图 8.1 中可以看出，随着参考单元数目的增加，三种检测器的检测性能均有不同程度的改善。当参考单元数目较少时，S-Rao-IG 检测器的检测性能相对较差，也就是对于协方差矩阵估计的鲁棒性较低。当参考单元数目趋于无穷时，三种检测器具有相近的检测性能。

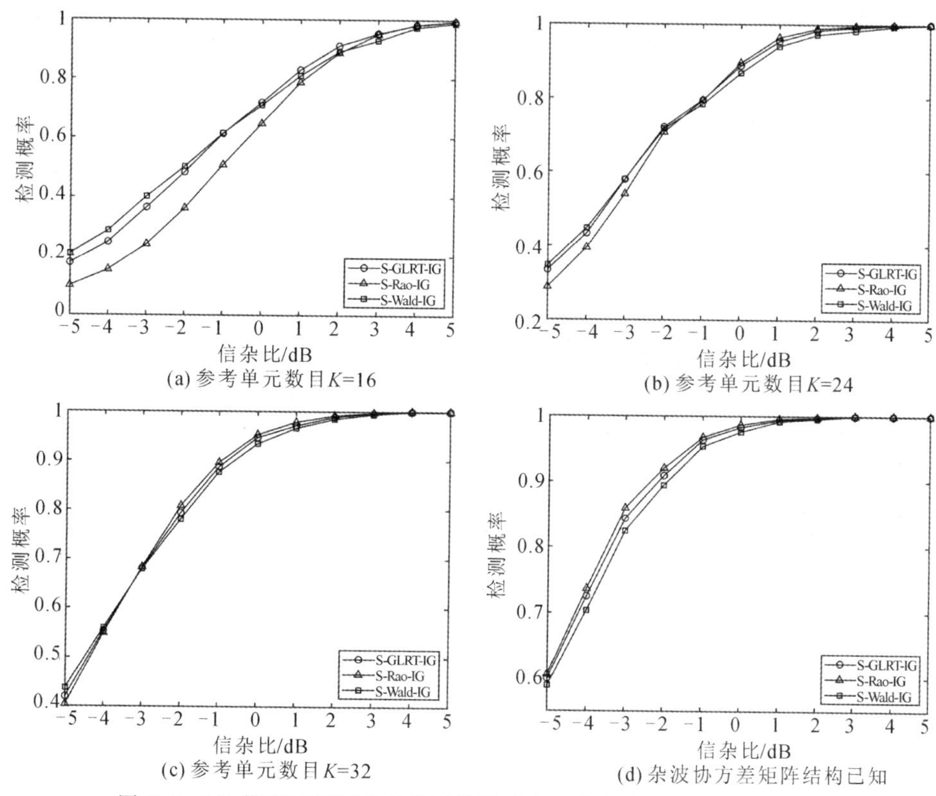


(a) 参考单元数目$K$=16　(b) 参考单元数目$K$=24

(c) 参考单元数目$K$=32　(d) 杂波协方差矩阵结构已知

图 8.1　M1 模型下不同参考单元数目对应三种检测器的检测概率曲线

目标为 M2 模型时，不同参考单元数目下三种自适应检测器的检测概率曲线如图 8.2 所示。从图 8.2 中可以看出，与 M1 模型下的实验结果类似，当参考单元数目较少时，S-Rao-IG 检测器的检测性能相对较差，即对于协方差矩阵估计的稳健性较低。根据两组仿真实验结果来看，S-Rao-IG 检测器对于目标模型以及协方差矩阵估计都是较为敏感的，而 S-Wald-IG 检测器的稳健性更好。此外，当参考单元数目趋于无穷时，三种检测器具有渐进相同的检测性能。

三种自适应检测器在 SCR 分别为－6 dB 和－2 dB 下的接收机操作特性曲线如图 8.3 所示，从图中可以看出三种检测器具有近似的检测性能。参考单元数为 32、信杂比为－8 dB 时 M2 模型不同中心多普勒频率下三种检测器的检测概率曲线如图 8.4 所示。从图 8.4 中可以看出，当中心多普勒频率趋于零频时，三种检测器的检测概率都会下降，这是因为在仿真杂波数据时没有设置多普勒偏移，所以杂波能量集中在零频附近。当目标中心多普勒频率位于零频附近时，目标需要与杂波主体能量进行竞争，从而需要更高的信杂比才能被检测出来。

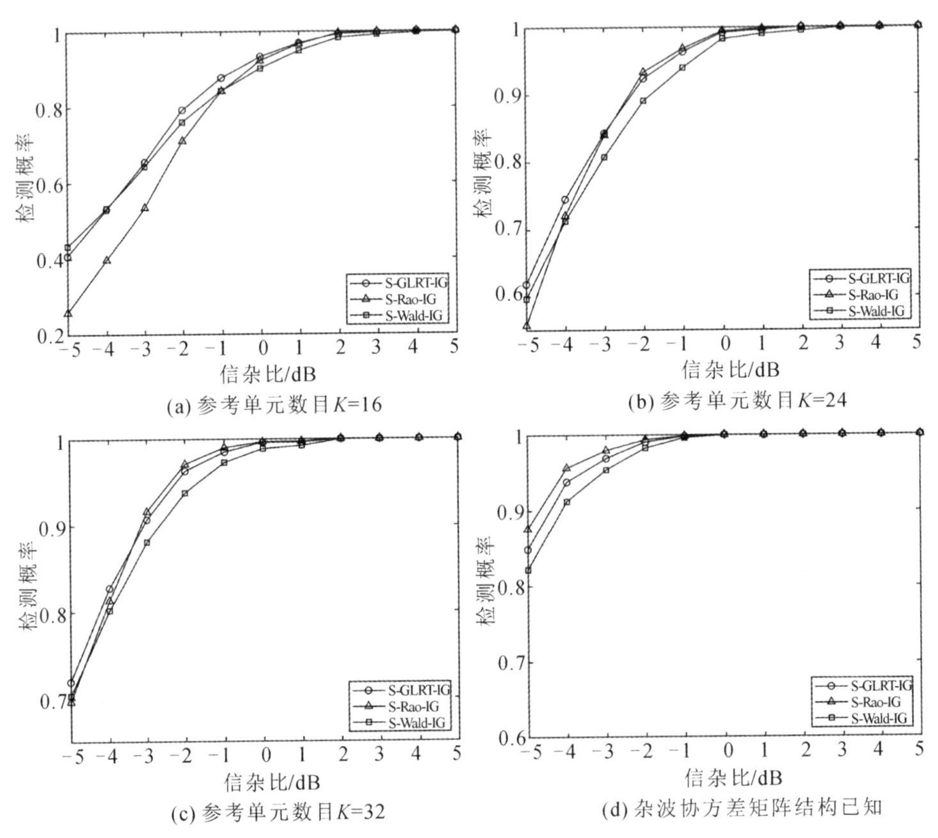


图 8.2　M2 模型下不同参考单元数目对应三种检测器的检测概率曲线

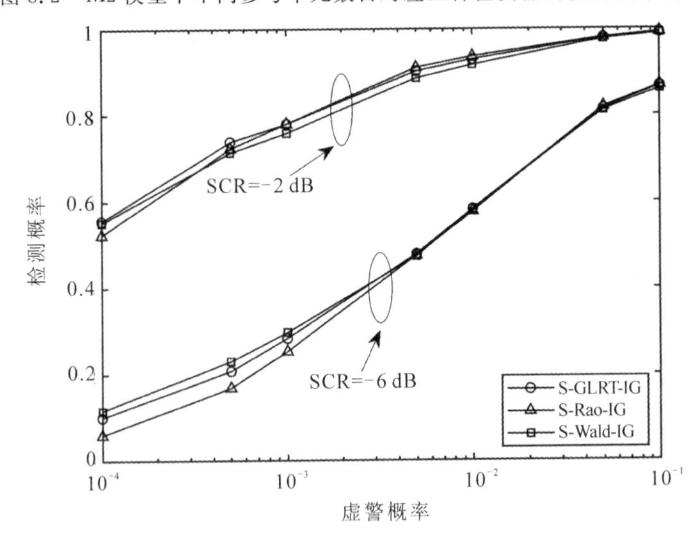


图 8.3　三种检测器的接收机操作特性曲线

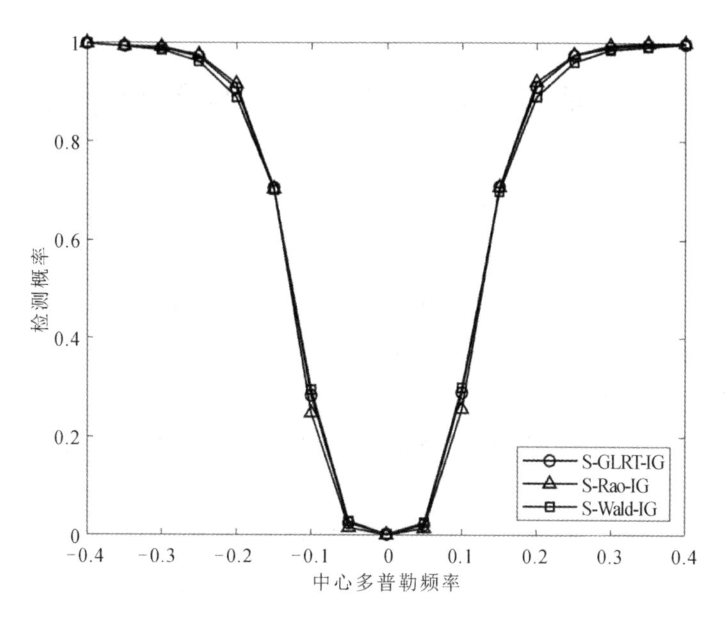


图 8.4　中心多普勒频率变化对检测概率的影响

当仿真杂波协方差矩阵结构的一阶迟滞相关系数和尺度参数发生变化时，三种检测器由蒙特卡罗实验计算出的虚警概率随参数变化情况如图 8.5 所示。从实验结果中可以看出，三种检测器相对于尺度参数以及杂波协方差矩阵结构具有近似的恒虚警特性，即检测器门限与尺度参数和杂波协方差矩阵结构近似无关。

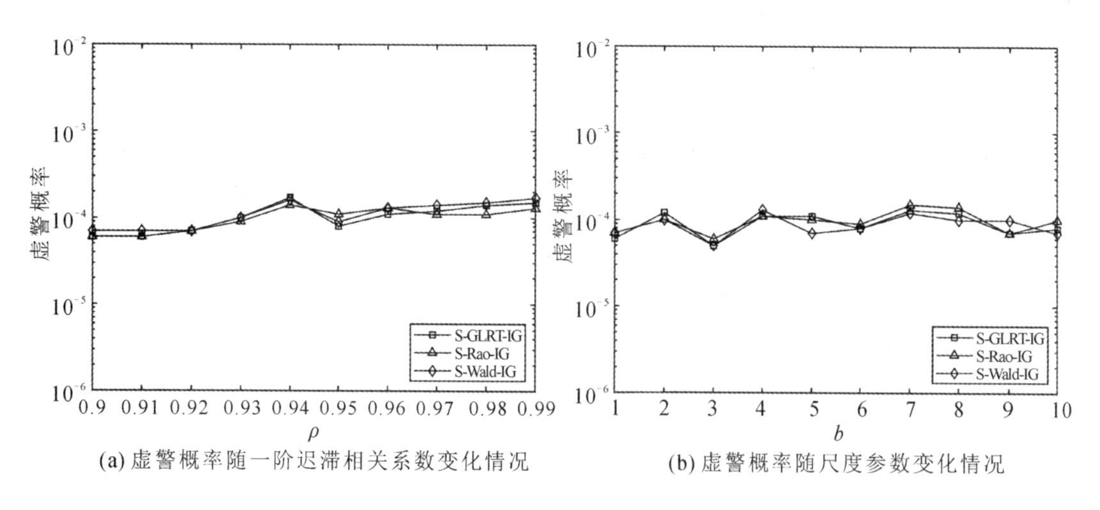


(a) 虚警概率随一阶迟滞相关系数变化情况　(b) 虚警概率随尺度参数变化情况

图 8.5　杂波一阶迟滞相关系数与尺度参数变化时三种检测器虚警概率变化曲线

# 8.3 基于多通道顺序统计量的子空间信号检测方法

## 8.3.1 检测方案设计

8.2 节介绍的三种子空间检测器在推导时假设导向矩阵 $\boldsymbol{E}$ 是已知的。然而，在实际应用中目标导向矩阵的估计是一个较为困难的问题。参考文献[6]中的实验使用了 64 个脉冲来估计目标导向矩阵，但在进行目标自适应检测时单个 CPI 内并不会有这么多脉冲。即便增大观测时长，杂波 SIRV 模型中的纹理分量也会发生变化，使得杂波模型发生失配，导致检测性能下降。

针对目标导向矩阵估计困难使得子空间检测器失效的问题，本节介绍一种基于多通道顺序统计量的子空间信号检测方法。当信号多普勒分量个数已知时，将平均秩 1 检测器响应最大的 $L$ 个统计量作为最终的统计量；当信号多普勒分量个数未知时，以秩 1 信号最优检测器为基础，通过建立多个检测通道，在各通道中计算多个顺序统计量的均值作为单通道检验统计量，最后将各检测通道的判决结果通过“或”准则进行融合，给出最优的检测判决结果。

当目标信号建模为子空间信号且导向矩阵估计困难时，仍使用秩 1 目标模型下的自适应匹配检测器来实现对子空间信号检测。在 CG-IG 分布杂波下，秩 1 目标模型对应的最优检测器即为式(5.3.4)给出的 GLRT-IG 检测器。在已知目标子空间信号的多普勒分量个数而未知其具体值的条件下，基于多普勒频率分量个数的顺序统计(Doppler Frequency Components Number Dependent Order Statistics，DND-OS)检测器的检测流程如图 8.6 所示。

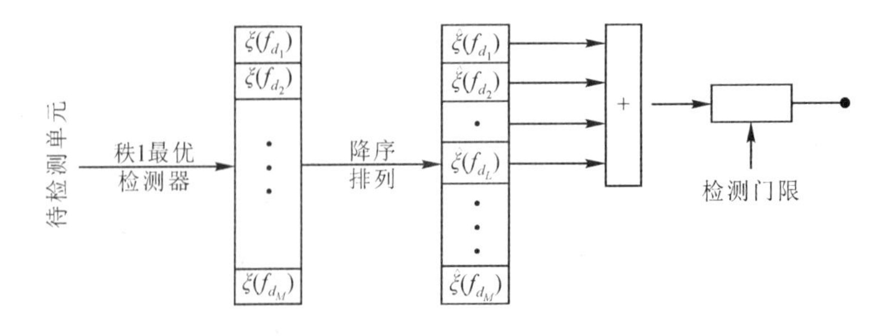


图 8.6　多普勒分量个数已知时的 DND-OS 检测流程图

假设在多普勒域中将归一化多普勒频率划分为了 $M$ 个多普勒分辨单元，表示为 $(f_{d_1}, f_{d_2}, \cdots, f_{d_M})$。由目标散射体后向散射造成的回波占了其中 $L$ 个多普勒分辨单元，其余单元可以认为为空值，则秩 1 检测器将会对这 $L$ 个归一化多普勒频率产生较大的响应。因此，将秩 1 检测器统计量中最大的 $L$ 个统计量进行组合，便可以有效检测子空间信号。对于给定的 $M$ 个不同归一化多普勒频率下的统计量 $\xi(f_{d_m})(m=1, 2, \cdots, M)$，将其进行降序排列，表示为

$$\tilde{\xi}(f_{d_1}) \geqslant \tilde{\xi}(f_{d_2}) \geqslant \cdots \geqslant \tilde{\xi}(f_{d_r}) \geqslant \cdots \geqslant \tilde{\xi}(f_{d_M}) \tag{8.3.1}$$

因此，DND-OS 检测器的检验统计量为

$$\gamma = \frac{1}{L}\sum_{r=1}^{L}\tilde{\xi}(f_{d_r}) \tag{8.3.2}$$

当 $K=1$ 时，DND-OS 检测器就等价于 GLRT-IG 检测器。

当子空间信号的多普勒分量个数 $L$ 未知时，为了克服由于目标多普勒分量信息的不充分利用或误用导致的检测性能损失，多通道顺序统计量(Multi-Channel Order Statistics, MC-OS)检测器在每个检测通道中将不同数量的最大统计量进行平均，所有检测通道的检测结果输出通过“或”准则融合。MC-OS 检测器的检测效率更高，但它是通过增加检测方案的复杂度来实现的。

设 MC-OS 检测器有 $Q$ 个检测通道，每个通道检验统计量分别设为 1, 2, …, $Q$ 个最大的统计量的算术平均值，则第 $q$ 个检测通道的检验统计量为

$$\lambda_q = \frac{1}{q}\sum_{r=1}^{q}\tilde{\xi}(f_{d_r}) \tag{8.3.3}$$

在得到各通道检测统计量之后，每个检测通道的检验统计量与该通道的检测门限进行对比，随后给出当前通道的检测判决结果，其中每个检测通道的检测判决为

$$J_q = \begin{cases} 1, & \lambda_q \geqslant T_q \\ 0, & \lambda_q < T_q \end{cases} \tag{8.3.4}$$

其中 $T_q$ 为第 $q$ 个检测通道的检测判决门限。对 $Q$ 个通道的检测判决结果采用“或”准则进行融合，得检测器最终的检测统计量为

$$\begin{aligned} \gamma_{\mathrm{MC}} &= \mathrm{or}: \{J_1, J_2, \cdots, J_Q\} \\ &= \begin{cases} 1, & \text{目标存在} \\ 0, & \text{目标不存在} \end{cases} \end{aligned} \tag{8.3.5}$$

MC-OS 检测器的检测流程框架如图 8.7 所示，从图中可以看出，MC-OS 检测器不需要有关目标信号多普勒频率分量个数的任何先验信息。

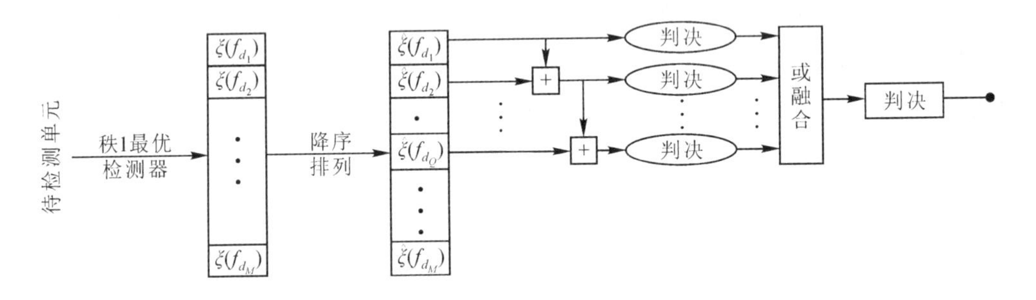


图 8.7　多普勒分量个数未知时的 MC-OS 检测流程图

### 8.3.2　实验结果及性能分析

下面使用仿真以及实测数据来验证本节介绍的检测方案的有效性。在仿真实验中，虚警概率设置为 $P_{FA}=10^{-4}$，每个检测通道的检测门限通过使用纯杂波数据进行 $100/P_{FA}$次蒙特卡罗实验得到，不同 SCR 下的检测概率通过 $10^4$ 次蒙特卡罗实验计算得到，其中 SCR 定义与式(7.2.25)相同。此外，杂波纹理分量建模为服从形状参数为 1.5、尺度参数为 1 的逆高斯分布随机变量；散斑分量为零均值复高斯随机向量，散斑协方差矩阵为 $\boldsymbol{M}=\rho^{|i-j|}(1\geqslant i,\ j\geqslant N)$，其中一阶相关系数 $\rho=0.9$；待检测单元中不同散射体的幅度假设为单位值，目标信号由三个多普勒分量构成，分别为 $f_{d_1}=0.2$，$f_{d_2}=0.3$ 及 $f_{d_3}=0.4$。

累积脉冲数 $N$ 对秩 1 目标检测器和子空间目标检测器影响的仿真实验结果如图 8.8 所示。图 8.8 显示了累积脉冲数 $N$ 相对较少时的情形，图中子空间最优检测器的目标导向矩阵认为是已知的。从图 8.8(a)及图 8.8(b)中可以看出，本节提出的 MC-OS 检测器在两种脉冲数条件下均优于秩 1 最优检测器。当脉冲数 $N$ 从 8 增加到 16 时，MC-OS 检测器的检测性能有明显改善，与 8 脉冲累积时检测概率达到 0.8 所需的 SCR 相比，16 脉冲积累时所需的 SCR 降低了约 6 dB。图 8.8(c)显示了在脉冲数充足条件下，即目标导向矩阵可估计时各检测器的检测概率曲线，从图中可以看出，导向矩阵估计误差造成的性能损失比直接使用秩 1 目标检测器进行检测带来的性能损失更大，而 MC-OS 检测器的检测性能与导向矩阵假设已知时的子空间最优检测器性能几乎一致，由此通过仿真实验验证了所提检测方案的有效性。

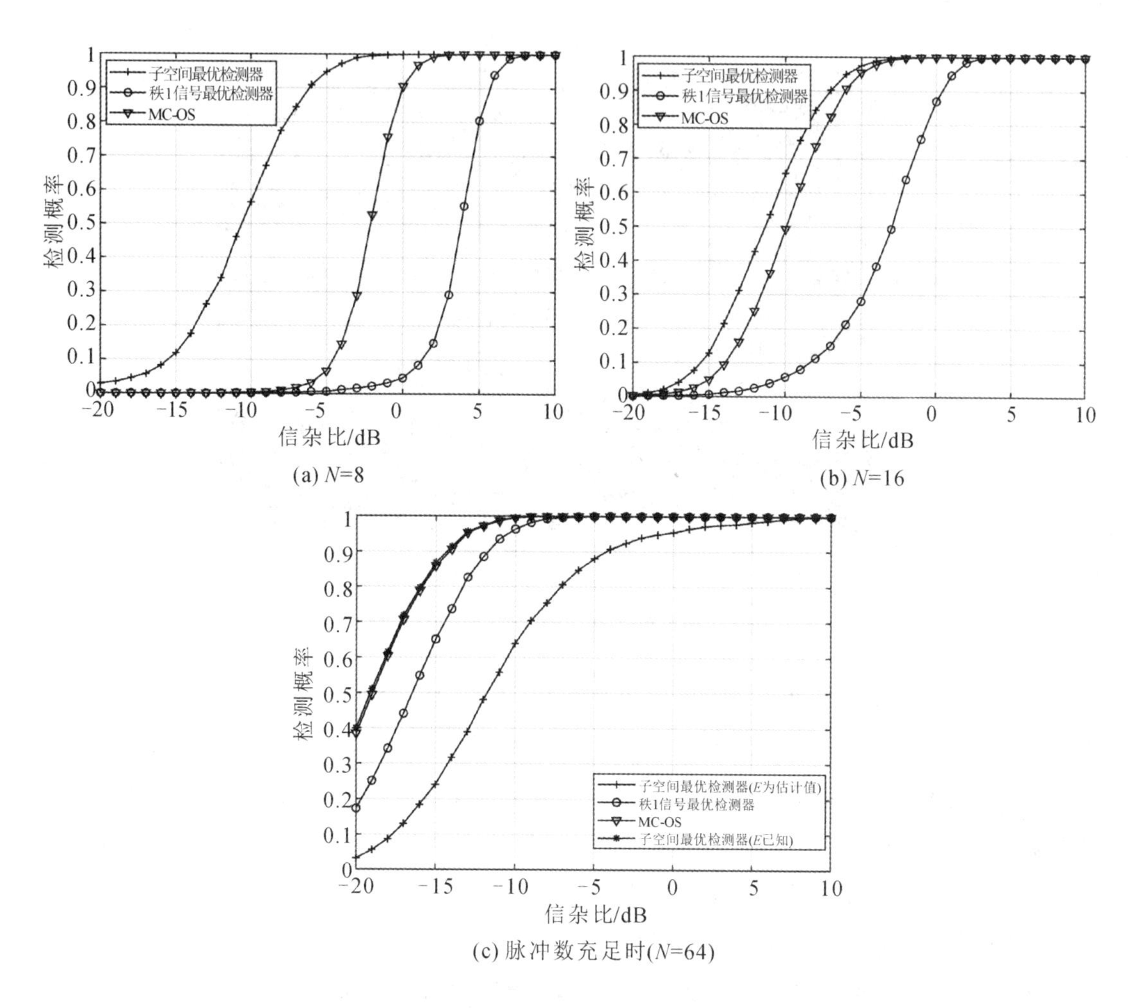


(a) $N$=8

(b) $N$=16

(c) 脉冲数充足时($N$=64)

图 8.8 脉冲累积数 $N$ 对检测器检测性能的影响

接下来使用 Fynmeet 雷达实测海杂波数据集验证本节介绍的检测方案的检测性能。在实验中选用 TFA17_014 组数据作为实测海杂波数据，该组数据对应雷达载频 6.9 GHz，距离分辨率为 15 m，脉冲重复频率为 5000 Hz，幅度分布可以使用 CG-IG 分布较好地拟合。原数据中存在一艘小船作为合作目标，该船在第 18 至第 22 距离单元之间运动。为了比较检测性能，在原数据中又加入了一个平均信杂比为 12 dB、以 3 m/s 速度(对应归一化多普勒频率为 0.138)匀速运动的目标，并假设该目标具有由偏航、俯仰等运动造成的附加多普勒频率，数值分别为 0.1 和 0.2，加入仿真目标后的回波数据强度图如图 8.9 所示。

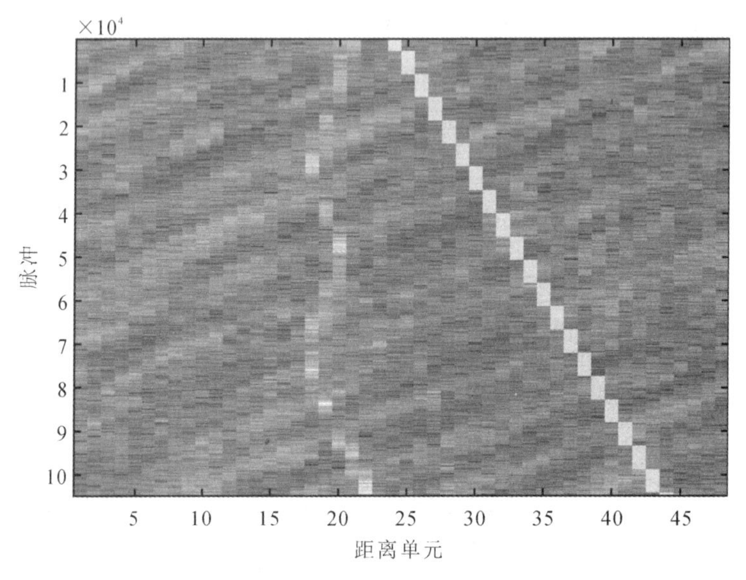


图 8.9 加入仿真目标后的实测数据强度图

为使纯杂波数据可以采用 SIRV 模型来描述，实验中设置每 16 个脉冲作为一组 CPI 数据，此时将无法有效估计子空间最优检测器中的导向矩阵。在不同虚警概率条件下，秩 1 检测器和 MC-OS 检测器对实际合作目标和加入的仿真目标的检测概率如表 8.2 所示，虚警概率 $P_{FA}=10^{-3}$时的检测结果如图 8.10 所示。从表 8.2 及图 8.10 中可以看出，无论是实测合作目标还是加入的仿真目标，本节介绍的 MC-OS 检测器的检测概率均高于秩 1 检测器，对两种目标的平均检测概率分别提高了 6％及 33％。

**表 8.2 两种检测器在不同虚警概率下的检测概率**

| 检测器 | 虚警概率 | 检测概率 | |
|---|---|---|---|
| | | 合作目标 | 仿真目标 |
| 秩 1 检测器 | 0.01 | 0.5696 | 0.9652 |
| MC-OS 检测器 | | **0.5870** | **0.9863** |
| 秩 1 检测器 | 0.001 | 0.3945 | 0.7028 |
| MC-OS 检测器 | | **0.4237** | **0.8498** |
| 秩 1 检测器 | 0.0001 | 0.2417 | 0.2535 |
| MC-OS 检测器 | | **0.2601** | **0.4492** |

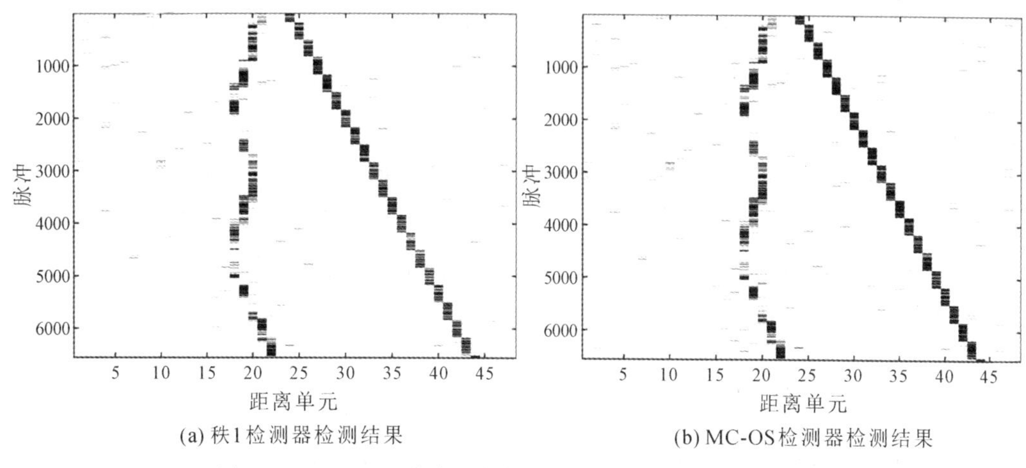


(a) 秩1检测器检测结果 (b) MC-OS检测器检测结果

图 8.10 $P_{FA}=10^{-3}$时两种检测器在实测数据下的检测结果

# 本章小结

随着雷达分辨率的提高，在秩 1 目标模型下推导的自适应匹配检测器由于目标模型失配可能会出现检测性能损失，此时使用多秩线性子空间对目标信号进行建模显得更为合理。本章首先在 CG-IG 分布杂波下分别使用 GLRT、Rao 检验和 Wald 检验推导了 S-GLRT-IG、S-Rao-IG 和 S-Wald-IG 等三种检测器，使用仿真实验验证了三种检测器的检测性能。在实际应用中，由于脉冲数较少，子空间目标模型中的导向矩阵往往很难估计得到，这限制了三种子空间目标检测器的应用。本章随后介绍了应用于目标信号多普勒分量个数已知而具体值未知情形下的 DND-OS 检测器以及多普勒分量个数未知情形下的 MC-OS 检测器，并利用仿真和实测杂波数据将 MC-OS 检测器和传统的秩 1 目标模型下的自适应检测器进行了对比。实验结果表明，在检测仿真目标和实际目标时 MC-OS 检测器的检测性能均优于秩 1 检测器。

# 参考文献

[1] BANDIERA F, MAIO A, GRECO M, et al. Adaptive radar detection of distributed targets in homogeneous and partially homogeneous noise plus subspace interference [J]. IEEE Transactions on Signal Processing, 2007, 55(4): 1223 - 1237.

[2] JIN Y, FRIEDLANDER B. A CFAR adaptive subspace detector for second-order Gaussian signals[J]. IEEE Transactions on Signal Processing, 2005, 53(3): 871-884.

[3] GUAN J, ZHANG Y, HUANG Y. Adaptive subspace detection of range-distributed target in compound-Gaussian clutter[J]. Digital Signal Processing, 2009, 19(1): 66-78.

[4] GUAN J, ZHANG X. Subspace detection for range and Doppler distributed targets with Rao and Wald tests[J]. Signal Processing, 2011, 91: 51-60.

[5] 丁昊，王国庆，刘宁波，等. 逆 Gamma 纹理背景下两类子空间目标的自适应检测方法[J]. 雷达学报，2017，6(3): 275-284.

[6] BON N, KHENCHAF A, GARELLO R. GLRT subspace detection for range and Doppler distributed targets[J]. IEEE Transactions on Aerospace & Electronic Systems, 2008, 44(2): 678-696.

[7] WAX M, ZISKIND I. Detection of the number of coherent signals by the MDL principle [J]. IEEE Transactions on Acoustics, Speech, and Signal Processing, 1989, 37(8): 1190-1196.

# 第9章　距离扩展目标模型下的自适应检测器

宽带高分辨雷达的广泛应用使得除杂波特性外的目标回波特性也发生了一定的变化。对目标而言，在窄带雷达体制下，由于雷达分辨率低、分辨单元面积较大，通常情况下单个目标的雷达回波只占据一个距离单元，称之为点目标。随着雷达带宽的增加，在宽带高分辨雷达体制下，距离分辨率可以达到米级甚至亚米级，远小于一般目标尺寸，因此目标沿径向距离将在多个距离单元上被观察到，其回波也将占据多个距离单元，此时称其为分布式目标或距离扩展目标。直接使用窄带雷达体制下的点目标检测器对距离扩展目标进行检测时，会由于目标能量利用不充分导致检测性能出现损失[1-2]。本章首先根据广义似然比检验推导不同复合高斯杂波纹理分布下的距离扩展目标检测器，随后同时考虑目标出现距离扩展和多普勒扩展时对应的子空间距离扩展目标模型以及复合高斯杂波模型下相关检测器的设计。

## 9.1　基于GLRT的距离扩展目标检测器

国内外学者已针对距离扩展目标模型下的自适应检测做了很多工作。例如：参考文献[3]研究了已知白高斯噪声背景下的距离扩展目标检测问题；参考文献[4]研究了未知协方差矩阵高斯噪声背景下的距离扩展目标检测问题，文中假设不同距离单元中的杂波是独立同分布且协方差矩阵未知的高斯向量，而且存在相同协方差矩阵的参考单元用于估计待检测单元的协方差矩阵。在复合高斯杂波背景下，参考文献[5]和文献[6]先后提出了基于GLRT的距离扩展目标检测器以及Rao检测器和Wald检测器，但这些检测器都假设纹理分量先验分布是未知的。当把纹理分量的先验分布分别建模为Gamma分布、逆Gamma分布以及逆高斯分布时，可以得到基于GLRT的距离扩展目标检测器[7-8]。本节以GLRT框架为基础，简单介绍距离扩展目标模型下自适应匹配检测器的推导过程。

### 9.1.1 距离扩展目标检测问题

假设雷达发射 $N$ 个相干脉冲，其回波经过发射机解调、滤波以及采样后，得到的观测向量表示为 $N$ 维向量 $\boldsymbol{z}=[z(1), z(2), \cdots, z(N)]^{\mathrm{T}}$。距离扩展目标模型下的目标检测问题可以使用二元假设检验来描述，即

$$\begin{cases} H_0: \boldsymbol{z}_k=\boldsymbol{c}_k, & k=1, 2, \cdots, H, H+1, \cdots, H+K \\ H_1: \begin{cases} \boldsymbol{z}_k=\alpha_k \boldsymbol{p}+\boldsymbol{c}_k, & k=1, 2, \cdots, H \\ \boldsymbol{z}_k=\boldsymbol{c}_k, & k=H+1, \cdots, H+K \end{cases} \end{cases} \tag{9.1.1}$$

其中：$H$ 表示目标回波占据的距离单元个数；$K$ 表示参考单元个数；原假设 $H_0$ 认为 $H$ 个待检测单元中仅包含纯杂波数据，原假设 $H_1$ 认为 $H$ 个待检测单元中存在目标；$\boldsymbol{p}$ 表示目标多普勒导向向量，$\alpha_k$ 是由目标散射以及多径效应等造成的确定性未知参数；$\boldsymbol{z}_1$，$\boldsymbol{z}_2$，…，$\boldsymbol{z}_H$ 是待检测单元中的观测向量，称为主数据；$\boldsymbol{z}_{H+1}$，$\boldsymbol{z}_{H+2}$，…，$\boldsymbol{z}_{H+K}$ 是参考单元中的观测向量，称为辅助数据，假设辅助数据是不包含目标信号的纯杂波，且与主数据拥有相同的协方差矩阵 $\boldsymbol{R}$。此外，还假设各距离单元之间的接收向量相互独立。

将杂波建模成 SIRV 模型，即 $\boldsymbol{c}_k=\sqrt{\tau_k}\boldsymbol{u}$，其中纹理分量 $\tau_k$ 是 PDF 为 $p(\tau_k)$ 的正随机变量，散斑纹理 $\boldsymbol{u}$ 是零均值、协方差矩阵为 $\boldsymbol{M}$ 的复高斯随机向量。$H_0$ 假设下 $\boldsymbol{z}_k$ 的 PDF 为

$$f_{\boldsymbol{z}_k \mid H_0}(\boldsymbol{z}_k \mid H_0)=\int_0^{\infty} \frac{1}{\pi^N |\boldsymbol{M}| \tau_k^N} \exp\left(-\frac{\boldsymbol{z}_k^H \boldsymbol{M}^{-1} \boldsymbol{z}_k}{\tau_k}\right) p(\tau_k) \mathrm{d}\tau_k \tag{9.1.2}$$

$H_1$ 假设下主数据 $\boldsymbol{z}_k$ 的 PDF 为

$$f_{\boldsymbol{z}_k \mid H_1}(\boldsymbol{z}_k \mid H_1)=\int_0^{\infty} \frac{1}{\pi^N |\boldsymbol{M}| \tau_k^N} \exp\left(-\frac{(\boldsymbol{z}_k-\alpha_k \boldsymbol{p})^H \boldsymbol{M}^{-1}(\boldsymbol{z}_k-\alpha_k \boldsymbol{p})}{\tau_k}\right) p(\tau_k) \mathrm{d}\tau_k \tag{9.1.3}$$

根据 NP 准则以及各距离单元数据向量独立的假设，最优检测器为 LRT 检测器，即

$$\Lambda(\boldsymbol{z}_{1:H})=\frac{\prod_{k=1}^{H} f_{\boldsymbol{z}_k \mid H_1}(\boldsymbol{z}_k \mid H_1)}{\prod_{k=1}^{H} f_{\boldsymbol{z}_k \mid H_0}(\boldsymbol{z}_k \mid H_0)} \tag{9.1.4}$$

由于参数 $\boldsymbol{M}$、$\alpha_k$ 以及纹理分量 $\tau_k$ 的先验 PDF 都是未知的，简单地将 $\tau_k$ 建模为确定性未知参数，并用最大似然估计值代替所有未知参数，得广义似然比检测器为

$$\Lambda(\boldsymbol{z}_{1:H})=\frac{\max\limits_{\alpha_{1:H}, \tau_{1:H}, \boldsymbol{M}} f_{\boldsymbol{z}_{1:H} \mid \alpha_{1:H}, \tau_{1:H}, \boldsymbol{M}; H_1}(\boldsymbol{z}_{1:H} \mid \alpha_{1:H}, \tau_{1:H}, \boldsymbol{M}; H_1)}{\max\limits_{\tau_{1:H}, \boldsymbol{M}} f_{\boldsymbol{z}_{1:H} \mid \tau_{1:H}, \boldsymbol{M}; H_0}(\boldsymbol{z}_{1:H} \mid \tau_{1:H}, \boldsymbol{M}; H_0)} \tag{9.1.5}$$

其中主数据在 $H_1$ 假设下的条件 PDF 为

$$f_{z_{1:H}|\alpha_{1:H},\tau_{1:H},M;H_1}(z_{1:H} \mid \alpha_{1:H}, \tau_{1:H}, M; H_1)$$
$$= \prod_{k=1}^{H} \frac{1}{\pi^N |M| \tau_k^N} \exp\left(-\frac{(z_k - \alpha_k p)^H M^{-1} (z_k - \alpha_k p)}{\tau_k}\right) \tag{9.1.6}$$

在 $H_0$ 假设下的条件 PDF 为

$$f_{z_{1:H}|\tau_{1:H},M;H_0}(z_{1:H} \mid \tau_{1:H}, M; H_0) = \prod_{k=1}^{H} \frac{1}{\pi^N |M| \tau_k^N} \exp\left(-\frac{z_k^H M^{-1} z_k}{\tau_k}\right) \tag{9.1.7}$$

最大化式(9.1.5)是将未知参数 $\tau_{1:H}$、$\alpha_{1:H}$ 以及 $M$ 用各自的最大似然估计值代替，但是 $H_1$ 假设下联合最大化难以实现，因此通常采用两步法推导 GLRT 检测器。

第一步，假设杂波协方差矩阵结构 $M$ 已知，则 $H_0$ 假设和 $H_1$ 假设下 $\tau_k$ 的最大似然估计值分别为

$$\begin{cases} \hat{\tau}_{k|H_0} = \dfrac{z_k^H M^{-1} z_k}{N} \\ \hat{\tau}_{k|H_1} = \dfrac{(z_k - \alpha_k p)^H M^{-1} (z_k - \alpha_k p)}{N} \end{cases} \tag{9.1.8}$$

目标复幅度 $\alpha_k$ 的最大似然估计值为

$$\hat{\alpha}_k = \frac{p^H M^{-1} z_k}{p^H M^{-1} p} \tag{9.1.9}$$

根据式(9.1.6)以及式(9.1.7)可得对数形式的 GLRT 检测器的检验统计量为

$$\Lambda_{\mathrm{GLRT}}(z_{1:H}) = -N \sum_{k=1}^{H} \ln\left(1 - \frac{|p^H M^{-1} z_k|^2}{(p^H M^{-1} p)(z_k^H M^{-1} z_k)}\right) \tag{9.1.10}$$

第二步，利用 $K$ 个参考单元中的辅助数据估计杂波协方差矩阵结构 $M$，可以采用第 4 章中介绍的 SCM 或 NSCM 等方法。将杂波协方差矩阵结构 $M$ 的估计值代入式(9.1.10)，就得到 GLRT 检测器的形式为

$$\Lambda(z_{1:H}) = -N \sum_{k=1}^{H} \ln\left[1 - \frac{|p^H \hat{M}^{-1} z_k|^2}{(p^H \hat{M}^{-1} p)(z_k^H \hat{M}^{-1} z_k)}\right] \underset{H_0}{\overset{H_1}{\gtrless}} \gamma \tag{9.1.11}$$

其中，$\gamma$ 是与虚警概率有关的检测门限。

### 9.1.2　匹配纹理分布的距离扩展目标检测器

第 1 小节考虑了纹理分量先验分布未知时的情况，将其建模为确定性未知变量，用最大似然估计值代替，通过两步法得到 GLRT 检测器。实际上，将纹理分量建模为服从

Gamma 分布、逆 Gamma 分布以及逆高斯分布等分布的随机变量可以更好地拟合实测数据，从而在一定程度上提高检测性能。下面几小节将介绍 K 分布、广义 Pareto 分布和 CG-IG 分布杂波下的距离扩展目标自适应 GLRT 检测器设计。

当杂波纹理分量服从 Gamma 分布时，海杂波幅度服从 K 分布。根据式(9.1.2)以及式(9.1.3)，假设杂波协方差矩阵结构 $\boldsymbol{M}$ 已知时的 GLRT 检测器形式为

$$\Lambda=\frac{\max\limits_{\alpha_{1:H}}\prod\limits_{k=1}^{H}\int_0^{\infty}\frac{1}{\pi^N|\boldsymbol{M}|\tau_k^N}\exp\left(-\frac{(\boldsymbol{z}_k-\alpha_k\boldsymbol{p})^{\mathrm{H}}\boldsymbol{M}^{-1}(\boldsymbol{z}_k-\alpha_k\boldsymbol{p})}{\tau_k}\right)p(\tau_k)\mathrm{d}\tau_k}{\prod\limits_{k=1}^{H}\int_0^{\infty}\frac{1}{\pi^N|\boldsymbol{M}|\tau_k^N}\exp\left(-\frac{\boldsymbol{z}_k^{\mathrm{H}}\boldsymbol{M}^{-1}\boldsymbol{z}_k}{\tau_k}\right)p(\tau_k)\mathrm{d}\tau_k} \tag{9.1.12}$$

将式(9.1.12)中的$(\boldsymbol{z}_k-\alpha_k\boldsymbol{p})^{\mathrm{H}}\boldsymbol{M}^{-1}(\boldsymbol{z}_k-\alpha_k\boldsymbol{p})$记为 $q_1^k$，$\boldsymbol{z}_k^H\boldsymbol{M}^{-1}\boldsymbol{z}_k$ 记为 $q_0^k$，则式(9.1.12)分子中的第 $k$ 项可化简为

$$\begin{aligned}&\int_0^{\infty}\frac{1}{\pi^N|\boldsymbol{M}|\tau_k^N}\exp\left(-\frac{(\boldsymbol{z}_k-\alpha_k\boldsymbol{p})^{\mathrm{H}}\boldsymbol{M}^{-1}(\boldsymbol{z}_k-\alpha_k\boldsymbol{p})}{\tau_k}\right)p(\tau_k)\mathrm{d}\tau_k\\&=\int_0^{\infty}\frac{1}{\pi^N|\boldsymbol{M}|\tau_k^N}\exp\left(-\frac{q_1^k}{\tau_k}\right)\frac{\nu^{\nu}}{\Gamma(\nu)b^{\nu}}\tau_k^{\nu-1}\mathrm{e}^{-\frac{\nu}{b}\tau_k}\mathrm{d}\tau_k\\&=\frac{2}{\Gamma(\nu)\pi^N|\boldsymbol{M}|}\left(\frac{b}{\nu}\right)^{-\frac{N+\nu}{2}}(q_1^k)^{\frac{\nu-N}{2}}K_{N-\nu}\left(2\sqrt{\frac{\nu q_1^k}{b}}\right)\end{aligned} \tag{9.1.13}$$

分母的第 $k$ 项可化简为

$$\begin{aligned}&\int_0^{\infty}\frac{1}{\pi^N|\boldsymbol{M}|\tau_k^N}\exp\left(-\frac{q_0^k}{\tau_k}\right)p(\tau_k)\mathrm{d}\tau_k\\&=\frac{2}{\Gamma(\nu)\pi^N|\boldsymbol{M}|}\left(\frac{b}{\nu}\right)^{-\frac{N+\nu}{2}}(q_0^k)^{\frac{\nu-N}{2}}K_{N-\nu}\left(2\sqrt{\frac{\nu q_0^k}{b}}\right)\end{aligned} \tag{9.1.14}$$

将式(9.1.13)及式(9.1.14)代入式(9.1.12)，即可得到 K 分布下的 GLRT 检测器为

$$\Lambda(\boldsymbol{z}_{1:H})=\prod_{k=1}^{H}\left(\frac{q_1^k}{q_0^k}\right)^{\frac{\nu-N}{2}}\frac{K_{N-\nu}\left(2\sqrt{\frac{\nu q_1^k}{b}}\right)}{K_{N-\nu}\left(2\sqrt{\frac{\nu q_0^k}{b}}\right)} \tag{9.1.15}$$

其中，$q_1^k$ 中的未知目标复幅度 $\alpha_k$ 已用式(9.1.9)给出的最大似然估计值替代。将利用辅助数据得到的杂波协方差矩阵结构估计值代入式(9.1.15)就得到了 K 分布杂波下的自适应 GLRT 检测器。

当纹理分量服从逆 Gamma 分布时，式(9.1.12)就变成了广义 Pareto 分布杂波背景下

的 GLRT，式(9.1.13)改写为

$$
\begin{aligned}
&\int_0^{\infty}\frac{1}{\pi^N|\boldsymbol{M}|\tau_k^N}\exp\left(-\frac{q_1^k}{\tau_k}\right)p(\tau_k)\mathrm{d}\tau_k\\
&=\int_0^{\infty}\frac{1}{\pi^N|\boldsymbol{M}|\tau_k^N}\exp\left(-\frac{q_1^k}{\tau_k}\right)\frac{1}{\Gamma(\nu)b^{\nu}}\tau_k^{-(\nu+1)}\mathrm{e}^{-\frac{1}{b\tau_k}}\mathrm{d}\tau_k\\
&=\frac{1}{\pi^N|\boldsymbol{M}|}\frac{\Gamma(\nu+N)}{\Gamma(\nu)b^{\nu}}(q_1^k+b^{-1})^{-\nu-N}
\end{aligned}
\tag{9.1.16}
$$

在 $H_0$ 假设下，式(9.1.12)中分母的第 $k$ 项为

$$
\begin{aligned}
&\int_0^{\infty}\frac{1}{\pi^N|\boldsymbol{M}|\tau_k^N}\exp\left(-\frac{q_0^k}{\tau_k}\right)p(\tau_k)\mathrm{d}\tau_k\\
&=\int_0^{\infty}\frac{1}{\pi^N|\boldsymbol{M}|\tau_k^N}\exp\left(-\frac{q_0^k}{\tau_k}\right)\frac{1}{\Gamma(\nu)b^{\nu}}\tau_k^{-(\nu+1)}\mathrm{e}^{-\frac{1}{b\tau_k}}\mathrm{d}\tau_k\\
&=\frac{1}{\pi^N|\boldsymbol{M}|}\frac{\Gamma(\nu+N)}{\Gamma(\nu)b^{\nu}}(q_0^k+b^{-1})^{-\nu-N}
\end{aligned}
\tag{9.1.17}
$$

将式(9.1.9)、式(9.1.16)和式(9.1.17)代入式(9.1.12)并取对数，可得广义 Pareto 分布杂波背景下的 GLRT 检测器为

$$
\Lambda(\boldsymbol{z}_{1:H})=-(N+\nu)\sum_{k=1}^{H}\ln\left(1-\frac{|\boldsymbol{p}^{\mathrm{H}}\boldsymbol{M}^{-1}\boldsymbol{z}_k|^2}{(\boldsymbol{p}^{\mathrm{H}}\boldsymbol{M}^{-1}\boldsymbol{p})(b^{-1}+\boldsymbol{z}_k^{\mathrm{H}}\boldsymbol{M}^{-1}\boldsymbol{z}_k)}\right)
\tag{9.1.18}
$$

当检测器中的杂波协方差矩阵结构被由辅助数据得到的估计值替换时，就得到了广义 Pareto 分布杂波下的自适应 GLRT 检测器。

当杂波纹理分量服从逆高斯分布时，对于式(9.1.12)给出的 GLRT 检测器形式，分式中分子和分母第 $k$ 项为

$$
\begin{aligned}
&\int_0^{\infty}\frac{1}{\pi^N|\boldsymbol{M}|\tau_k^N}\exp\left(-\frac{q_i^k}{\tau_k}\right)p(\tau_k)\mathrm{d}\tau_k\\
&=\int_0^{\infty}\frac{1}{\pi^N|\boldsymbol{M}|\tau_k^N}\exp\left(-\frac{q_i^k}{\tau_k}\right)\sqrt{\frac{\nu b}{2\pi\tau_k^3}}\exp\left(-\frac{\nu b\tau_k}{2}\left(\frac{1}{b}-\frac{1}{\tau_k}\right)^2\right)\mathrm{d}\tau_k\\
&=\sqrt{2\nu}\pi^{-(N+1/2)}b^{-N}\mathrm{e}^{\nu}|\boldsymbol{M}|^{-1}\left(1+\frac{2q_i^k}{\nu b}\right)^{-N/2-1/4}K_{N+1/2}\left(\nu\sqrt{1+\frac{2q_i^k}{\nu b}}\right)
\end{aligned}
\tag{9.1.19}
$$

其中 $i=0$ 或 1。因此，CG-IG 分布杂波下的 GLRT 检测器为

$$
\Lambda(\boldsymbol{z}_{1:H})=\prod_{k=1}^{H}\frac{\left(1+\frac{2q_1^k}{\nu b}\right)^{-\frac{1}{4}-\frac{N}{2}}K_{\frac{1}{2}+N}\left(\nu\sqrt{1+\frac{2q_1^k}{\nu b}}\right)}{\left(1+\frac{2q_0^k}{\nu b}\right)^{-\frac{1}{4}-\frac{N}{2}}K_{\frac{1}{2}+N}\left(\nu\sqrt{1+\frac{2q_0^k}{\nu b}}\right)}
\tag{9.1.20}
$$

下面以式(9.1.20)给出的CG-IG分布杂波下的GLRT检测器(下文简记为CGIG-GLRT检测器)为例，通过仿真实验对比式(9.1.10)给出的将纹理分量建模为确定性未知变量的GLRT检测器(下文简记为GLRT检测器)和CGIG-GLRT检测器在对应杂波分布下检测性能的差异。当杂波协方差矩阵已知以及用32个参考单元和CAMLE方法估计杂波协方差矩阵时，CGIG-GLRT检测器与GLRT检测器的检测概率曲线如图9.1所示。仿真实验中CG-IG分布杂波的形状参数为5，尺度参数为1；虚警概率$P_{\mathrm{FA}}=10^{-3}$，脉冲累积数$N=8$；散斑协方差矩阵$\boldsymbol{M}=\rho^{|i-j|}$ $(1\leqslant i,\ j\leqslant N)$，一阶迟滞相关系数$\rho=0.9$。从图9.1中可以看出，当检测器中的纹理分布与杂波匹配时，CGIG-GLRT检测器的检测概率总是高于GLRT检测器，即纹理先验分布的运用可以有效提高检测性能。此外，由于杂波协方差矩阵结构未知而使用估计值替代会造成检测器检测性能的损失。

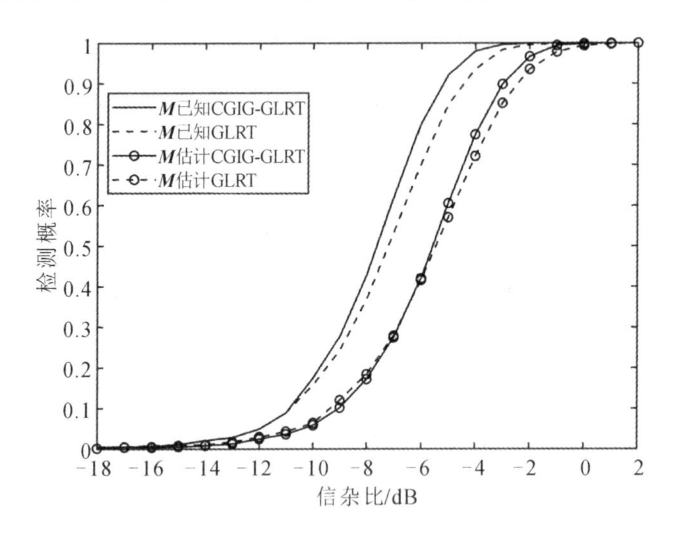


图9.1 CGIG-GLRT与GLRT检测器检测性能对比

## 9.2 子空间距离扩展目标检测

雷达分辨率的提高除了使单个目标回波可能占据多个距离单元外，目标沿雷达视线方向的运动状态也将被观测得更加精细，目标在多普勒维上也常存在扩展现象。因此，对于距离扩展目标模型下的检测问题，将第8章中介绍的多秩线性子空间模型应用于目标信号建模，比9.1节在设计检测器时假设的秩1目标模型显得更加合理。参考文献[1]和文献

[9]研究了高斯杂波背景下的子空间距离扩展目标检测问题，文献[10]和文献[11]研究了复合高斯杂波背景下的子空间距离扩展目标检测问题，提出了基于 Rao 检验和 Wald 检验的检测器，并证明了两种检测器的虚警特性。由于 5.4 节介绍的 CG-GIG 分布对杂波幅度拟合具有更好的普适性，本节将介绍复合高斯杂波背景下纹理分量为服从 GIG 分布随机变量时的自适应子空间距离扩展目标检测器设计，给出不同检验下的三种自适应检测器，并通过仿真和实测数据实验验证所介绍检测器的性能。

### 9.2.1 目标模型描述

根据距离扩展目标的多主散射体模型，距离扩展目标在每个距离分辨单元内的回波是该分辨单元内有限孤立强散射体回波的向量和。对于式(9.1.1)给出的二元假设检验问题，$H_1$ 假设下第 $k$ 个距离单元回波中的目标信号分量 $\boldsymbol{s}_k=\alpha_k\boldsymbol{p}$ 变为

$$\boldsymbol{s}_k=\boldsymbol{E}_k\boldsymbol{a}_k, \quad k=1, 2, \cdots, H \tag{9.2.1}$$

其中

$$\boldsymbol{E}_k=\begin{bmatrix} \exp(\mathrm{j}2\pi f_{k,1}) & \exp(\mathrm{j}2\pi f_{k,2}) & \cdots & \exp(\mathrm{j}2\pi f_{k,N_k}) \\ \exp(\mathrm{j}2\pi\times 2f_{k,1}) & \exp(\mathrm{j}2\pi\times 2f_{k,2}) & \cdots & \exp(\mathrm{j}2\pi\times 2f_{k,N_k}) \\ \vdots & \vdots & & \vdots \\ \exp(\mathrm{j}2\pi\times Nf_{k,1}) & \exp(\mathrm{j}2\pi\times 2f_{k,2}) & \cdots & \exp(\mathrm{j}2\pi\times 2f_{k,N_k}) \end{bmatrix}$$

是第 $k$ 个距离单元中 $N\times N_k$ 的导向矩阵；$N_k$ 是距离扩展目标在第 $k$ 个距离单元中散射体的个数；$\boldsymbol{a}_k=[a_{k,1}, a_{k,2}, \cdots, a_{k,N_k}]^{\mathrm{T}}$ 是第 $k$ 个距离单元中各散射体的幅度；$f_{k,r}(r=1, 2, \cdots, N_k)$是第 $k$ 个距离单元中第 $r$ 个散射体的归一化多普勒频率。在检测器设计中，一般假设 $\boldsymbol{E}_k$ 是已知的，而 $\boldsymbol{a}_k$ 是未知的，可将其建模为确定的未知向量或复高斯随机向量，在本节中将其建模为确定的未知向量。因此，每个距离分辨单元中的观测回波服从均值为 $\boldsymbol{E}_k\boldsymbol{a}_k$，协方差矩阵为 $\tau_k\boldsymbol{M}$ 的复高斯随机向量，表示为 $\boldsymbol{z}_{k|\tau_k, H_1}\sim\mathcal{CN}(\boldsymbol{E}_k\boldsymbol{a}_k, \tau_k\boldsymbol{M})$。

实际上，这里使用的导向矩阵与第 8 章子空间目标检测器中使用的导向矩阵是等价的。同样地，将 $\boldsymbol{E}_k$ 进行奇异值分解，得到 $\boldsymbol{E}_k=\boldsymbol{U}_k\boldsymbol{\Lambda}_k\boldsymbol{V}_k^{\mathrm{H}}$，其中 $\boldsymbol{U}_k$ 是由左奇异矢量构成的维数为$N\times N_k$ 的酉矩阵，$\boldsymbol{\Lambda}_k$ 是由奇异值构成的 $N\times N_k$ 的对角阵，$\boldsymbol{V}_k$ 是右奇异矢量构成的酉矩阵，则 $\boldsymbol{s}_k$ 可以等价地表示为

$$\boldsymbol{s}_k=\boldsymbol{U}_k\boldsymbol{b}_k, \quad k=1, 2, \cdots, H \tag{9.2.2}$$

其中 $\boldsymbol{b}_k=\boldsymbol{\Lambda}_k\boldsymbol{V}_k^{\mathrm{H}}\boldsymbol{a}_k$。式(9.2.2)说明距离扩展目标的回波信号可以用线性子空间模型来建模，

即距离扩展目标的回波处在由酉矩阵 $\boldsymbol{U}_k$ 的列张成的信号子空间上，酉矩阵 $\boldsymbol{U}_k$ 称为模式矩阵；$N_K\times1$ 的列矢量 $\boldsymbol{b}_k$ 称为位置矢量。模式矩阵 $\boldsymbol{U}_k$ 的秩确定了信号子空间的维数，即在给定的距离分辨单元内，距离扩展目标回波所在信号子空间的维数等于距离扩展目标的主散射体数目。

### 9.2.2 GLRT 检测器

本小节仍采用两步法推导 GLRT 检测器。在 $H_0$ 假设下，第 $k$ 个待检测单元中的回波数据 $\boldsymbol{z}_k$ 的条件 PDF 为

$$f(\boldsymbol{z}_k\,|\,\tau_k,\ \boldsymbol{b}_k;\ H_0)=\frac{1}{(\pi\tau_k)^N\,|\boldsymbol{M}|}\exp\left(-\frac{q_0^{(k)}}{\tau_k}\right)\tag{9.2.3}$$

其中

$$q_0^{(k)}=\boldsymbol{z}_k^{\mathrm{H}}\boldsymbol{M}^{-1}\boldsymbol{z}_k$$

在 $H_1$ 假设下，$\boldsymbol{z}_k$ 的条件 PDF 为

$$f(\boldsymbol{z}_k\,|\,\tau_k,\ \boldsymbol{b}_k;\ H_1)=\frac{1}{(\pi\tau_k)^N\,|\boldsymbol{M}|}\exp\left(-\frac{q_1^{(k)}}{\tau_k}\right)\tag{9.2.4}$$

其中

$$q_1^{(k)}=(\boldsymbol{z}_k-\boldsymbol{U}_k\boldsymbol{b}_k)^{\mathrm{H}}\boldsymbol{M}^{-1}(\boldsymbol{z}_k-\boldsymbol{U}_k\boldsymbol{b}_k)\tag{9.2.5}$$

由于 $K$ 个待检测单元中的杂波分量假设是独立同分布的，当假设杂波散斑协方差矩阵已知时，GLRT 检测器的形式为

$$\frac{\prod_{k=1}^{H}\max_{\boldsymbol{b}_k}\int f(\boldsymbol{z}_k\ |\ \tau_k,\ \boldsymbol{b}_k;\ H_1)\,p(\tau_k)\,\mathrm{d}\tau_k}{\prod_{k=1}^{H}\int f(\boldsymbol{z}_k\ |\ \tau_k;\ H_0)\,p(\tau_k)\,\mathrm{d}\tau_k}\underset{H_0}{\overset{H_1}{\gtrless}}\gamma_{\text{S-GLRT-GIG}}\tag{9.2.6}$$

其中 $\gamma_{\text{S-GLRT-GIG}}$ 表示与虚警概率有关的检测门限。$\boldsymbol{b}_k$ 的最大似然估计值可以通过最小化 $q_1^{(k)}$ 得到，即 $q_1^{(k)}$ 对 $\boldsymbol{b}_k$ 求偏导并令结果为零，得到 $\boldsymbol{b}_k$ 的最大似然估计值为

$$\hat{\boldsymbol{b}}_k=(\boldsymbol{U}_k^{\mathrm{H}}\boldsymbol{M}^{-1}\boldsymbol{U}_k)^{-1}\boldsymbol{U}_k^{\mathrm{H}}\boldsymbol{M}^{-1}\boldsymbol{z}_k\tag{9.2.7}$$

将式(9.2.7)代入式(9.2.5)，得

$$\hat{q}_1^{(k)}=(\boldsymbol{z}_k-\boldsymbol{U}_k\hat{\boldsymbol{b}}_k)^{\mathrm{H}}\boldsymbol{M}^{-1}(\boldsymbol{z}_k-\boldsymbol{U}_k\hat{\boldsymbol{b}}_k)\tag{9.2.8}$$

在 CG-GIG 分布杂波下，纹理分量 $\tau$ 的 PDF 为

$$p(\tau)=\frac{\mu^{p}\tau^{(p-1)}}{K_{p}(\lambda)}\exp\left[-\left(\frac{\lambda\tau}{2\mu}+\frac{\lambda\mu}{2\tau}\right)\right],\quad \lambda>0,\ \mu>0 \tag{9.2.9}$$

其中，$\lambda$ 为形状参数，$\mu$ 为尺度参数，$K_p(\cdot)$ 为 $p$ 阶第二类修正贝塞尔函数。注意到式(9.2.9)中给出的 GIG 分布 PDF 与式(5.4.1)略有不同，但仅是分布中的参数进行了适当变形。将式(9.2.3)、式(9.2.4)、式(9.2.8)和式(9.2.9)代入式(9.2.6)，得式(9.2.6)分式中分子第 $k$ 项积分为

$$\begin{aligned}&\int f(\boldsymbol{z}_k \mid \tau_k,\ \boldsymbol{b}_k;\ H_1)p(\tau_k)\mathrm{d}\tau_k\\ &=\frac{\mu^{-p}}{K_p(\lambda)\pi^N|\boldsymbol{M}|}\times\int\tau_k^{\ p-N-1}\exp\left(-\left(\frac{\hat{q}_1^{(k)}+\lambda\mu/2}{\tau_k}+\frac{\lambda\tau_k}{2\mu}\right)\right)\mathrm{d}\tau_k\end{aligned} \tag{9.2.10}$$

利用积分式

$$\int_0^{\infty}t^{\nu}\exp\left(-\frac{\alpha}{t}-st\right)\mathrm{d}t=2\left(\frac{\alpha}{s}\right)^{(\nu+1)/2}K_{\nu+1}(2\sqrt{\alpha s}) \tag{9.2.11}$$

式(9.2.10)可以化简为

$$\begin{aligned}&\int f(\boldsymbol{z}_k \mid \tau_k,\ \boldsymbol{b}_k;\ H_1)p(\tau_k)\mathrm{d}\tau_k\\ &=\frac{\mu^{-p}}{K_p(\lambda)\pi^N|\boldsymbol{M}|}\times\int\tau_k^{p-N-1}\exp\left(-\left(\frac{\hat{q}_1^{(k)}+\lambda\mu/2}{\tau_k}+\frac{\lambda\tau_k}{2\mu}\right)\right)\mathrm{d}\tau_k\\ &=\frac{\mu^{-p}}{K_p(\lambda)\pi^N|\boldsymbol{M}|}(2\hat{q}_1^{(k)}+\lambda\mu)^{\frac{p-N}{2}}K_{p-N}\left(\sqrt{\frac{\lambda}{\mu}(2\hat{q}_1^{(k)}+\lambda\mu)}\right)\end{aligned} \tag{9.2.12}$$

同样地，式(9.2.6)分式中分母第 $k$ 项积分可以化简为

$$\begin{aligned}&\int f(\boldsymbol{z}_k \mid \tau_k;\ H_0)p(\tau_k)\mathrm{d}\tau_k\\ &=\frac{\mu^{-p}}{K_p(\lambda)\pi^N|\boldsymbol{M}|}\times\int\tau_k^{p-N-1}\exp\left(-\left(\frac{\hat{q}_0^{(k)}+\lambda\mu/2}{\tau_k}+\frac{\lambda\tau_k}{2\mu}\right)\right)\mathrm{d}\tau_k\\ &=\frac{\mu^{-p}}{K_p(\lambda)\pi^N|\boldsymbol{M}|}(2\hat{q}_0^{(k)}+\lambda\mu)^{\frac{p-N}{2}}K_{p-N}\left(\sqrt{\frac{\lambda}{\mu}(2\hat{q}_0^{(k)}+\lambda\mu)}\right)\end{aligned} \tag{9.2.13}$$

将式(9.2.12)和式(9.2.13)代入式(9.2.6)，可得 CG-GIG 分布杂波下的子空间距离扩展目标 GLRT 检测器(下文简记为 S-GLRT-GIG 检测器)为

$$\frac{\prod_{k=1}^{H}(2\hat{q}_1^{(k)}+\lambda\mu)^{\frac{p-N}{2}}K_{p-N}\left(\sqrt{\frac{\lambda}{\mu}(2\hat{q}_1^{(k)}+\lambda\mu)}\right)}{\prod_{k=1}^{H}(2q_0^{(k)}+\lambda\mu)^{\frac{p-N}{2}}K_{p-N}\left(\sqrt{\frac{\lambda}{\mu}(2q_0^{(k)}+\lambda\mu)}\right)}\underset{H_0}{\overset{H_1}{\gtrless}}\gamma_{\text{S-GLRT-GIG}} \tag{9.2.14}$$

### 9.2.3 MAP-GLRT 检测器

当采用最大后验广义似然比检验设计检测器时，在假设杂波散斑协方差矩阵已知的情况下，MAP-GLRT 检测器的形式为

$$\frac{\max\limits_{\boldsymbol{b}_1,\cdots,\boldsymbol{b}_H,\tau_1^{(1)},\cdots\tau_1^{(H)}}\prod\limits_{k=1}^{H}f(\boldsymbol{z}_k \mid \boldsymbol{b}_k,\tau_1^{(k)};H_1)p(\tau_1^{(k)})}{\max\limits_{\tau_0^{(1)},\cdots\tau_0^{(H)}}\prod\limits_{k=1}^{H}f(\boldsymbol{z}_k \mid \tau_0^{(k)};H_0)p(\tau_0^{(k)})}\underset{H_0}{\overset{H_1}{\gtrless}}\gamma_{\text{S-MAP-GIG}} \tag{9.2.15}$$

其中 $\tau_0^{(k)}$ 和 $\tau_1^{(k)}$ 分别表示 $H_0$ 假设和 $H_1$ 假设下第 $k$ 个待检测单元的纹理分量，$\gamma_{\text{S-MAP-GIG}}$ 表示与虚警概率有关的检测门限。在 $H_1$ 假设下，第 $k$ 个待检测单元位置向量 $\boldsymbol{b}_k$ 的估计值为式(9.2.7)，下面计算第 $k$ 个待检测单元上纹理分量 $\tau_1^{(k)}$ 的 MAPE。将式(9.2.3)、式(9.2.4)、式(9.2.8)和式(9.2.9)代入式(9.2.15)，记式(9.2.15)分子中与 $\tau_1^{(k)}$ 有关的量为

$$L(\tau_1^{(k)})=\prod_{k=1}^{H}(\tau_1^{(k)})^{p-N-1}\exp\left(-\left(\frac{\hat{q}_1^{(k)}+\lambda\mu/2}{\tau_1^{(k)}}+\frac{\lambda\tau_1^{(k)}}{2\mu}\right)\right) \tag{9.2.16}$$

先对式(9.2.16)取对数，再对 $\tau_1^{(k)}$ 求偏导并令结果为 0，可得一元二次方程为

$$-\frac{\lambda}{2\mu}(\tau_1^{(k)})^2+(p-N-1)\tau_1^{(k)}+\hat{q}_1^{(k)}+\frac{\lambda\mu}{2}=0 \tag{9.2.17}$$

求解式(9.2.17)中，可得 $H_1$ 假设下第 $k$ 个待检测单元上 $\tau_1^{(k)}$ 的估计值为

$$\hat{\tau}_1^{(k)}=\frac{(p-N-1)+\sqrt{(p-N-1)^2+\dfrac{\lambda}{\mu}(2\hat{q}_1^{(k)}+\lambda\mu)}}{\lambda/\mu} \tag{9.2.18}$$

同理，在 $H_0$ 假设下第 $k$ 个待检测单元上 $\tau_0^{(k)}$ 的估计值为

$$\hat{\tau}_0^{(k)}=\frac{(p-N-1)+\sqrt{(p-N-1)^2+\dfrac{\lambda}{\mu}(2q_0^{(k)}+\lambda\mu)}}{\lambda/\mu} \tag{9.2.19}$$

将式(9.2.3)、式(9.2.4)、式(9.2.9)、式(9.2.18)和式(9.2.19)代入式(9.2.15)，可得 CG-GIG 分布杂波下的子空间距离扩展目标 MAP-GLRT 检测器(下文简记为 S-MAP-GIG 检测器)为

$$\frac{\prod\limits_{k=1}^{H}(\hat{\tau}_1^{(k)})^{p-N-1}\exp\left(-\left(\dfrac{\lambda\hat{\tau}_1^{(k)}}{2\mu}+\dfrac{\hat{q}_1^{(k)}+\lambda\mu/2}{\hat{\tau}_1^{(k)}}\right)\right)}{\prod\limits_{k=1}^{H}(\hat{\tau}_0^{(k)})^{p-N-1}\exp\left(-\left(\dfrac{\lambda\hat{\tau}_0^{(k)}}{2\mu}+\dfrac{q_0^{(k)}+\lambda\mu/2}{\hat{\tau}_0^{(k)}}\right)\right)}\underset{H_0}{\overset{H_1}{\gtrless}}\gamma_{\text{S-MAP-GIG}} \tag{9.2.20}$$

### 9.2.4　Rao 检测器

下面使用两步法推导 CG-GIG 分布杂波下的子空间距离扩展目标 Rao 检测器。首先给出一些参数的定义：

- $\boldsymbol{\theta}_r=[\boldsymbol{b}_{R,1}^{T}, \boldsymbol{b}_{I,1}^{T}, \boldsymbol{b}_{R,2}^{T}, \boldsymbol{b}_{I,2}^{T}, \cdots, \boldsymbol{b}_{R,H}^{T}, \boldsymbol{b}_{I,H}^{T}]^{T}$，其中 $\boldsymbol{b}_{R,k}$ 和 $\boldsymbol{b}_{I,k}$ 表示第 $k$ 个待检测单元上位置向量 $\boldsymbol{b}_k$ 的实部和虚部；
- $\boldsymbol{\theta}_s=[\tau_1, \tau_2, \cdots, \tau_H]^{T}$，其中 $\tau_k$ 表示第 $k$ 个待检测单元上的纹理分量；
- $\boldsymbol{Z}=[\boldsymbol{z}_1, \boldsymbol{z}_2, \cdots, \boldsymbol{z}_H]$ 表示所有待检测单元组成的矩阵；
- $\boldsymbol{\theta}=[\boldsymbol{\theta}_r^{T}, \boldsymbol{\theta}_s^{T}]^{T}$ 表示所有的未知参数。

在 $H_1$ 假设下，待检测数据 $\boldsymbol{Z}$ 的条件概率密度函数为

$$f(\boldsymbol{Z}\mid\boldsymbol{\theta}, \mathrm{H}_1)=\prod_{k=1}^{H}\frac{1}{(\pi\tau_k)^{N}\left|\boldsymbol{M}\right|}\exp\left(-\frac{(\boldsymbol{z}_k-\boldsymbol{U}_k\boldsymbol{b}_k)^{\mathrm{H}}\boldsymbol{M}^{-1}(\boldsymbol{z}_k-\boldsymbol{U}_k\boldsymbol{b}_k)}{\tau_k}\right) \tag{9.2.21}$$

当假设散斑协方差矩阵已知时，Rao 检测器的形式为

$$\left.\frac{\partial\ln(f(\boldsymbol{Z}|\boldsymbol{\theta}, \mathrm{H}_1))}{\partial\boldsymbol{\theta}_r}\right|_{\boldsymbol{\theta}=\hat{\boldsymbol{\theta}}_0}^{T}[\boldsymbol{I}^{-1}(\hat{\boldsymbol{\theta}}_0)]_{\boldsymbol{\theta}_r,\boldsymbol{\theta}_r}\left.\frac{\partial\ln(f(\boldsymbol{Z}|\boldsymbol{\theta}, \mathrm{H}_1))}{\partial\boldsymbol{\theta}_r}\right|_{\boldsymbol{\theta}=\hat{\boldsymbol{\theta}}_0}\underset{H_0}{\overset{H_1}{\gtrless}}\gamma_{\text{S-Rao-GIG}} \tag{9.2.22}$$

其中
$$[\boldsymbol{I}^{-1}(\boldsymbol{\theta})]_{\boldsymbol{\theta}_r,\boldsymbol{\theta}_r}=(\boldsymbol{I}_{\boldsymbol{\theta}_r,\boldsymbol{\theta}_r}(\theta)-\boldsymbol{I}_{\boldsymbol{\theta}_r,\boldsymbol{\theta}_s}(\boldsymbol{\theta})\boldsymbol{I}_{\boldsymbol{\theta}_s,\boldsymbol{\theta}_s}^{-1}(\boldsymbol{\theta})\boldsymbol{I}_{\boldsymbol{\theta}_s,\boldsymbol{\theta}_r}(\boldsymbol{\theta}))^{-1}$$

以及 $\hat{\boldsymbol{\theta}}_0$ 表示 $\boldsymbol{\theta}$ 在零假设下的估计值；$\boldsymbol{I}(\boldsymbol{\theta})$ 表示费舍尔信息矩阵，可以写为

$$\boldsymbol{I}(\boldsymbol{\theta})=\begin{bmatrix}\boldsymbol{I}_{\boldsymbol{\theta}_r,\boldsymbol{\theta}_r}(\boldsymbol{\theta}) & \boldsymbol{I}_{\boldsymbol{\theta}_r,\boldsymbol{\theta}_s}(\boldsymbol{\theta})\\ \boldsymbol{I}_{\boldsymbol{\theta}_s,\boldsymbol{\theta}_r}(\boldsymbol{\theta}) & \boldsymbol{I}_{\boldsymbol{\theta}_s,\boldsymbol{\theta}_s}(\boldsymbol{\theta})\end{bmatrix} \tag{9.2.23}$$

式(9.2.22)中关于 $\boldsymbol{b}_k$ 实部和虚部的偏导数分别为

$$\frac{\partial\ln(f(\boldsymbol{Z}|\boldsymbol{\theta}, \mathrm{H}_1))}{\partial\boldsymbol{b}_{R,k}}=2\mathrm{Re}\{\tau_k^{-1}\boldsymbol{U}_k^{\mathrm{H}}\boldsymbol{M}^{-1}(\boldsymbol{z}_k-\boldsymbol{U}_k\boldsymbol{b}_k)\} \tag{9.2.24}$$

$$\frac{\partial\ln(f(\boldsymbol{Z}|\boldsymbol{\theta}, \mathrm{H}_1))}{\partial\boldsymbol{b}_{I,k}}=2\mathrm{Im}\{\tau_k^{-1}\boldsymbol{U}_k^{\mathrm{H}}\boldsymbol{M}^{-1}(\boldsymbol{z}_k-\boldsymbol{U}_k\boldsymbol{b}_k)\} \tag{9.2.25}$$

其中 Re{ · }和 Im{ · }分别表示操作数的实部和虚部，故式(9.2.22)中对 $\boldsymbol{\theta}_r$ 求导的结果为

$$\begin{aligned}\frac{\partial\ln(f(\boldsymbol{Z}|\boldsymbol{\theta}; \mathrm{H}_1))}{\partial\boldsymbol{\theta}_r}=2[&\mathrm{Re}\{\tau_1^{-1}\boldsymbol{U}_1^{\mathrm{H}}\boldsymbol{M}^{-1}(\boldsymbol{z}_1-\boldsymbol{U}_1)\boldsymbol{b}_1\},\\ &\mathrm{Im}\{\tau_1^{-1}\boldsymbol{U}_1^{\mathrm{H}}\boldsymbol{M}^{-1}(\boldsymbol{z}_1-\boldsymbol{U}_1)\boldsymbol{b}_1\},\cdots,\\ &\mathrm{Re}\{\tau_1^{-1}\boldsymbol{U}_H^{\mathrm{H}}\boldsymbol{M}^{-1}(\boldsymbol{z}_H-\boldsymbol{U}_H)\boldsymbol{b}_H\},\\ &\mathrm{Im}\{\tau_1^{-1}\boldsymbol{U}_H^{\mathrm{H}}\boldsymbol{M}^{-1}(\boldsymbol{z}_H-\boldsymbol{U}_H)\boldsymbol{b}_H\}]^{\mathrm{H}}\end{aligned} \tag{9.2.26}$$

费舍尔信息矩阵中的元素为

$$\begin{cases} \boldsymbol{I}_{\boldsymbol{\theta}_r,\boldsymbol{\theta}_r}(\boldsymbol{\theta}) = 2\operatorname{diag}\left[\dfrac{\boldsymbol{U}_1^{\mathrm{H}}\boldsymbol{M}^{-1}\boldsymbol{U}_1}{\tau_1}, \dfrac{\boldsymbol{U}_1^{\mathrm{H}}\boldsymbol{M}^{-1}\boldsymbol{U}_1}{\tau_1}, \cdots, \dfrac{\boldsymbol{U}_H^{\mathrm{H}}\boldsymbol{M}^{-1}\boldsymbol{U}_H}{\tau_H}, \dfrac{\boldsymbol{U}_H\boldsymbol{M}^{-1}\boldsymbol{U}_H}{\tau_H}\right] \\ \boldsymbol{I}_{\boldsymbol{\theta}_r,\boldsymbol{\theta}_s}(\boldsymbol{\theta}) = 0 \end{cases} \tag{9.2.27}$$

则

$$[\boldsymbol{I}^{-1}(\boldsymbol{\theta})]_{\boldsymbol{\theta}_r,\boldsymbol{\theta}_r} = \frac{1}{2}\operatorname{diag}\left[\frac{\tau_1}{\boldsymbol{U}_1^{\mathrm{H}}\boldsymbol{M}^{-1}\boldsymbol{U}_1}, \frac{\tau_1}{\boldsymbol{U}_1^{\mathrm{H}}\boldsymbol{M}^{-1}\boldsymbol{U}_1}, \cdots, \frac{\tau_H}{\boldsymbol{U}_H^{\mathrm{H}}\boldsymbol{M}^{-1}\boldsymbol{U}_H}, \frac{\tau_H}{\boldsymbol{U}_H^{\mathrm{H}}\boldsymbol{M}^{-1}\boldsymbol{U}_H}\right] \tag{9.2.28}$$

在 $H_0$ 假设下，$\boldsymbol{\theta}_r=0$，$\boldsymbol{\theta}_s$ 表示纹理分量，其估计值为

$$\hat{\boldsymbol{\theta}}_s = [\hat{\tau}_0^{(1)}, \hat{\tau}_0^{(2)}, \cdots, \hat{\tau}_0^{(H)}] \tag{9.2.29}$$

其中第 $k$ 个待检测单元上纹理分量的估计值 $\hat{\tau}_0^{(k)}$ 已由式(9.2.19)给出。

将式(9.2.26)、式(9.2.28)和式(9.2.29)代入式(9.2.22)，可得 CG-GIG 分布杂波下的子空间距离扩展目标 Rao 检测器(下文简记为 S-Rao-GIG 检测器)为

$$\sum_{k=1}^{H}\frac{\boldsymbol{z}_k^{\mathrm{H}}\boldsymbol{Q}_k\boldsymbol{z}_k}{\hat{\tau}_0^{(k)}} \underset{H_0}{\overset{H_1}{\gtrless}} \gamma_{\text{S-Rao-GIG}} \tag{9.2.30}$$

其中 $\boldsymbol{Q}_k=\boldsymbol{M}^{-1}\boldsymbol{U}_k(\boldsymbol{U}_k^{\mathrm{H}}\boldsymbol{M}^{-1}\boldsymbol{U}_k)^{-1}\boldsymbol{U}_k^{\mathrm{H}}\boldsymbol{M}^{-1}$。

## 9.2.5 实验结果与性能分析

接下来通过仿真和实测杂波数据验证上文所介绍的 S-GLRT-GIG、S-MAP-GIG 和 S-Rao-GIG 等三种子空间距离扩展目标检测器的检测性能，并和式(9.1.11)给出的秩 1 模型下的距离扩展目标 GLRT 检测器以及自适应距离分布式目标检测器(Adaptive Range Distributed Target Detector，ARDTD)进行对比，其中 ARDTD 检测器的形式为

$$\sum_{k=1}^{H}\frac{\boldsymbol{z}_k^{\mathrm{H}}\hat{\boldsymbol{Q}}_k\boldsymbol{z}_k}{\boldsymbol{z}_k^{\mathrm{H}}\hat{\boldsymbol{R}}^{-1}\boldsymbol{z}_k} \underset{H_0}{\overset{H_1}{\gtrless}} \gamma_{\text{ARDTD}} \tag{9.2.31}$$

其中 $\hat{\boldsymbol{Q}}_k=\hat{\boldsymbol{M}}^{-1}\boldsymbol{U}_k(\boldsymbol{U}_k^{\mathrm{H}}\hat{\boldsymbol{M}}^{-1}\boldsymbol{U}_k)^{-1}\boldsymbol{U}_k^{\mathrm{H}}\hat{\boldsymbol{M}}^{-1}$。

由于几种检测器形式较为复杂，难以计算虚警概率 $P_{\mathrm{FA}}$ 和检测概率 $P_{\mathrm{D}}$ 的解析表达式，因此将采用蒙特卡罗方法计算检测门限和检测概率。实验中虚警概率 $P_{\mathrm{FA}}$ 设为 $10^{-3}$，检测门限通过使用仿真杂波数据进行 $100/P_{\mathrm{FA}}$ 次蒙特卡罗实验得到；在不同信杂比条件下，检

测概率通过 7500 次蒙特卡罗实验计算得到，平均信杂比定义为[12]

$$\mathrm{SCR}=10\lg\frac{\sum_{k=1}^{H}(\boldsymbol{E}_k\boldsymbol{a}_k)^H(\boldsymbol{E}_k\boldsymbol{a}_k)}{\dfrac{NH\mu K_{p+1}(\lambda)}{K_p(\lambda)}} \tag{9.2.32}$$

其中$\dfrac{\mu K_{p+1}(\lambda)}{K_p(\lambda)}=E(\tau)$表示杂波的平均功率。

此外，在仿真实验中假设目标占据 4 个距离单元，各距离单元内不同散射体的幅度为单位值，累积脉冲数 $N=8$。背景杂波使用 SIRV 模型进行建模，纹理分量为服从 GIG 分布的随机变量，散斑分量为零均值复高斯随机向量，指数相关型散斑协方差矩阵为 $\boldsymbol{M}=\rho^{|i-j|}(1\geqslant i, j\geqslant N)$，其中一阶相关系数 $\rho=0.9$，在仿真实验中 CG-GIG 分布参数设为 $\lambda=2$，$p=5$，$\mu=K_p(\lambda)/K_{p+1}(\lambda)$。由于散斑协方差矩阵通常未知，需要利用辅助数据进行估计，实验中使用的协方差矩阵估计方法为 CAMLE。表 9.1 给出了实验中使用的距离扩展目标子空间模型，当目标为 M1 模型时，可以看出目标并没有在多普勒维上发生扩展，因此 M1 模型就是传统的秩 1 距离扩展目标。

**表 9.1 实验中距离扩展目标各距离单元内散射体的归一化多普勒频率**

| 目标模型 | 目标单元 | | | |
|---|---|---|---|---|
| | 1 | 2 | 3 | 4 |
| M1 | 0.1 | 0.1 | 0.1 | 0.1 |
| M2 | 0, 0.1 | 0.1 | 0.1, 0.2 | 0, 0.1, 0.2, 0.3 |

当目标设为表 9.1 所示的 M1 模型时，仿真实验中不同参考单元数目下 S-GLRT-GIG、S-MAP-GIG、S-Rao-GIG 与 GLRT 等四种检测器的检测概率曲线如图 9.2 所示。从实验结果中可以看出，当杂波散斑协方差矩阵已知时，S-GLRT-GIG、S-MAP-GIG 与 S-Rao-GIG 检测器性能几乎相同，并且优于 GLRT 检测器。当散斑协方差矩阵未知时，四种检测器的检测性能都依赖于辅助数据的数目。辅助数据数目较少时，GLRT 检测器的检测概率在低信杂比下会高于其他三种检测器；随着辅助数据数目的增加，GLRT 检测器在低信杂比下的优势在减小。本次实验结果说明了当目标模型为秩 1 模型时，针对子空间目标模型提出的检测器与秩 1 模型检测器具有相近的检测性能，但对辅助数据数量的要求要略高于后者。

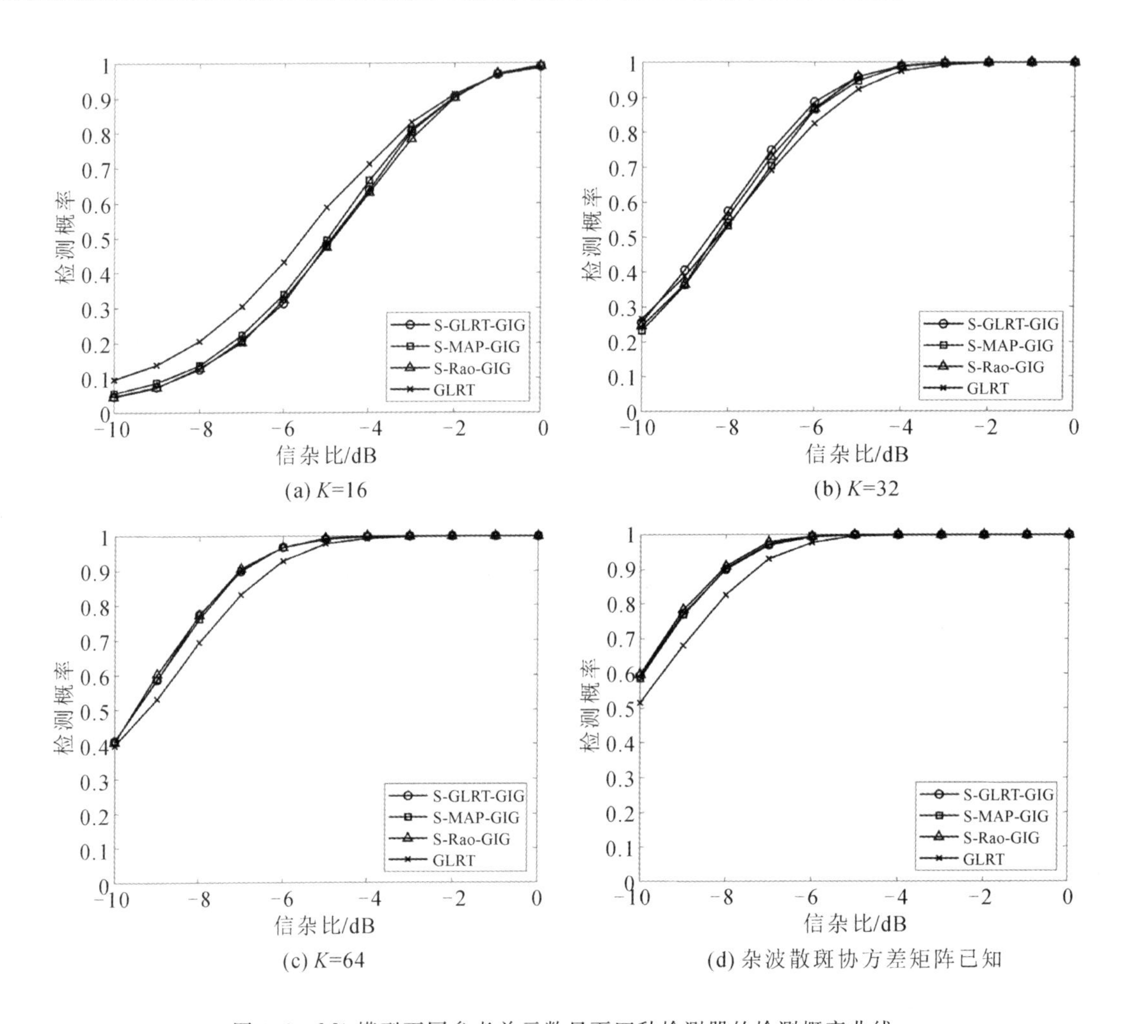


图 9.2 M1 模型不同参考单元数目下四种检测器的检测概率曲线

当目标设为表 9.1 所示的 M2 模型时，仿真实验中不同参考单元数目下 S-GLRT-GIG、S-MAP-GIG、S-Rao-GIG 与 ARDTD 等四种检测器的检测概率曲线如图 9.3 所示。由于在子空间模型下，GLRT 检测器目标模型失配，所以将上一个仿真实验中用于对比的 GLRT 检测器替换为 ARDTD 检测器。从实验结果中可以看出，对于几种辅助数据数目的情况，S-GLRT-GIG 和 S-MAP-GIG 检测器总是优于 S-Rao-GIG 和 ARDTD 检测器；当辅助数据数目足够多时，S-GLRT-GIG、S-MAP-GIG 和 S-Rao-GIG 三种检测器的检测性能几乎相同，且远好于 ARDTD 检测器。这是因为相比前三种检测器，ARDTD 检测器没有考虑纹理的先验分布信息。

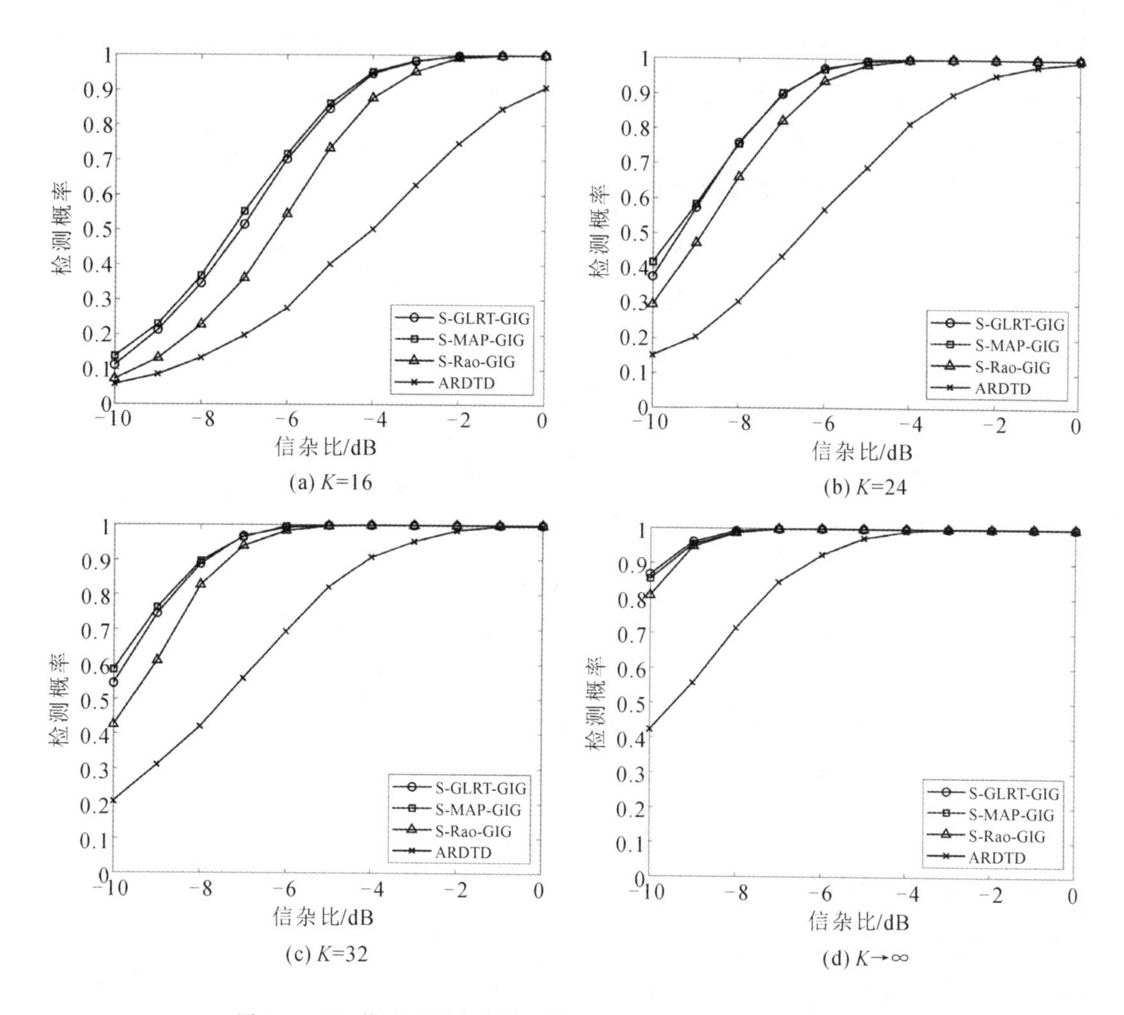


图 9.3 M2 模型不同参考单元数目下四种检测器的检测概率曲线

第 3 个仿真实验研究目标多普勒频率对于几种检测器检测性能的影响。首先假设一种一般性的目标散射体模型，称为“M2 类”目标模型。M2 类子空间距离扩展目标所占四个距离单元中各散射体的归一化多普勒频率分别为$\{f_d-\Delta f_d, f_d\}$、$\{f_d\}$、$\{f_d, f_d+\Delta f_d\}$和$\{f_d-\Delta f_d, f_d, f_d+\Delta f_d, f_d+2\Delta f_d\}$，其中 $f_d$ 表示各距离单元共享的中心多普勒频率，$\Delta f_d=0.1$。表 8.1 中的 M2 模型是 $f_d=0.1$ 时的特殊情况。目标中心多普勒频率对几种检测器检测性能的影响如图 9.4 所示，其中目标信杂比为 −8 dB，参考单元数目 $K=32$。从实验结果中可以看出，在不同的中心多普勒频率下，S-GLRT-GIG、S-MAP-GIG 和 S-Rao-GIG 检测器的检测概率均高于 ARDTD 检测器，在前三种检测器中 S-GLRT-GIG 与 S-MAP-GIG 检测概率接近，S-Rao-GIG 的检测概率相对较低。此外，当中心多普勒频率趋于零时，四种检测器的检测概率都会产生较大程度的下降。这是因为仿真杂波并没有设置多普勒偏移，杂波能量集中在零频附近，当目标中心多普勒频率趋于零时，目标需要与大部分的杂波能量进行竞争，从而需要更高的信杂比才能被检测出来。

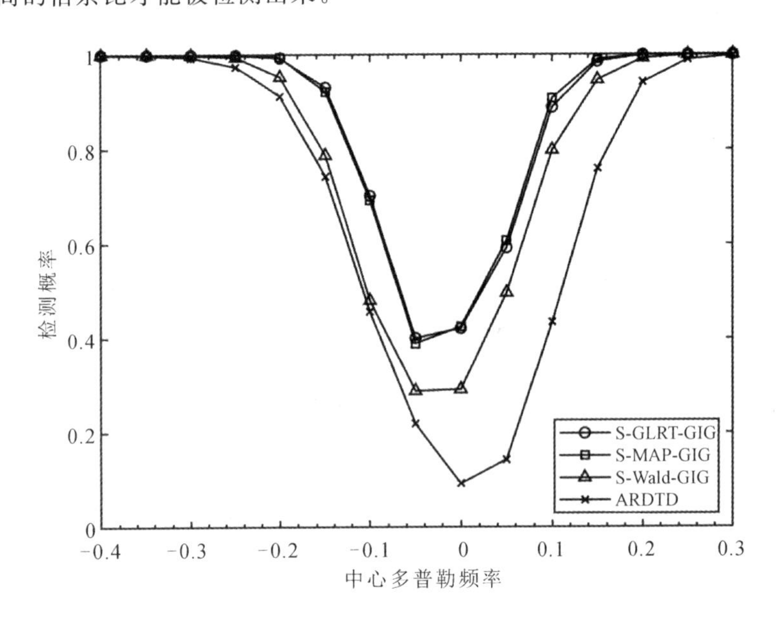


图 9.4 中心多普勒频率对四种检测器检测性能的影响

在图 9.3 显示的第 2 个仿真实验和图 9.4 显示的第 3 个仿真实验结果中，S-Rao-GIG 检测器的检测性能都略差于 S-GLRT-GIG 和 S-MAP-GIG 检测器。这是因为 NP 准则下最优检测器的形式为似然比检测器，S-GLRT-GIG 作为 GLRT 检测器在理论上的检测性能是较好的，S-MAP-GIG 检测器需要估计零假设和对立假设下的未知参数，会有一定的性能损失，而 S-Rao-GIG 检测器只用到了零假设下的信息，所以性能可能较差。此外，在三种检测器中，S-GLRT-GIG 的检验统计量中包含第二类修正 Bessel 函数，计算复杂度最高；S-MAP-GIG 需要估计两种假设下的未知参数，计算复杂度次之；S-Rao-GIG 只需要估计零假设下的未知参数，计算复杂度最低。在中心多普勒频率为 0.1 的 M2 类目标模型下，当信杂比分别为 −8 dB 和 −12 dB 时，三种检测器和 ARDTD 检测器的接收机操作特性曲线如图 9.5 所示。总的来看，本节介绍的三种检测器的检测性能较为接近，由于考虑了纹理分量的先验信息，三种检测器的检测性能在对应杂波分布下均优于 ARDTD 检测器。

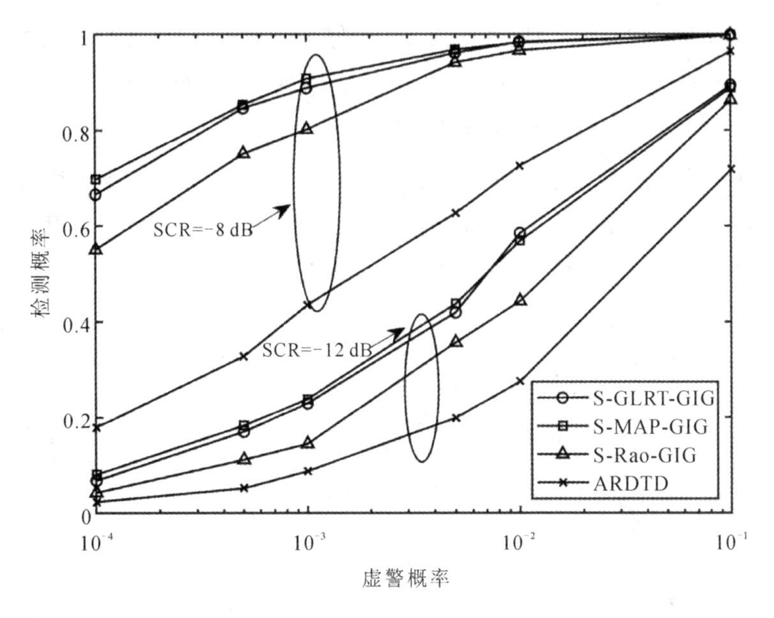


图 9.5 四种检测器在信杂比分别为－8 dB和－12 dB时的接收机操作特性曲线

最后利用 Fynmeet 雷达实测海杂波数据集验证本节介绍的三种检测器的检测性能，实验中选用数据集中的 TFA17-014 数据，该组数据的分辨率为 15 m，采集数据时实验雷达距离平均海平面高度为 67 m。TFA17-014 数据的幅度拟合结果如图 9.6 所示，从图中可以看

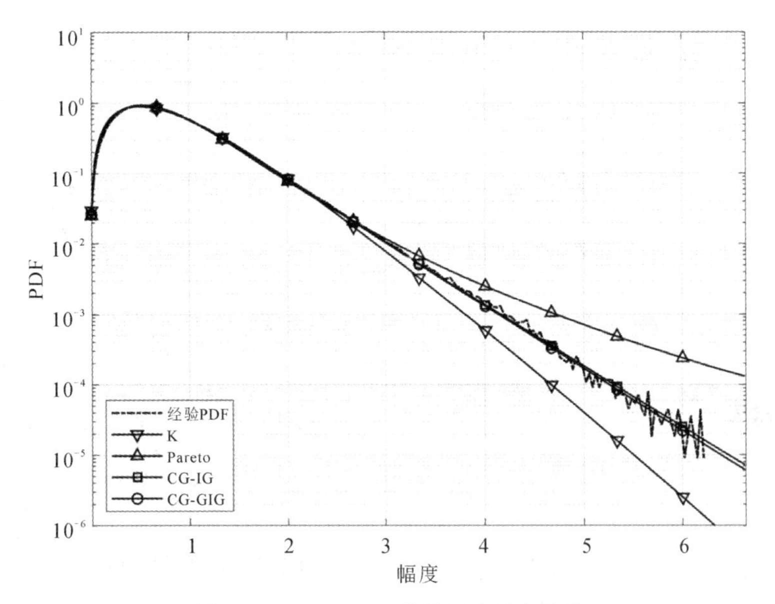


图 9.6 TFA17-014 数据幅度拟合结果

出 CG-IG 和 CG-GIG 分布对于该组数据拟合得更好。向实测纯杂波数据中添加表 9.1 所示的 M1 和 M2 目标模型，并计算几种检测器在该组杂波数据下的检测概率，实验结果如图 9.7 所示。图 9.7(a)、(b)分别显示了参考单元数目为 24 和 32 时，S-GLRT-GIG、S-MAP-GIG、S-Rao-GIG 和秩 1 目标模型下的 GLRT 检测器检测 M1 目标模型的检测概率曲线；图 9.7(c)、(d)分别显示了参考单元数目为 24 和 32 时，三种检测器与 ARDTD 检测器检测 M2 目标模型的检测概率曲线。从实验结果中可以看出，本节介绍的三种检测器的检测性能在该组实测杂波数据下均优于 GLRT 检测器和 ARDTD 检测器，并且当目标为 M2 模型时，三种检测器取得的检测性能改善更大。

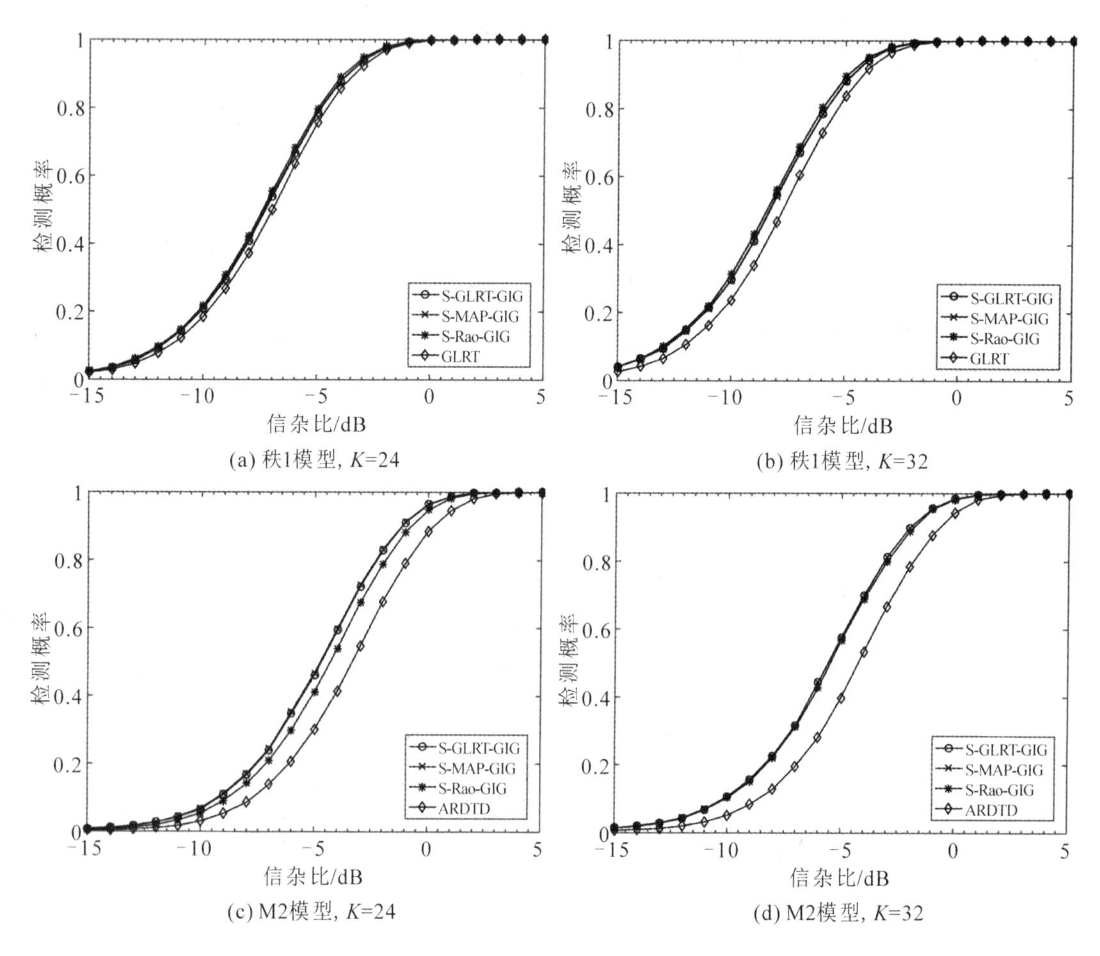


图 9.7 实测数据加仿真目标下几种检测器的检测性能曲线

# 本章小结

在距离扩展目标模型下，分布式目标将同时占据多个距离单元，因此自适应检测器需要同时处理多个距离单元的待检测数据。本章首先根据广义似然比检验推导了不考虑杂波纹理分布以及K分布、广义Pareto分布和CG-IG分布等杂波模型下的距离扩展目标GLRT检测器，这些检测器在检测分布式目标时通常能够取得比点目标检测器更好的检测性能。由于雷达观测目标的精细化，目标可能会同时出现距离扩展和多普勒扩展，因此本章考虑了子空间距离扩展目标模型下自适应检测器的设计问题，并根据不同的推导步骤给出了CG-GIG分布下三种自适应检测器，通过仿真和实测数据实验验证这些检测器通常能够取得比仅考虑目标距离扩展而使用秩1目标模型检测器更好的检测性能。

# 参考文献

[1] BANDIERA F, MAIO A D, GRECO A S, et al. Adaptive radar detection of distributed targets in homogeneous and partially homogeneous noise plus subspace interference[J]. IEEE Transactions on Signal Processing, 2007, 55(4): 1223 - 1237.

[2] XU S W, XUE J, SHUI P L. Adaptive detection of range-spread targets in compound Gaussian clutter with the square root of inverse Gaussian texture[J]. Digital Signal Processing, 2016, 56: 132 - 139.

[3] HUGHES P K. A high resolution radar detection strategy[J]. IEEE Transactions on Aerospace and Electronic Systems, 1983, 19(5): 663 - 667.

[4] CONTE E, MAIO A D, RICCI G. GLRT-based adaptive detection algorithms for range-spread targets[J]. IEEE Transactions on Signal Processing, 2001, 49(7): 1336 - 1348.

[5] SHUAI X, KONG L, YANG J. Performance analysis of GLRT-based adaptive detector for distributed targets in compound-Gaussian clutter[J]. Signal Processing, 2010, 90(1): 16 - 23.

[6] CONTE E, MAIO A D. Distributed target detection in compound-Gaussian noise

with Rao and Wald tests[J]. IEEE Transactions on Aerospace and Electronic Systems, 2003, 39(2): 568 - 582.

[7] SHANG X, SONG H, WANG Y, et al. Adaptive detection of distributed targets in compound-Gaussian clutter with inverse Gamma texture[J]. Digital Signal Processing, 2012, 22(6): 1024 - 1030.

[8] XU S W, SHI X Y, XUE J, et al. Adaptive subspace detection of range-spread target in compound-Gaussian clutter with inverse Gaussian texture[J]. Digital Signal Processing, 2018, 81: 79 - 89.

[9] JIN Y, FRIEDLANDER B. A CFAR adaptive subspace detector for second-order Gaussian signals[J]. IEEE Transactions on Signal Processing, 2005, 53(3): 871 - 884.

[10] GUAN J, ZHANG Y, HUANG Y. Adaptive subspace detection of range-distributed target in compound-Gaussian clutter[J]. Digital Signal Processing, 2009, 19(1): 66 - 78.

[11] GUAN J, ZHANG X. Subspace detection for range and Doppler distributed targets with Rao and Wald tests[J]. Signal Processing, 2011, 91: 51 - 60.

[12] GINI F, GRECO M. Texture modelling, estimation and validation using measured sea clutter data[J]. IEE Proceedings-Radar, Sonar and Navigation, 2002, 149(3): 115 - 124.

# 第 10 章　基于杂波斜对称特性的自适应检测器

在推导自适应检测器时，除了考虑杂波纹理的先验分布之外，杂波的协方差矩阵结构估计也是检测器设计中最重要的环节之一。从前面相关章节中的实验结果及性能分析等内容可以看出，自适应检测器的检测性能很大程度上依赖假设具有与待检测数据相同杂波协方差矩阵结构的辅助数据的数量。在均匀杂波环境中，理论上可以获得足够数量的辅助数据。这里的均匀特性指的是局部均匀性，即局部杂波数据的谱特性是相同的。然而，均匀杂波环境是一种理想的假设，在实际中杂波环境常表现出空间非均匀特性，此时将无法沿着距离维在待检测单元附近获取足够数量的辅助数据，自适应检测器会出现严重的性能损失。

为解决用于估计协方差矩阵的辅助数据数目不足的问题，在设计自适应检测器时可以考虑利用杂波协方差矩阵的先验知识，从而改善辅助数据不足时检测器的检测性能。杂波协方差矩阵的结构信息是协方差矩阵先验知识的一种，目前众多文献在设计自适应检测器时常考虑利用杂波协方差矩阵的斜对称特性[1-6]。本章将介绍杂波散斑协方差矩阵未知但具有斜对称结构的复合高斯杂波背景下点目标信号自适应检测器设计，并通过实验验证了协方差矩阵斜对称结构的使用对检测性能的改善。

## 10.1　信号模型介绍和检测问题描述

为突出协方差矩阵斜对称特性的使用，本章在推导自适应检测器时仍采用最简单的点目标模型，并仅以 CG-IG 分布杂波下的检测器设计为例。与第 5 章类似，设雷达在一个 CPI 内相继接收到 $N$ 个相干脉冲，待检测单元中的回波数据表示为一个 $N$ 维列向量 $\boldsymbol{z}=[z(1), z(2), \cdots, z(N)]^{\mathrm{T}}$。假设可在待检测单元周围选取到数目为 $L$ 的独立同分布的辅助数据 $\boldsymbol{z}_k=\boldsymbol{c}_k(k=1, 2, \cdots, L)$，仅由纯杂波数据构成的辅助数据与待检测数据中的杂波分量服从相同分布。设待检测的点目标在单个 CPI 内没有跨距离单元走动，在强杂波背景

下的雷达目标信号检测问题可以使用二元假设检验描述为

$$\begin{cases} H_0: \begin{cases} \boldsymbol{z}=\boldsymbol{c} \\ \boldsymbol{z}_k=\boldsymbol{c}_k, \quad k=1, 2, \cdots, L \end{cases} \\ H_1: \begin{cases} \boldsymbol{z}=\alpha\boldsymbol{p}+\boldsymbol{c} \\ \boldsymbol{z}_k=\boldsymbol{c}_k, \quad k=1, 2, \cdots, L \end{cases} \end{cases} \tag{10.1.1}$$

其中：零假设 $H_0$ 表示待检测数据中只有纯杂波，没有目标信号；对立假设 $H_1$ 表示待检测数据中存在目标信号，回波数据是目标和杂波的向量和；$\boldsymbol{p}$ 为 $N$ 维目标导向向量；$\alpha$ 是未知但为固定值的目标复幅度；$N$ 维列向量 $\boldsymbol{c}$ 和 $\boldsymbol{c}_k(k=1, 2, \cdots, L)$ 为独立同分布的建模为复合高斯模型的纯杂波数据，在 CG-IG 分布下，纹理分量 $\tau$ 服从式(2.2.12)给出的逆高斯分布，散斑分量 $\boldsymbol{u}$ 为零均值、协方差矩阵为 $\boldsymbol{M}=E\{\boldsymbol{u}\boldsymbol{u}^{\mathrm{H}}\}$ 的复高斯向量。由于纹理分量 $\tau$ 和散斑分量 $\boldsymbol{u}$ 是统计独立的，且在单个 CPI 内纹理分量 $\tau$ 被认为是一个常数，故杂波向量 $\boldsymbol{c}$ 的条件协方差矩阵可以表示为 $\boldsymbol{R}=E\{\boldsymbol{c}\boldsymbol{c}^{\mathrm{H}}|\tau\}=\tau\boldsymbol{M}$。

自适应检测器通常需要使用辅助数据估计检测器中的散斑协方差矩阵，为了保证估计协方差矩阵的非奇异性，对辅助数据数目的最低要求是 $L\geqslant N$。在均匀杂波环境下，4.4 节介绍的 SCM、NSCM 和 CAMLE 等三种估计方法拥有较好的估计性能。根据 RMB 准则[7]，在均匀高斯杂波背景下，当匹配滤波器的性能相比最优性能平均损失 3 dB 时，需要的辅助数据数量约为 $2N-3$。在参考文献[8]中，作者表示文中提出的 GLRT 检测器的性能相比于最优性能在损失 0.9 dB 时需要 $L=5N$ 数目的辅助数据。因此，自适应相干检测器对辅助数据的需求量通常取决于累积脉冲数 $N$。

然而在非均匀杂波环境下，很难沿距离维从待检测单元附近获得足够数量的辅助数据，此时自适应相干检测器的检测性能会出现严重损失。为了改善辅助数据不足时自适应检测器的检测性能，在设计自适应检测器时可以考虑利用杂波协方差矩阵的先验信息。参考文献[9]、[10]指出，对在单个 CPI 内脉冲重复时间是间隔对称或天线关于中心对称的线性阵列来说，杂波的协方差矩阵关于次对角线对称，称为斜对称矩阵。两个对称特性将出现在杂波协方差矩阵上，即沿矩阵主对角线共轭对称的厄米特结构以及沿矩阵次对角线对称的斜对称结构。这两种对称结构可用数学语言描述为 $\boldsymbol{M}=\boldsymbol{M}^{\mathrm{H}}$ 和 $\boldsymbol{M}=\boldsymbol{Q}\boldsymbol{M}^{*}\boldsymbol{Q}$，其中$(\cdot)^{*}$表示取复共轭操作，$\boldsymbol{Q}$ 是一个置换矩阵，表示为

$$\boldsymbol{Q}=\begin{bmatrix} 0 & 0 & \cdots & 0 & 1 \\ 0 & 0 & \cdots & 1 & 0 \\ \vdots & \vdots & & \vdots & \vdots \\ 1 & 0 & \cdots & 0 & 0 \end{bmatrix}$$

当单个 CPI 内的脉冲重复间隔固定相等时，导向向量 $\boldsymbol{p}$ 可以认为是具有斜对称结构的向量，即 $\boldsymbol{p}=\boldsymbol{Q}\boldsymbol{p}^*$。当 $N$ 是奇数时，导向向量 $\boldsymbol{p}$ 表示为

$$\boldsymbol{p}=\left[\exp\left(-\mathrm{j}2\pi\frac{N-1}{2}f_{\mathrm{d}}\right),\ \cdots,\ \exp(-\mathrm{j}2\pi f_{\mathrm{d}}),\ 1,\ \exp(\mathrm{j}2\pi f_{\mathrm{d}}),\ \cdots,\ \exp\left(\mathrm{j}2\pi\frac{N-1}{2}f_{\mathrm{d}}\right)\right]^{\mathrm{T}} \tag{10.1.2}$$

当 $N$ 是偶数时，导向向量 $\boldsymbol{p}$ 表示为

$$\boldsymbol{p}=\left[\exp\left(-\mathrm{j}2\pi\frac{N}{2}f_{\mathrm{d}}\right),\ \cdots,\ \exp(-\mathrm{j}2\pi f_{\mathrm{d}}),\ \exp\left(\mathrm{j}2\pi f_{\mathrm{d}}\right),\ \cdots,\ \exp\left(\mathrm{j}2\pi\frac{N}{2}f_{\mathrm{d}}\right)\right]^{\mathrm{T}} \tag{10.1.3}$$

式(10.1.2)和式(10.1.3)中导向向量 $\boldsymbol{p}$ 的形式可以通过对常用的相位线性增长的导向向量转换而来，例如 $N$ 是奇数时，有

$$\begin{aligned}p&=\left[\exp\left(-\mathrm{j}2\pi\frac{N-1}{2}f_{\mathrm{d}}\right),\ \cdots,\ \exp(-\mathrm{j}2\pi f_{\mathrm{d}}),\ 1,\ \exp(\mathrm{j}2\pi f_{\mathrm{d}}),\ \cdots,\ \exp\left(\mathrm{j}2\pi\frac{N-1}{2}f_{\mathrm{d}}\right)\right]^{\mathrm{T}}\\&=\exp\left(-\mathrm{j}2\pi\frac{N-1}{2}f_{\mathrm{d}}\right)[1,\ \cdots,\ \exp(\mathrm{j}2\pi f_{\mathrm{d}}),\ \cdots,\ \exp(\mathrm{j}2\pi(N-1)f_{\mathrm{d}})]^{\mathrm{T}}\end{aligned}$$

对于斜对称向量和斜对称的厄米特矩阵，仅当 $\boldsymbol{W}\boldsymbol{p}$ 是一个实向量时，$\boldsymbol{p}$ 是一个斜对称向量；仅当 $\boldsymbol{W}\boldsymbol{M}\boldsymbol{W}^{\mathrm{H}}$ 是一个实对称矩阵时，$\boldsymbol{M}$ 是一个斜对称的厄米特矩阵[11]。这里 $\boldsymbol{W}$ 是一个酉矩阵，定义为

$$\boldsymbol{W}=\begin{cases}\dfrac{1}{\sqrt{2}}\begin{pmatrix}\boldsymbol{I}_{N/2} & \boldsymbol{Q}_{N/2}\\ \mathrm{j}\boldsymbol{I}_{N/2} & -\mathrm{j}\boldsymbol{Q}_{N/2}\end{pmatrix}, & N\ 为偶数\\[2ex] \dfrac{1}{\sqrt{2}}\begin{pmatrix}\boldsymbol{I}_{(N-1)/2} & 0 & \boldsymbol{Q}_{(N-1)/2}\\ 0 & \sqrt{2} & 0\\ \mathrm{j}\boldsymbol{I}_{(N-1)/2} & 0 & -\mathrm{j}\boldsymbol{Q}_{(N-1)/2}\end{pmatrix}, & N\ 为奇数\end{cases}$$

其中，$\boldsymbol{I}_n$ 表示 $n$ 阶单位阵。为了设计检测器时利用杂波协方差矩阵的斜对称特性，使用酉矩阵 $\boldsymbol{W}$ 对回波数据进行转换，转换后的二元假设检验问题重新表述为

$$\begin{cases}H_0:\begin{cases}\tilde{\boldsymbol{z}}=\tilde{\boldsymbol{c}}=\boldsymbol{W}\boldsymbol{c}=\sqrt{\tau}\boldsymbol{W}\boldsymbol{u}\\ \tilde{\boldsymbol{z}}_k=\tilde{\boldsymbol{c}}_k=\boldsymbol{W}\boldsymbol{c}_k=\sqrt{\tau_k}\boldsymbol{W}\boldsymbol{u}_k, & k=1,\ 2,\ \cdots,\ L\end{cases}\\ H_1:\begin{cases}\tilde{\boldsymbol{z}}=\alpha\tilde{\boldsymbol{p}}+\tilde{\boldsymbol{c}}=\alpha\boldsymbol{W}\boldsymbol{p}+\boldsymbol{W}\boldsymbol{c}=\alpha\boldsymbol{W}\boldsymbol{p}+\sqrt{\tau}\boldsymbol{W}\boldsymbol{u}\\ \tilde{\boldsymbol{z}}_k=\tilde{\boldsymbol{c}}_k=\boldsymbol{W}\boldsymbol{c}_k=\sqrt{\tau_k}\boldsymbol{W}\boldsymbol{u}_k, & k=1,\ 2,\ \cdots,\ L\end{cases}\end{cases} \tag{10.1.4}$$

其中转换后杂波数据的散斑协方差矩阵为 $\widetilde{\boldsymbol{M}}=\boldsymbol{WMW}^{\mathrm{H}}$。根据目标和杂波模型，在 $H_0$ 假设和 $H_1$ 假设下，待检测数据 $\widetilde{\boldsymbol{z}}$ 的条件 PDF 分别表示为

$$f(\widetilde{\boldsymbol{z}}|\widetilde{\boldsymbol{M}},\ \tau;\ H_0)=\frac{1}{(\pi\tau)^N\,|\widetilde{\boldsymbol{M}}|}\exp\left(-\frac{\widetilde{\boldsymbol{z}}\widetilde{\boldsymbol{M}}^{-1}\widetilde{\boldsymbol{z}}}{\tau}\right) \tag{10.1.5}$$

$$f(\widetilde{\boldsymbol{z}}|\alpha,\ \widetilde{\boldsymbol{M}},\ \tau;\ H_1)=\frac{1}{(\pi\tau)^N\,|\widetilde{\boldsymbol{M}}|}\exp\left(-\frac{(\widetilde{\boldsymbol{z}}-\alpha\widetilde{\boldsymbol{p}})^{\mathrm{H}}\widetilde{\boldsymbol{M}}^{-1}(\widetilde{\boldsymbol{z}}-\alpha\widetilde{\boldsymbol{p}})}{\tau}\right) \tag{10.1.6}$$

# 10.2 基于斜对称的检测器设计

下面在 CG-IG 杂波背景下采用两步法分别推导基于斜对称结构的 GLRT、Rao 检验和 Wald 检验检测器，三种检验下的检测器的渐进性能是一样的，但计算复杂度不同。GLRT 需要估计二元假设检验中的所有未知参数；Rao 检验需要计算零假设下似然函数中的未知参数；Wald 检验则需要计算对立假设下似然函数中的未知参数。在无法准确估计参数的情形下，Rao 检验和 Wald 检验在计算复杂度较低的同时可能具有更好的稳健性。

## 10.2.1 斜对称 GLRT 检测器

当假设散斑协方差矩阵 $\widetilde{\boldsymbol{M}}$ 已知时，GLRT 检测器的形式为

$$\max_{\alpha}\frac{\int_0^{\infty}f(\widetilde{\boldsymbol{z}}\mid\alpha,\ \tau;\ H_1)p(\tau)\mathrm{d}\tau}{\int_0^{\infty}f(\widetilde{\boldsymbol{z}}\mid\tau;\ H_0)p(\tau)\mathrm{d}\tau}\underset{H_0}{\overset{H_1}{\gtrless}}\gamma_{\mathrm{GLRT}} \tag{10.2.1}$$

其中 $\gamma_{\mathrm{GLRT}}$ 是和虚警概率有关的检测门限。在 CG-IG 分布杂波下，纹理分量 $\tau$ 服从逆高斯分布，这里再次给出 $\tau$ 的 PDF 为

$$p(\tau)=\sqrt{\frac{\nu b}{2\pi\tau^3}}\exp\left(-\frac{\nu b\tau}{2}\left(\frac{1}{b}-\frac{1}{\tau}\right)^2\right) \tag{10.2.2}$$

其中 $\nu$ 为形状参数，$b$ 为尺度参数。首先计算式(10.2.1)的分子中关于杂波纹理 $\tau$ 的积分，得

$$\begin{aligned}&\int_0^{\infty}f(\widetilde{\boldsymbol{z}}\mid\alpha,\ \tau;\ H_1)p(\tau)\mathrm{d}\tau\\&=\int_0^{\infty}\frac{1}{(\pi\tau)^N\,|\widetilde{\boldsymbol{M}}|}\exp\left(-\frac{(\widetilde{\boldsymbol{z}}-\alpha\widetilde{\boldsymbol{p}})^{\mathrm{H}}\widetilde{\boldsymbol{M}}^{-1}(\widetilde{\boldsymbol{z}}-\alpha\widetilde{\boldsymbol{p}})}{\tau}\right)\times\end{aligned}$$

$$\sqrt{\frac{\nu b}{2\pi\tau^3}}\exp\left(-\frac{\nu b\tau}{2}\left(\frac{1}{b}-\frac{1}{\tau}\right)^2\right)\mathrm{d}\tau$$

$$=\sqrt{\frac{\nu b}{2\pi}}\pi^{-N}|\tilde{\boldsymbol{M}}|^{-1}\int_0^{\infty}\tau^{-N-\frac{3}{2}}\exp\left(-\left(\frac{\nu}{2b}-\nu+\frac{2q_1+\nu b}{2\tau}\right)\right)\mathrm{d}\tau \tag{10.2.3}$$

其中 $q_1=(\tilde{\boldsymbol{z}}-\alpha\tilde{\boldsymbol{p}})^{\mathrm{H}}\tilde{\boldsymbol{M}}^{-1}(\tilde{\boldsymbol{z}}-\alpha\tilde{\boldsymbol{p}})$。令式(10.2.1)关于未知参数 $\alpha$ 最大化，等价于令 $q_1$ 关于 $\alpha$ 最小化，即

$$\min_{\alpha}[(\tilde{\boldsymbol{z}}-\alpha\tilde{\boldsymbol{p}})^{\mathrm{H}}\tilde{\boldsymbol{M}}^{-1}(\tilde{\boldsymbol{z}}-\alpha\tilde{\boldsymbol{p}})] \tag{10.2.4}$$

令 $q_1$ 对 $\alpha$ 求导并令结果为零，可得 $\alpha$ 的最大似然估计值为

$$\hat{\alpha}=\frac{\tilde{\boldsymbol{p}}^{\mathrm{H}}\tilde{\boldsymbol{M}}^{-1}\tilde{\boldsymbol{z}}}{\tilde{\boldsymbol{p}}^{\mathrm{H}}\tilde{\boldsymbol{M}}^{-1}\tilde{\boldsymbol{p}}} \tag{10.2.5}$$

将式(10.2.5)代入式(10.2.4)并记结果为 $\tilde{q}_1$，得

$$\tilde{q}_1=\tilde{\boldsymbol{z}}^{\mathrm{H}}\tilde{\boldsymbol{M}}^{-1}\tilde{\boldsymbol{z}}-\frac{|\tilde{\boldsymbol{p}}^{\mathrm{H}}\tilde{\boldsymbol{M}}^{-1}\tilde{\boldsymbol{z}}|^2}{\tilde{\boldsymbol{p}}^{\mathrm{H}}\tilde{\boldsymbol{M}}^{-1}\tilde{\boldsymbol{p}}} \tag{10.2.6}$$

利用 $\nu$ 阶第二类修正 Bessel 函数

$$K_{\nu}(x)=\frac{1}{2}\left(\frac{x}{2}\right)^{\nu}\int_0^{+\infty}t^{-(\nu+1)}\exp\left(-t-\frac{x^2}{4t}\right)\mathrm{d}t \tag{10.2.7}$$

可将式(10.2.3)化简为

$$\int_0^{\infty}f(\tilde{\boldsymbol{z}}\mid\hat{\alpha},\tau;H_1)p(\tau)\mathrm{d}\tau$$

$$=\sqrt{2\nu b}\,\pi^{-N-\frac{1}{2}}\mathrm{e}^{\nu}b^{-N-\frac{1}{2}}|\tilde{\boldsymbol{M}}|^{-1}\left(1+\frac{2\tilde{q}_1}{\nu b}\right)^{-\frac{N}{2}-\frac{1}{4}}\times K_{N+\frac{1}{2}}\left(\nu\sqrt{1+\frac{2\tilde{q}_1}{\nu b}}\right) \tag{10.2.8}$$

类似地，式(10.2.1)的分母中关于 $\tau$ 的积分为

$$\int_0^{\infty}f(\tilde{\boldsymbol{z}}\mid\hat{\alpha},\tau;H_1)p(\tau)\mathrm{d}\tau$$

$$=\sqrt{2\nu b}\,\pi^{-N-\frac{1}{2}}\mathrm{e}^{\nu}b^{-N-\frac{1}{2}}|\tilde{\boldsymbol{M}}|^{-1}\left(1+\frac{2\tilde{q}_0}{\nu b}\right)^{-\frac{N}{2}-\frac{1}{4}}\times K_{N+\frac{1}{2}}\left(\nu\sqrt{1+\frac{2\tilde{q}_0}{\nu b}}\right) \tag{10.2.9}$$

其中 $\tilde{q}_0=\tilde{\boldsymbol{z}}^{\mathrm{H}}\tilde{\boldsymbol{M}}^{-1}\tilde{\boldsymbol{z}}$。将式(10.2.8)和式(10.2.9)代入式(10.2.1)，可得 CG-IG 分布杂波下的斜对称 GLRT 检测器(下文简记为 P-GLRT-IGD 检测器)为

$$\frac{(2\tilde{q}_1+\nu b)^{-\frac{N}{2}-\frac{1}{4}}\times K_{N+\frac{1}{2}}\left(\nu\sqrt{1+\frac{2\tilde{q}_1}{\nu b}}\right)}{(2\tilde{q}_0+\nu b)^{-\frac{N}{2}-\frac{1}{4}}\times K_{N+\frac{1}{2}}\left(\nu\sqrt{1+\frac{2\tilde{q}_0}{\nu b}}\right)}\underset{H_0}{\overset{H_1}{\gtrless}}\gamma_{\text{P-GLRT-IGD}} \tag{10.2.10}$$

其中 $\gamma_{\text{P-GLRT-IGD}}$是和虚警概率有关的检测门限。将利用辅助数据得到的散斑协方差矩阵估计值 $\hat{\boldsymbol{M}}$ 代入检测器中，就可以得到 P-GLRT-IGD 关于散斑协方差矩阵自适应的形式。

### 10.2.2 斜对称 Rao 检测器

本小节采用两步法推导 CG-IG 分布杂波下的 Rao 检测器。由于目标复幅度 $\alpha$ 被认为是未知的确定性参数，因此采用最大似然估计值代替 $\alpha$ 的真实值。为了将杂波纹理分量 $\tau$ 的先验分布融合进检测器中，将计算纹理 $\tau$ 的 MAPE。为表述方便，首先给出以下符号表示：

- $\boldsymbol{\theta}_r=[\alpha_{\mathrm{R}}, \alpha_{\mathrm{I}}]^{\mathrm{T}}$ 是一个二维列向量，$\alpha_{\mathrm{R}}$ 和 $\alpha_{\mathrm{I}}$ 分别为 $\alpha$ 的实部和虚部；
- $\boldsymbol{\theta}_s=\tau$ 是一个未知参数；
- $\boldsymbol{\theta}=[\boldsymbol{\theta}_r^{\mathrm{T}}, \boldsymbol{\theta}_s^{\mathrm{T}}]^{\mathrm{T}}$ 是一个表示所有未知参数的列向量。

当假设散斑协方差矩阵 $\tilde{\boldsymbol{M}}$ 已知时，Rao 检测器的形式为

$$\left.\frac{\partial \ln f(\tilde{\boldsymbol{z}}|\alpha, \tau; H_1)}{\partial \boldsymbol{\theta}_r}\right|^{\mathrm{T}}_{\boldsymbol{\theta}=\hat{\boldsymbol{\theta}}_0}[\boldsymbol{I}^{-1}(\hat{\boldsymbol{\theta}}_0)]_{\boldsymbol{\theta}_r, \boldsymbol{\theta}_r}\left.\frac{\partial \ln f(\tilde{\boldsymbol{z}}|\alpha, \tau; H_1)}{\partial \boldsymbol{\theta}_r}\right|_{\boldsymbol{\theta}=\hat{\boldsymbol{\theta}}_0}\overset{H_1}{\underset{H_0}{\gtrless}}\gamma_{\mathrm{Rao}} \tag{10.2.11}$$

其中：$\boldsymbol{I}(\boldsymbol{\theta})=\boldsymbol{I}(\boldsymbol{\theta}_r, \boldsymbol{\theta}_s)$为费舍尔信息矩阵；$[\boldsymbol{I}^{-1}(\boldsymbol{\theta})]_{\boldsymbol{\theta}_r, \boldsymbol{\theta}_r}=(\boldsymbol{I}_{\boldsymbol{\theta}_r, \boldsymbol{\theta}_r}(\boldsymbol{\theta})-\boldsymbol{I}_{\boldsymbol{\theta}_r, \boldsymbol{\theta}_s}(\boldsymbol{\theta})\boldsymbol{I}^{-1}_{\boldsymbol{\theta}_s, \boldsymbol{\theta}_s}(\boldsymbol{\theta})\boldsymbol{I}_{\boldsymbol{\theta}_s, \boldsymbol{\theta}_r}(\boldsymbol{\theta}))^{-1}$；$\hat{\boldsymbol{\theta}}_0$ 表示 $\boldsymbol{\theta}$ 在零假设下的估计值；$\gamma_{\mathrm{Rao}}$是和虚警概率有关的检测门限。式(10.2.11)中关于 $\alpha_{\mathrm{R}}$ 和 $\alpha_{\mathrm{I}}$ 的偏导数可以分别表示为

$$\frac{\partial \ln f(\tilde{\boldsymbol{z}}|\boldsymbol{\theta}; H_1)}{\partial \alpha_{\mathrm{R}}}=2\mathrm{Re}\left\{\frac{\tilde{\boldsymbol{p}}^{\mathrm{H}}\tilde{\boldsymbol{M}}^{-1}(\tilde{\boldsymbol{z}}-\alpha\tilde{\boldsymbol{p}})}{\tau}\right\} \tag{10.2.12}$$

$$\frac{\partial \ln f(\tilde{\boldsymbol{z}}|\boldsymbol{\theta}; H_1)}{\partial \alpha_{\mathrm{I}}}=2\mathrm{Im}\left\{\frac{\tilde{\boldsymbol{p}}^{\mathrm{H}}\tilde{\boldsymbol{M}}^{-1}(\tilde{\boldsymbol{z}}-\alpha\tilde{\boldsymbol{p}})}{\tau}\right\} \tag{10.2.13}$$

因此，式(10.2.11)中关于 $\boldsymbol{\theta}_r$ 的偏导数为

$$\frac{\partial \ln f(\tilde{\boldsymbol{z}}|\boldsymbol{\theta}; H_1)}{\partial \boldsymbol{\theta}_r}=2\left[\mathrm{Re}\left\{\frac{\tilde{\boldsymbol{p}}^{\mathrm{H}}\tilde{\boldsymbol{M}}^{-1}(\tilde{\boldsymbol{z}}-\alpha\tilde{\boldsymbol{p}})}{\tau}\right\}, \mathrm{Im}\left\{\frac{\tilde{\boldsymbol{p}}^{\mathrm{H}}\tilde{\boldsymbol{M}}^{-1}(\tilde{\boldsymbol{z}}-\alpha\tilde{\boldsymbol{p}})}{\tau}\right\}\right]^{\mathrm{T}} \tag{10.2.14}$$

费舍尔信息矩阵中的元素 $\boldsymbol{I}_{\boldsymbol{\theta}_r, \boldsymbol{\theta}_r}(\boldsymbol{\theta})$和 $\boldsymbol{I}_{\boldsymbol{\theta}_r, \boldsymbol{\theta}_s}(\boldsymbol{\theta})$分别表示为

$$\boldsymbol{I}_{\boldsymbol{\theta}_r, \boldsymbol{\theta}_r}(\boldsymbol{\theta})=2\mathrm{diag}\left[\frac{\tilde{\boldsymbol{p}}^{\mathrm{H}}\tilde{\boldsymbol{M}}^{-1}\tilde{\boldsymbol{p}}}{\tau}, \frac{\tilde{\boldsymbol{p}}^{\mathrm{H}}\tilde{\boldsymbol{M}}^{-1}\tilde{\boldsymbol{p}}}{\tau}\right] \tag{10.2.15}$$

$$\boldsymbol{I}_{\boldsymbol{\theta}_r, \boldsymbol{\theta}_s}(\boldsymbol{\theta})=0_{2,1} \tag{10.2.16}$$

因此，式(10.2.11)中的$[\boldsymbol{I}^{-1}(\boldsymbol{\theta})]_{\boldsymbol{\theta}_r,\boldsymbol{\theta}_r}$为

$$[\boldsymbol{I}^{-1}(\boldsymbol{\theta})]_{\boldsymbol{\theta}_r,\boldsymbol{\theta}_r}=\boldsymbol{I}_{\boldsymbol{\theta}_r,\boldsymbol{\theta}_r}^{-1}(\boldsymbol{\theta})=\mathrm{diag}\left[\frac{\tau}{2\tilde{\boldsymbol{p}}^{\mathrm{H}}\tilde{\boldsymbol{M}}^{-1}\tilde{\boldsymbol{p}}},\ \frac{\tau}{2\tilde{\boldsymbol{p}}^{\mathrm{H}}\tilde{\boldsymbol{M}}^{-1}\tilde{\boldsymbol{p}}}\right] \tag{10.2.17}$$

根据式(10.1.5)和式(10.2.2)，零假设下杂波纹理$\tau$的最大后验分布为

$$L(\tau|\tilde{\boldsymbol{z}};H_0)=\sqrt{\frac{\nu b}{2\pi}}\tau^{-3/2}\exp\left(-\frac{\nu(\tau-b)^2}{2b\tau}\right)\times\frac{1}{(\pi\tau)^N|\tilde{\boldsymbol{M}}|}\exp\left(-\frac{\tilde{\boldsymbol{z}}^{\mathrm{H}}\tilde{\boldsymbol{M}}^{-1}\tilde{\boldsymbol{z}}}{\tau}\right) \tag{10.2.18}$$

式(10.2.18)中$L(\tau)$先取对数再对$\tau$求导，并令结果为零，可得$\tau$的MAPE为

$$\hat{\tau}=\frac{-b(N+3/2)+\sqrt{\nu b(2\tilde{\boldsymbol{z}}^{\mathrm{H}}\tilde{\boldsymbol{M}}^{-1}\tilde{\boldsymbol{z}}+\nu b)+b^2(N+3/2)^2}}{\nu} \tag{10.2.19}$$

将$\boldsymbol{\theta}_{r,0}=0_{2,1}$，式(10.2.14)、式(10.2.17)和式(10.2.19)代入式(10.2.11)，可得CG-IG分布杂波下的斜对称Rao检测器(下文简记为P-Rao-IGD检测器)为

$$\frac{\nu|\tilde{\boldsymbol{p}}^{\mathrm{H}}\tilde{\boldsymbol{M}}^{-1}\tilde{\boldsymbol{z}}|^2(\tilde{\boldsymbol{p}}^{\mathrm{H}}\tilde{\boldsymbol{M}}^{-1}\tilde{\boldsymbol{p}})^{-1}}{-b(N+3/2)+\sqrt{\nu b(2\tilde{\boldsymbol{z}}^{\mathrm{H}}\tilde{\boldsymbol{M}}^{-1}\tilde{\boldsymbol{z}}+\nu b)+b^2(N+3/2)^2}}\underset{H_0}{\overset{H_1}{\gtrless}}\gamma_{\text{P-Rao-IGD}} \tag{10.2.20}$$

其中$\gamma_{\text{P-Rao-IGD}}$是和虚警概率有关的检测门限。将利用辅助数据得到的散斑协方差矩阵估计值$\hat{\boldsymbol{M}}$代入检测器中，就可以得到P-Rao-IGD关于散斑协方差矩阵自适应的形式。

### 10.2.3 斜对称Wald检测器

当假设散斑协方差矩阵$\tilde{\boldsymbol{M}}$已知时，Wald检测器的形式为

$$\hat{\boldsymbol{\theta}}_{r,1}^{\mathrm{T}}([\boldsymbol{I}^{-1}(\hat{\boldsymbol{\theta}}_1)]_{\boldsymbol{\theta}_r,\boldsymbol{\theta}_r})^{-1}\hat{\boldsymbol{\theta}}_{r,1}\underset{H_0}{\overset{H_1}{\gtrless}}\gamma_{\text{Wald}} \tag{10.2.21}$$

其中，$\gamma_{\text{Wald}}$是和虚警概率有关的检测门限，$\hat{\boldsymbol{\theta}}_{r,1}$是参数$\boldsymbol{\theta}_r$在对立假设下的估计值，$\hat{\boldsymbol{\theta}}_1=[\hat{\boldsymbol{\theta}}_{r,1}^{\mathrm{T}},\hat{\boldsymbol{\theta}}_{s,1}^{\mathrm{T}}]^{\mathrm{T}}$。

参数$\boldsymbol{\theta}_r$是由未知参数$\alpha$的实部和虚部构成的，目标复幅度$\alpha$在对立假设下的最大似然估计为式(10.2.5)，则

$$\hat{\boldsymbol{\theta}}_{r,1}=\left[\mathrm{Re}\left\{\frac{\tilde{\boldsymbol{p}}^{\mathrm{H}}\tilde{\boldsymbol{M}}^{-1}\tilde{\boldsymbol{z}}}{\tilde{\boldsymbol{p}}^{\mathrm{H}}\tilde{\boldsymbol{M}}^{-1}\tilde{\boldsymbol{p}}}\right\},\ \mathrm{Im}\left\{\frac{\tilde{\boldsymbol{p}}^{\mathrm{H}}\tilde{\boldsymbol{M}}^{-1}\tilde{\boldsymbol{z}}}{\tilde{\boldsymbol{p}}^{\mathrm{H}}\tilde{\boldsymbol{M}}^{-1}\tilde{\boldsymbol{p}}}\right\}\right]^{\mathrm{T}} \tag{10.2.22}$$

根据式(10.1.6)和式(10.2.2)，对立假设下纹理 $\tau$ 的 MAPE 为

$$\hat{\tau}=\frac{-b(N+3/2)+\sqrt{\nu b(2\widetilde{q}_1+\nu b)+b^2(N+3/2)^2}}{\nu} \tag{10.2.23}$$

由于费舍尔矩阵求逆已由式(10.2.17)给出，将式(10.2.17)、式(10.2.22)和式(10.2.23)代入式(10.2.21)，可得 CG-IG 分布杂波下的斜对称 Wald 检测器(下文简记为 P-Wald-IGD 检测器)为

$$\frac{\nu|\widetilde{\boldsymbol{p}}^{\mathrm{H}}\widetilde{\boldsymbol{M}}^{-1}\widetilde{\boldsymbol{z}}|^2(\widetilde{\boldsymbol{p}}^{\mathrm{H}}\widetilde{\boldsymbol{M}}^{-1}\widetilde{\boldsymbol{p}})^{-1}}{-b(N+3/2)+\sqrt{\nu b(2\widetilde{q}_1+\nu b)+b^2(N+3/2)^2}}\underset{H_0}{\overset{H_1}{\gtrless}}\gamma_{\text{P-Wald-IGD}} \tag{10.2.24}$$

其中 $\gamma_{\text{P-Wald-IGD}}$ 是和虚警概率有关的检测门限。将利用辅助数据得到的散斑协方差矩阵估计值 $\hat{\boldsymbol{M}}$ 代入检测器中，就可以得到 P-Wald-IGD 关于散斑协方差矩阵自适应的形式。至此本节采用两步法给出了 CG-IG 分布杂波下 GLRT、Rao 检验和 Wald 检验等三种检测器的形式。

## 10.3 实验结果与性能分析

本节将通过仿真与实测杂波数据验证杂波协方差矩阵斜对称特性的利用，对检测器在辅助数据不足时检测性能的改善。在仿真实验中，设置 CG-IG 分布杂波的形状参数 $\nu=2$，尺度参数 $b=1$；杂波散斑协方差矩阵 $\boldsymbol{M}$ 为指数相关型协方差矩阵，其元素为 $[\boldsymbol{M}]_{i,j}=\rho^{|i-j|}(1\geqslant i,\ j\geqslant N)$，一阶相关系数 $\rho=0.9$；仿真目标的归一化多普勒频率 $f_{\mathrm{d}}$ 为区间$[-0.5,\ 0.5]$上的随机数；单个 CPI 内的相干脉冲数 $N$ 为 8，虚警概率设为 $P_{\mathrm{FA}}=10^{-4}$，检测门限通过使用纯杂波数据进行 $100/P_{\mathrm{FA}}$ 次蒙特卡罗实验得到，实验中采用的平均信杂比定义为[12]

$$\mathrm{SCR}=10\lg\frac{(\alpha\boldsymbol{p})^{\mathrm{H}}(\alpha\boldsymbol{p})}{N\sigma^2}\quad(\mathrm{dB}) \tag{10.3.1}$$

其中 $\sigma^2$ 表示杂波的平均功率。

当辅助数据数目分别为 8、12、16 和 32 时，9.2 节提出的自适应 P-GLRT-IGD、自适应 P-Rao-IGD、自适应 P-Wald-IGD 以及用于对比的 5.3 节给出的自适应 GLRT-IG 检测器等四种检测器在仿真 CG-IG 分布杂波背景下的检测概率曲线如图 10.1 所示。从图 10.1(a)和图 10.1(b)中可以看出，当辅助数据数目不足时，传统的 GLRT-IG 检测器出现了严重的检测性能损失，但 10.2 节提出的三种自适应相干检测器相比 GLRT-IG 检测器仍能保持相对

较高的检测概率。从图 10.1(c)和图 10.1(d)中可以看出，当辅助数据数量 $L$ 增大到相干脉冲数 $N$ 的两倍以上时，三种斜对称检测器与传统的未考虑杂波协方差矩阵先验信息的检测器之间检测概率的差距在逐渐减小。

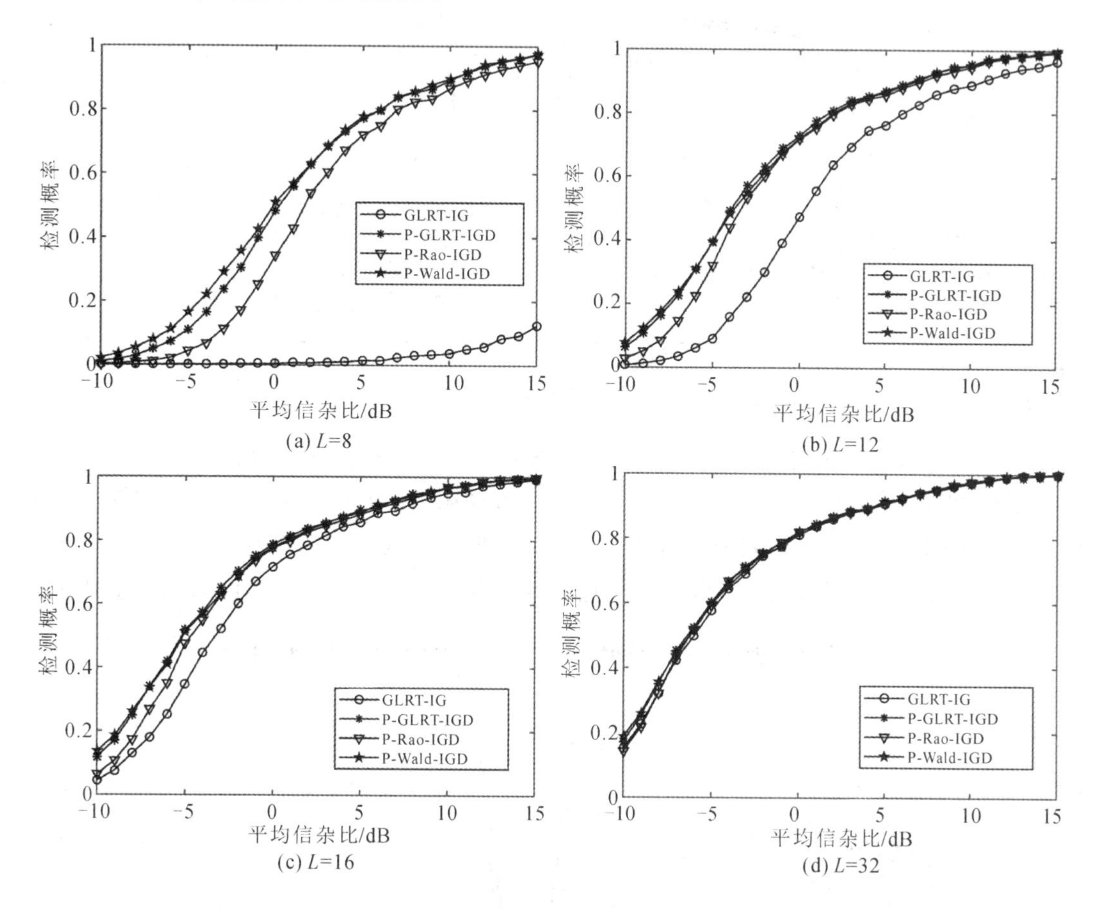


图 10.1 四种检测器在不同辅助数据数量下的检测概率

当辅助数据的数量 $L=12$ 时，四种检测器在平均信杂比分别为 $-2$ dB 和 6 dB 下的接收机操作特性曲线如图 10.2 所示。从实验结果中可以看出，当相干脉冲数 $N$ 大于辅助数据数量的两倍时，本章所提出的三种检测器的检测性能均优于传统的 GLRT-IG 检测器。通过以上两个仿真实验可以看出，利用了散斑协方差矩阵结构特性的自适应检测器在辅助数据数目有限时的检测概率要高于传统的自适应检测器，而当辅助数据数目增多从而能较准确地估计散斑协方差矩阵时，斜对称结构对检测性能改善的效果就会下降。

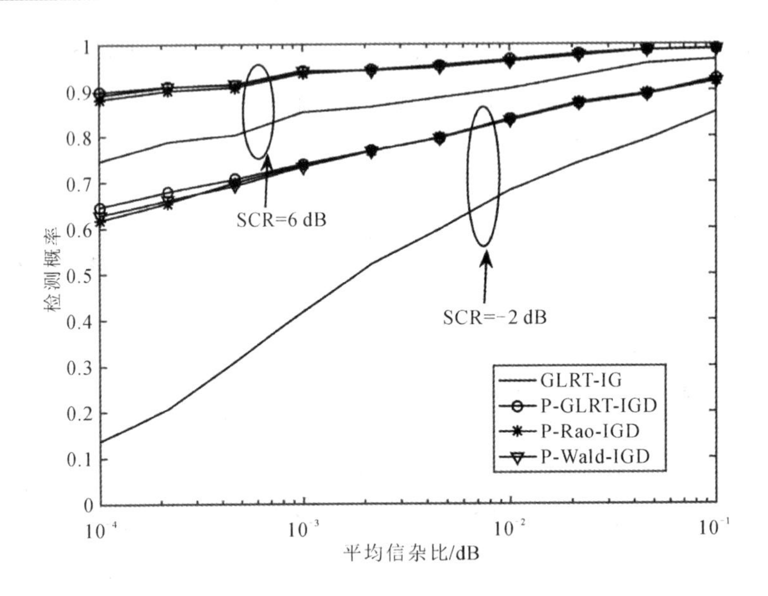


图 10.2 四种检测器在不同信杂比下的接收机操作特性曲线

第三个仿真实验研究了不同的目标归一化多普勒频率对所提出的三种斜对称检测器检测性能的影响，实验中辅助数据数量 $L=12$，平均信杂比为 8 dB，实验结果如图 10.3 所示。从实验结果中可以看出，当目标归一化多普勒频率在零频附近，即目标位于主杂波区

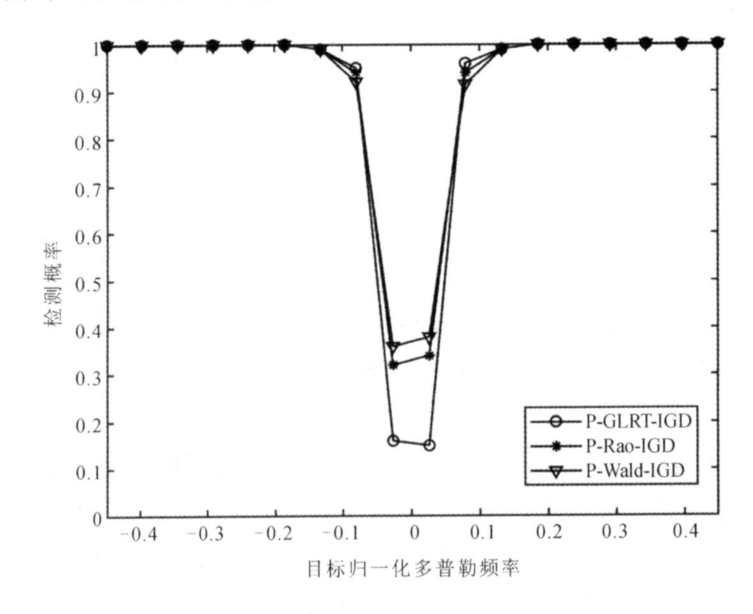


图 10.3 目标多普勒频率对三种检测器检测性能的影响

时，三种检测器的检测概率会严重下降；当运动点目标的归一化多普勒频率远离零频，即目标离开主杂波区时，三种检测器的检测概率逐渐上升。这是因为仿真杂波没有设置多普勒偏移，杂波能量集中在零频附近，当目标位于主杂波区时，目标需要同杂波的大部分能量竞争，相当于主杂波区的信杂比变低，从而导致检测概率变低；当目标远离主杂波区后，目标信号只需要同杂波的小部分能量竞争，相当于信杂比变高，从而检测概率会升高。

下面使用Fynmeet雷达实测海杂波数据验证10.2节介绍的P-GLRT-IGD、P-Rao-IGD和P-Wald-IGD三种斜对称检测器的检测性能，并利用GLRT-IG检测器作为对比。在实验中选用数据集中的TFA17_014作为实测纯杂波数据，并在杂波数据中加入仿真目标以计算四种检测器在不同信杂比下的检测概率，实验结果如图10.4所示。图10.4(a)显示了所选

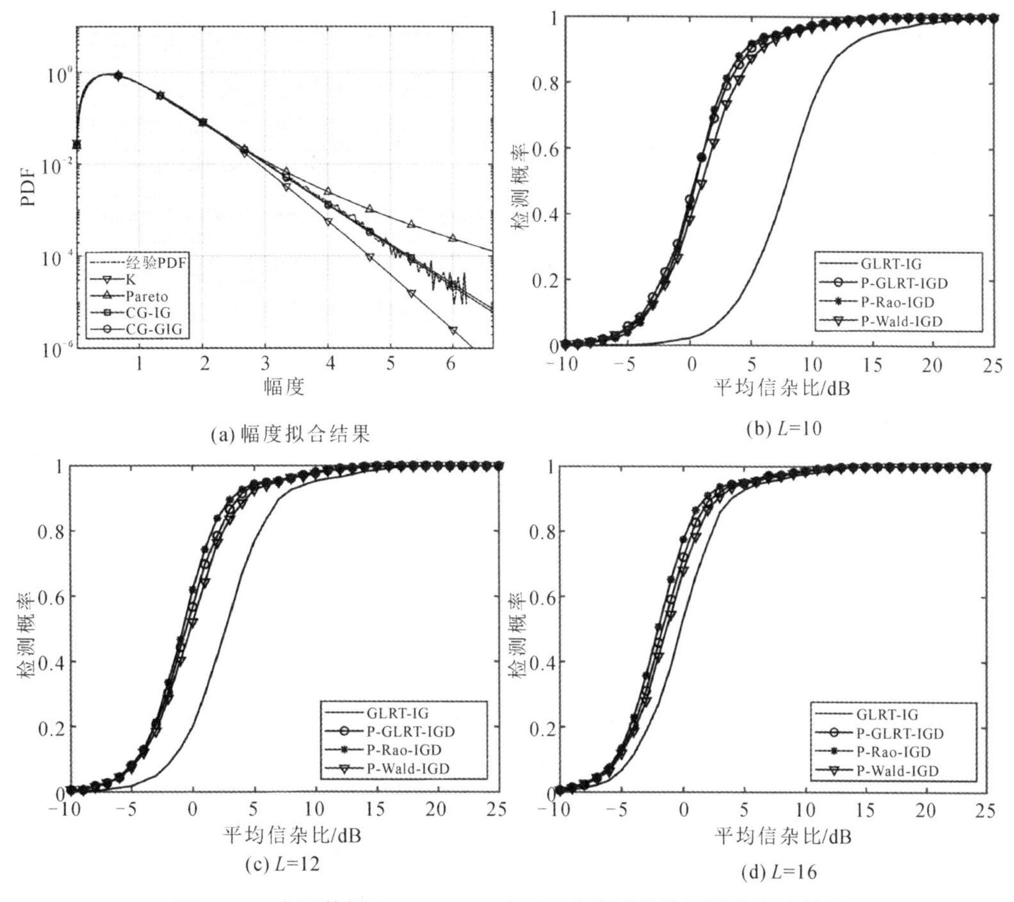


(a) 幅度拟合结果　(b) $L$=10

(c) $L$=12　(d) $L$=16

图10.4　实测数据TFA17_014验证四种检测器检测性能实验结果

用的实测海杂波数据的幅度拟合结果(该结果同样在8.2节中被给出)，对于CG-IG分布模型，拟合后的形状参数$\nu=1.4309$，尺度参数$b=0.9901$。当辅助数据数量$L$分别为10、12和16时，四种检测器的检测概率曲线如图10.4(b)～(d)所示，从图中可以看出，类似于仿真实验结果，当辅助数据数量不足时，三种斜对称自适应检测器的检测性能要优于自适应GLRT-IG检测器。此外，P-Rao-IGD的检测性能稍微优于P-GLRT-IGD和P-Wald-IGD，但三者检测性能差别不大。

接下来通过仿真实验研究三种斜对称检测器的CFAR特性，实验结果如图10.5所示。图10.5(a)显示了在不同的杂波平均功率下，三种斜对称检测器在固定检测门限后虚警概率随杂波平均功率的变化情况，仿真实验中参考单元数量$L=16$，一阶相关系数$\rho=0.9$；

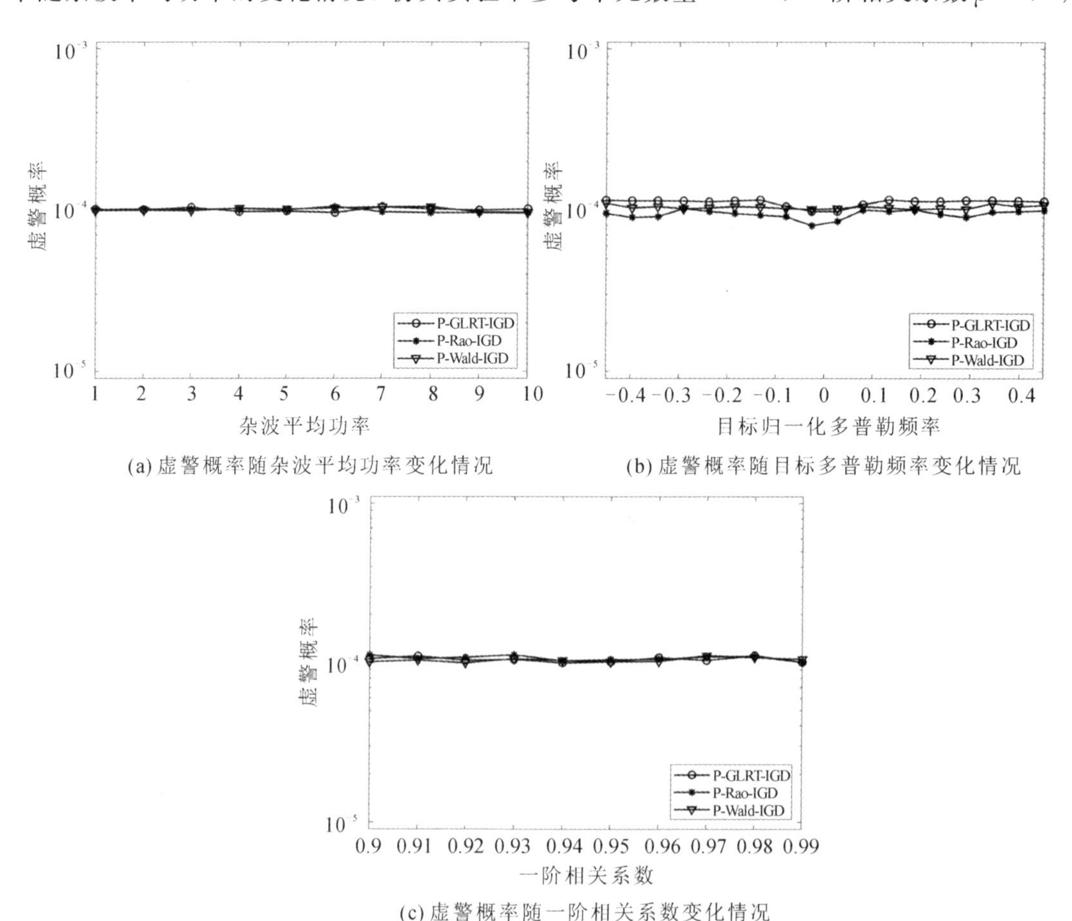


(a) 虚警概率随杂波平均功率变化情况

(b) 虚警概率随目标多普勒频率变化情况

(c) 虚警概率随一阶相关系数变化情况

图10.5 三种斜对称检测器对不同参数恒虚警特性实验结果

图 10.5(b)和图 10.5(c)则分别显示了固定其他参数时，三种斜对称检测器的虚警概率随目标归一化多普勒频率和一阶相关系数的变化情况。从实验结果中可以看出，P-GLRT-IGD、P-Rao-IGD 和 P-Wald-IGD 三种斜对称检测器对杂波平均功率、目标归一化多普勒频率和一阶相关系数具有近似的恒虚警特性，即指定虚警概率下的检测门限不会随三个参数的变化而变化。

在实际应用中，目标归一化多普勒频率通常是未知的，自适应检测器在计算检验统计量时使用的是归一化多普勒频率的估计值。目标具有的导向向量和自适应检测器中用于计算的多普勒导向向量之间的失配程度可以用下式来描述[5]：

$$\cos^2\theta = \frac{|\hat{\tilde{\boldsymbol{p}}}^{\mathrm{H}} \tilde{\boldsymbol{M}}^{-1} \tilde{\boldsymbol{p}}|}{(\hat{\tilde{\boldsymbol{p}}}^{\mathrm{H}} \tilde{\boldsymbol{M}}^{-1} \hat{\tilde{\boldsymbol{p}}})(\tilde{\boldsymbol{p}}^{\mathrm{H}} \tilde{\boldsymbol{M}}^{-1} \tilde{\boldsymbol{p}})} \tag{10.3.2}$$

其中，$\tilde{\boldsymbol{p}}$ 表示目标具有的导向向量，$\hat{\tilde{\boldsymbol{p}}}$ 表示检测器用于计算检验统计量的导向向量。利用仿真实验计算得到的目标多普勒频率失配对三种斜对称检测器检测概率的影响如图 10.6 所示，从图中可以看出目标多普勒频率失配会对检测器造成严重的检测性能损失，随着目标多普勒导向向量失配程度的增大，三种斜对称检测器的检测概率在逐渐降低。在三种检测器中，P-Rao-IGD 对目标多普勒导向向量具有较好的稳健性。

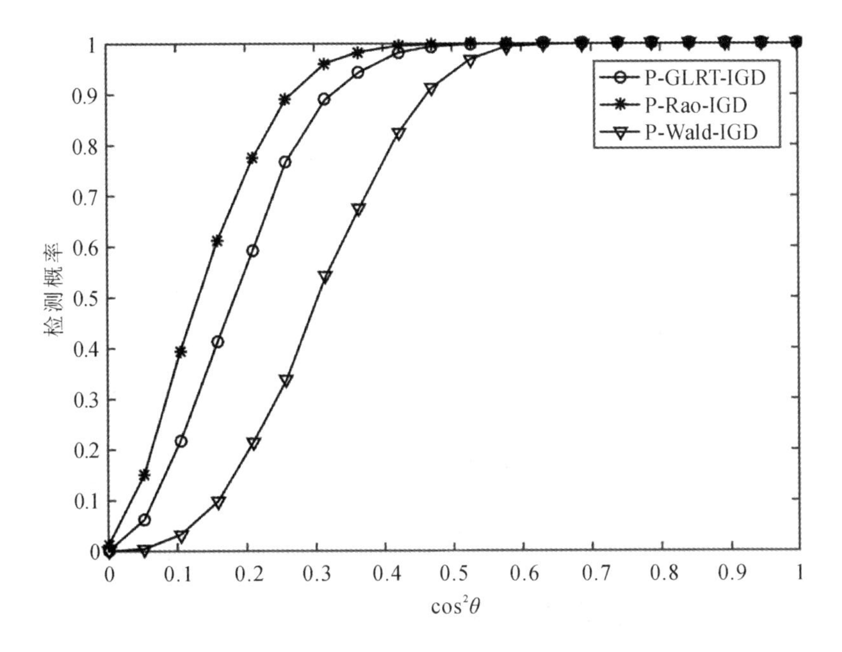


图 10.6　目标多普勒频率失配对三种斜对称检测器检测性能的影响

# 本章小结

当用于估计散斑协方差矩阵的辅助数据数量不足时，自适应检测器通常会出现严重的检测性能损失，此时利用散斑协方差矩阵的先验信息能够改善自适应检测器的检测性能。对于采用对称间隔线性阵列进行空间域处理或对称间隔脉冲串进行时间域处理的雷达系统来说，杂波协方差矩阵会表现出斜对称特性，在设计检测器时利用杂波协方差矩阵的斜对称特性这一结构信息，在理论上能够改善辅助数据不足时检测器的性能。本章首先利用散斑协方差矩阵的斜对称结构特性对原始的复合高斯杂波背景下描述目标检测的二元检测问题进行了转换，随后分别利用 GLRT、Rao 和 Wald 检验推导得到了 CG-IG 分布杂波下的三个斜对称检测器。最后通过仿真和实测数据实验验证了本章所提出的三种斜对称检测器的检测性能，实验结果表明在辅助数据数量不足时三种斜对称检测器比传统检测器具有更好的检测性能。此外，三种斜对称检测器对杂波平均功率、目标多普勒频率和散斑协方差矩阵都近似具有 CFAR 特性。

# 参考文献

[1] HAO C, ORLANDO D, MA X, et al. Persymmetric Rao and Wald tests for partially homogeneous environment[J]. IEEE Signal Processing Letters, 2012, 19(9): 587 - 590.

[2] GAO Y, LIAO G, ZHU S, et al. A persymmetric GLRT for adaptive detection in compound-Gaussian clutter with random texture[J]. IEEE Signal Processing Letters, 2013, 20(6): 615 - 618.

[3] GAO Y, LIAO G, ZHU S, et al. Generalised persymmetric parametric adaptive coherence estimator for multichannel adaptive signal detection[J]. IET Radar, Sonar & Navigation, 2015, 9(5): 550 - 558.

[4] WANG Z, LI M, CHEN H, et al. Persymmetric detectors of distributed targets in partially homogeneous disturbance[J]. Signal Processing, 2016, 128: 382 - 388.

[5] LIU J, LIU S, LIU W, et al. Persymmetric adaptive detection of distributed targets in compound-Gaussian sea clutter with Gamma texture[J]. Signal Processing, 2018, 152: 340 - 349.

[6] LIU J, LIU W, HAN J, et al. Persymmetric GLRT detection in MIMO radar[J]. IEEE Transactions on Vehicular Technology, 2018, 67(12): 11913 - 11923.

[7] REED I S, MALLETT J D, BRENNAN L E. Rapid convergence rate in adaptive arrays[J]. IEEE Transactions on Aerospace and Electronic Systems, 1974, AES - 10 (6): 853 - 863.

[8] KELLY E J. An adaptive detection algorithm[J]. IEEE Transactions on Aerospace and Electronic Systems, 1986, AES - 22(2): 115 - 127.

[9] NITZBERG R. Application of maximum likelihood estimation of persymmetric covariance matrices to adaptive processing[J]. IEEE Transactions on Aerospace and Electronic Systems, 1980, AES - 16(1): 124 - 127.

[10] CAI L, WANG H. A persymmetric multiband GLR algorithm[J]. IEEE Transactions on Aerospace and Electronic Systems, 1992, 28(3): 806 - 816.

[11] PAILLOUX G, FORSTER P, OVARLEZ J P, et al. Persymmetric adaptive radar detectors[J]. IEEE Transactions on Aerospace and Electronic Systems, 2011, 47 (4): 2376 - 2390.

[12] XU S W, SHUI P L, CAO Y H. Adaptive range-spread maneuvering target detection in compound-Gaussian clutter[J]. Digital Signal Processing, 2015, 36: 46 - 56.

# 第11章 基于多极化通道的自适应检测器

在四个线性极化通道HH、HV、VH和VV上接收的雷达回波通常具有不同的统计特性，包括杂波平均功率、海尖峰以及多普勒谱特性等。发射场的水平与垂直极化与海面的相互作用各不相同，特别是海面的下垫层结构和叠加的波动分量通常都有确定的平均方向，这导致了同极化回波HH和VV以及交叉极化回波HV和VH的不同特性。由于海面动力结构等因素，两个极化场与海面的相互作用往往具有不同的时域特征，则四个通道回波对应的多普勒谱也不相同。在IPIX雷达实测海杂波数据集中，能够明显观察到海杂波在不同极化通道中表现出的差异性，因此IPIX雷达海杂波数据集也常被用来验证极化自适应检测器。此外，由于目标的极化特性与杂波可能有很大不同，因此利用目标与海杂波极化信息差异性的自适应检测器，有时能够取得显著的检测性能提升。本章将介绍基于多极化通道的自适应检测器设计，利用不同检验准则推导相应的检测器形式，并通过实验验证极化自适应检测器对检测性能的提升。

## 11.1 目标模型

假设极化雷达系统具有一个发射通道，该通道可以交替发射两种线性极化的雷达脉冲，两个并行的极化接收通道同时接收回波信号，如此可以得到四种不同极化方式下的后向散射回波。两个线极化的$M$个雷达脉冲序列交替发射并同时接收，可得$L$个$M$维复向量$\boldsymbol{x}_1$，$\boldsymbol{x}_2$，…，$\boldsymbol{x}_L$，对HH、VV和HV三个通道的后向散射回波，分别用$\boldsymbol{x}_{\mathrm{HH}}$、$\boldsymbol{x}_{\mathrm{VV}}$、$\boldsymbol{x}_{\mathrm{HV}}$表示用于检测的回波数据。为方便处理，将这些$M$维向量排列成一个$LM$维向量$\boldsymbol{x}=[\boldsymbol{x}_1^{\mathrm{T}}, \boldsymbol{x}_2^{\mathrm{T}}, \cdots, \boldsymbol{x}_L^{\mathrm{T}}]^{\mathrm{T}}$，如$3M$维向量$\boldsymbol{x}=[\boldsymbol{x}_{\mathrm{HH}}^{\mathrm{T}}, \boldsymbol{x}_{\mathrm{VV}}^{\mathrm{T}}, \boldsymbol{x}_{\mathrm{HV}}^{\mathrm{T}}]^{\mathrm{T}}$。

假设待检测数据$\boldsymbol{x}$服从高斯分布，对于式(4.1.2)给出的二元假设检验问题，$H_0$假设下$\boldsymbol{x}$的均值向量为零向量，$H_1$假设下$\boldsymbol{x}$的均值向量为$\boldsymbol{s}$，其中向量$\boldsymbol{s}=[a_1\boldsymbol{s}_0^{\mathrm{T}}, a_2\boldsymbol{s}_1^{\mathrm{T}}, \cdots, a_L\boldsymbol{s}_0^{\mathrm{T}}]^{\mathrm{T}}$(如$\boldsymbol{s}=[a_{\mathrm{HH}}\boldsymbol{s}_0^{\mathrm{T}}, a_{\mathrm{VV}}\boldsymbol{s}_0^{\mathrm{T}}, a_{\mathrm{HV}}\boldsymbol{s}_0^{\mathrm{T}}]^{\mathrm{T}}$)包含具有相同结构的$L$个目标向量，由导向向量

$\boldsymbol{s}_0=[1, \exp(\mathrm{j}2\pi f_\mathrm{d}), \cdots, \exp(\mathrm{j}2\pi f_\mathrm{d}(M-1))]^\mathrm{T}$ 给出，$f_\mathrm{d}$ 为目标归一化多普勒频率，$a_1$，$a_2$，…，$a_L$（如 $a_\mathrm{HH}$，$a_\mathrm{VV}$，$a_\mathrm{HV}$）为不同极化通道下的未知目标复幅度，将 $L$ 个幅度值放入向量 $\boldsymbol{a}=[a_1, a_2, \cdots, a_L]^\mathrm{T}$ 中（如 $\boldsymbol{a}=[a_\mathrm{HH}, a_\mathrm{VV}, a_\mathrm{HV}]^\mathrm{T}$）。设 $H_0$ 和 $H_1$ 假设下杂波协方差矩阵 $\boldsymbol{R}$ 具有相同的块结构，即

$$\boldsymbol{R}=\begin{bmatrix}\boldsymbol{R}_{1/1} & \cdots & \boldsymbol{R}_{1/L}\\ \vdots & & \vdots\\ \boldsymbol{R}_{L/1} & \cdots & \boldsymbol{R}_{L/L}\end{bmatrix} \tag{11.1.1}$$

其中，矩阵 $\boldsymbol{R}$ 主对角线上的 $M\times M$ 子块矩阵表示单极化通道下的杂波协方差矩阵，而非对角线上的矩阵则表示不同极化通道间的互协方差矩阵，如

$$\boldsymbol{R}=\begin{bmatrix}\boldsymbol{R}_\mathrm{HH/VV} & \boldsymbol{R}_\mathrm{HH/VV} & \boldsymbol{R}_\mathrm{HH/HV}\\ \boldsymbol{R}_\mathrm{VV/HH} & \boldsymbol{R}_\mathrm{VV/VV} & \boldsymbol{R}_\mathrm{VV/HV}\\ \boldsymbol{R}_\mathrm{HV/HH} & \boldsymbol{R}_\mathrm{HV/VV} & \boldsymbol{R}_\mathrm{HV/HV}\end{bmatrix}$$

待检测向量 $\boldsymbol{x}$ 的 PDF 为

$$p_{\boldsymbol{x}}(x\,|\,H_i)=(\pi^{LM}\,|\boldsymbol{R}|)^{-1}\exp[-(\boldsymbol{x}-i\boldsymbol{s})^\mathrm{H}\boldsymbol{R}^{-1}(\boldsymbol{x}-i\boldsymbol{s})] \tag{11.1.2}$$

其中，$H_0$ 假设下 $i=0$，$H_1$ 假设下 $i=1$。除待检测数据外，用 $K$ 个向量 $\boldsymbol{y}_k(k=1, 2, \cdots, K)$表示来自待检测单元周围的 $K$ 个距离单元的均匀回波，作为用于估计杂波协方差矩阵的辅助数据，辅助数据 $\boldsymbol{y}_k$ 被认为相互独立且不包含目标信号，即在 $H_0$ 假设下与待检测数据 $\boldsymbol{x}$ 中的杂波分量有相同的统计特征。将辅助数据 $\boldsymbol{y}_k$ 放置在矩阵 $\boldsymbol{Y}=[\boldsymbol{y}_1, \boldsymbol{y}_2, \cdots, \boldsymbol{y}_K]$中，$\boldsymbol{Y}$ 的 PDF 为

$$p_{\boldsymbol{Y}}(\boldsymbol{Y})=(\pi^{LM}\,|\boldsymbol{R}|)^{-K}\exp[-\mathrm{tr}(\boldsymbol{R}^{-1}\boldsymbol{Y}\boldsymbol{Y}^\mathrm{H})] \tag{11.1.3}$$

## 11.2　检测器设计与性能分析

参考文献[1]回顾了 20 世纪 80 年代之前的极化理论与技术，首先介绍了极化研究中涉及的一些理论工具，随后对不同回波的极化特性进行了总结，最后对部分已经应用的极化技术进行了性能评价。参考文献[2]给出了高斯背景下最优检测器的表达式，该检测器使用了雷达的极化信息用于目标检测与鉴别，可以认为是极化散射矩阵已知情况下的检测性能上界。在极化特性以及高斯噪声协方差矩阵未知的情况下，参考文献[3]给出了一种极化空时 GLRT 检测器，将相干 GLRT 检测器推广到了极化域，该检测器使用待检测数据和辅助数据的联合 PDF 推导广义似然比检验，在推导过程中假设辅助数据中没有目标且杂波协方差矩阵和待检测数据相同，对杂波协方差矩阵具有恒虚警特性。参考文献[4]对上述检测器

进行了推广，新提出的检测器具有处理全极化信息和部分极化协方差矩阵的能力。文献[5]和[6]分别提出了一种基于模型的检测方法，以改善样本数减少带来的性能损失。

在复合高斯杂波背景下，参考文献[7]～[9]分别基于似然比检验、Rao 检验、Wald 检验推导了对应准则下的极化检测器，这些检测器对纹理分量具有恒虚警特性。参考文献[10]考虑了辅助数据有限时的情形，通过重建检测模型，给出了一种只依赖待检测数据的检测器。为了改善异常样本对检测性能的影响，参考文献[11]设计了一种包含回波数据选择器与检测器的方法。参考文献[12]提出了一种基于协方差矩阵克罗内克积结构的检测器与协方差矩阵估计方法。

### 11.2.1 GLRT 检测器

本小节推导高斯杂波背景下基于多极化通道且不考虑杂波先验信息的 GLRT 检测器，该检测器使用三个极化通道下的回波数据进行目标检测。由于利用了杂波极化特性，基于多极化通道的 GLRT 检测器降低了对均匀杂波区域的需求。

似然比检验的形式为 $H_1$ 假设下回波数据的似然函数与 $H_0$ 假设下回波数据的似然函数之比。由于似然函数中杂波协方差矩阵 $\boldsymbol{R}$ 与目标复幅度 $a_1$，$a_2$，…，$a_L$ 是未知的，需要使用最大似然估计值代替似然比中的真实值，对应广义似然比检验的形式为

$$\frac{\max\limits_{\boldsymbol{R},\,a_{\mathrm{HH}},\,a_{\mathrm{VV}},\,a_{\mathrm{HV}}} p_{\boldsymbol{x}}(\boldsymbol{x}\mid H_1)\cdot p_{\boldsymbol{Y}}(\boldsymbol{Y})}{\max\limits_{\boldsymbol{R}} p_{\boldsymbol{x}}(\boldsymbol{x}\mid H_0)\cdot p_{\boldsymbol{Y}}(\boldsymbol{Y})}\underset{H_0}{\overset{H_1}{\gtrless}}\lambda \tag{11.2.1}$$

其中，$\lambda$ 为与虚警概率有关的检测门限。定义矩阵 $\boldsymbol{\Sigma}=\boldsymbol{I}_L\otimes\boldsymbol{s}_0$，其中 $\boldsymbol{I}_L$ 表示 $L$ 维单位矩阵，$\otimes$是张量积。极化 GLRT 检测器的形式为

$$\eta=\frac{\boldsymbol{x}^{\mathrm{H}}\hat{\boldsymbol{R}}^{-1}\boldsymbol{\Sigma}(\boldsymbol{\Sigma}^{\mathrm{H}}\hat{\boldsymbol{R}}^{-1}\boldsymbol{\Sigma})^{-1}\boldsymbol{\Sigma}^{\mathrm{H}}\hat{\boldsymbol{R}}^{-1}\boldsymbol{x}}{K+\boldsymbol{x}^{\mathrm{H}}\hat{\boldsymbol{R}}^{-1}\boldsymbol{x}}\underset{H_0}{\overset{H_1}{\gtrless}}\eta_0 \tag{11.2.2}$$

其中，$\hat{\boldsymbol{R}}=1/K\boldsymbol{Y}\boldsymbol{Y}^{\mathrm{H}}$ 为协方差矩阵估计值，$\eta_0=1-\lambda^{-1/(K+1)}$。虚警概率 $P_{\mathrm{FA}}$的表达式为

$$P_{\mathrm{FA}}=\frac{(1-\eta_0)^{K-LM+1}}{(K-LM)!}\sum_{j=1}^{L}\frac{(K-LM+L-j)!\,\eta_0^{L-j}}{(L-j)!} \tag{11.2.3}$$

对于任意个数极化通道的情况，式(11.2.2)中的检验统计量与回波尺度因子无关，即 GLRT 检测器对高斯杂波功率具有恒虚警特性。式(11.2.3)可用于选择适当的检测门限 $\eta_0$，以满足设定的虚警概率 $P_{\mathrm{FA}}$。

下面采用 Swerling Ⅰ 目标模型分析检测器性能，每个极化通道的目标回波复幅度建模为零均值复高斯随机变量。由于目标幅度 $a_1$，$a_2$，…，$a_L$ 在不同极化通道上一般是非独立

的，需要定义协方差矩阵 $\boldsymbol{R}_t=E(\boldsymbol{a}\boldsymbol{a}^H)$ 来完善极化目标模型。当 $\boldsymbol{R}_t=\sigma_t^2\boldsymbol{I}$，即各极化通道上点目标复幅度相同时，检测概率 $P_D$ 的表达式为

$$P_D=\int_0^1 P_{D|\rho}p_\rho(\rho)\mathrm{d}\rho=1-\eta_0^{L-1}(1-\eta_0)^{K-LM+1}\times$$
$$\sum_{j=1}^{K-LM+L}\begin{pmatrix}K-LM+L\\ j+L-1\end{pmatrix}\left(\frac{\eta_0}{1-\eta_0}\right)^j\times$$
$$\left[1-\sum_{i=1}^{L}A_i\int_0^1\left[\frac{\rho(1-\eta_0)}{\rho(1-\eta_0)+1/(\lambda_i\sigma_t^2)}\right]^j p_\rho(\rho)\mathrm{d}\rho\right] \tag{11.2.4}$$

其中：系数 $A_i=\prod\limits_{n=1,\ n\neq i}^{L}\dfrac{\lambda_i}{\lambda_i-\lambda_n}$；$\lambda_1$，$\lambda_2$，…，$\lambda_L$ 是 $L\times L$ 矩阵 $\boldsymbol{\Sigma}^H\boldsymbol{R}^{-1}\boldsymbol{\Sigma}$ 的特征值，$\rho$ 是一个Beta分布的损失因子，即

$$p_\rho(\rho)=\frac{K!}{[L(M-1)-1]!\ [K-L(M-1)]!}\times(1-\rho)^{L(M-1)-1}\rho^{K-L(M-1)},\quad 0<\rho<1 \tag{11.2.5}$$

对于更一般化的各极化通道上平均功率不同的相关目标，检测概率可以使用关于参数 $\mu$ 的条件检测概率 $P_{D|\mu}$ 的平均值来表示，其中 $\mu=\rho\alpha$，$\rho$ 的定义为式(11.2.5)，$\alpha$ 定义为 $\alpha=\boldsymbol{a}^H(\boldsymbol{\Sigma}^H\boldsymbol{R}^{-1}\boldsymbol{\Sigma})\boldsymbol{a}$。

接下来通过一组实验来观察极化 GLRT 检测器相对于没有利用极化信息的单通道 GLRT 检测器得到的性能提升。在实验中每个极化通道的待检测数据向量 $\boldsymbol{x}$ 包含 $M=8$ 个相干脉冲采样，虚警概率 $P_{FA}=10^{-4}$；三个极化通道下的杂波服从零均值、杂波协方差矩阵为式(11.1.1)的复高斯分布。此外还有如下假设：

(1) 协方差矩阵的同极化分量独立于交叉极化分量，即 $\boldsymbol{R}_{HH/HV}=\boldsymbol{R}_{HV/HH}=\boldsymbol{R}_{VV/HV}=\boldsymbol{R}_{HV/VV}=0$。

(2) 假设所有极化通道具有相同的归一化杂波协方差矩阵 $\boldsymbol{C}$，其中 $\boldsymbol{C}$ 为一阶迟滞相关系数 $\rho_c=0.9$ 的高斯型矩阵。

(3) 假设 HH 和 VV 通道上杂波功率相等，即 $\eta_{HH}=\eta_{VV}$，而 HV 功率水平 $\eta_{HV}=\alpha\cdot\eta_{HH}$，协方差矩阵的子矩阵块满足 $\boldsymbol{R}_{HH/HH}=\boldsymbol{R}_{VV/VV}=\eta_{HH}\boldsymbol{C}$，$\boldsymbol{R}_{HV/HV}=\alpha\cdot\eta_{HH}\boldsymbol{C}$。

(4) 假定两个同极化通道之间的互相关矩阵与单通道归一化协方差矩阵的关系为 $\boldsymbol{R}_{HH/VV}=\boldsymbol{R}_{VV/HH}=\rho_p\eta_{HH}\boldsymbol{C}$，则全局协方差矩阵 $\boldsymbol{R}$ 可以表示为

$$\boldsymbol{R}=\eta_{HH}\begin{bmatrix}\boldsymbol{C} & \rho_p\boldsymbol{C} & 0\\ \rho_p\boldsymbol{C} & \boldsymbol{C} & 0\\ 0 & 0 & \alpha\boldsymbol{C}\end{bmatrix} \tag{11.2.6}$$

在仿真实验中将目标归一化多普勒频率设为 $f_d=1/8$，这意味着目标多普勒频率与杂

波中心多普勒频率非常接近。对于极化目标模型还需要确定矩阵 $\boldsymbol{R}_t$，类似于杂波协方差矩阵的设定，可以做以下假设：

（1）假设同极化通道的目标回波幅度与交叉极化通道无关。

（2）假设 HH 和 VV 通道的目标功率 $\sigma_t^2$ 相同，而 HV 通道的目标功率为 $\alpha_t \cdot \sigma_t^2$。

（3）假设两个同极化通道目标回波幅度之间的互相关系数等于 $\rho_t$，则

$$\boldsymbol{R}_t = \sigma_t^2 \begin{bmatrix} 1 & \rho_t & 0 \\ \rho_t & 1 & 0 \\ 0 & 0 & \alpha_t \end{bmatrix} \tag{11.2.7}$$

利用不同极化通道数的 GLRT 检测器在仿真高斯杂波背景下的检测概率对比如图 11.1 和图 11.2 所示，两次实验中的目标相关系数分别设为 $\rho_t=0$ 和 $\rho_t=0.9$，同时设交叉极化通道中的杂波功率比同极化通道中的杂波功率低 20 dB($\alpha=0.01$)，交叉极化通道中的目标功率比同极化通道中的目标功率低 10 dB($\alpha_t=0.1$)，因此交叉极化通道的信杂比比同极化通道高 10 dB。这种参数设定代表了实际检测中对极化方式敏感的目标，如具有对角结构的薄金属材料目标。作为检测性能对比，两次实验都仿真计算了 HH 通道和 HV 通道上的单通道 GLRT 检测器检测概率。图 11.1 和图 11.2 中的横坐标信杂比定义为 HH 通道上的信杂比，因此从检测曲线上来看，HV 单通道检测器在相同检测概率下对信杂比的需求比 HH 单通道检测器少 10 dB。

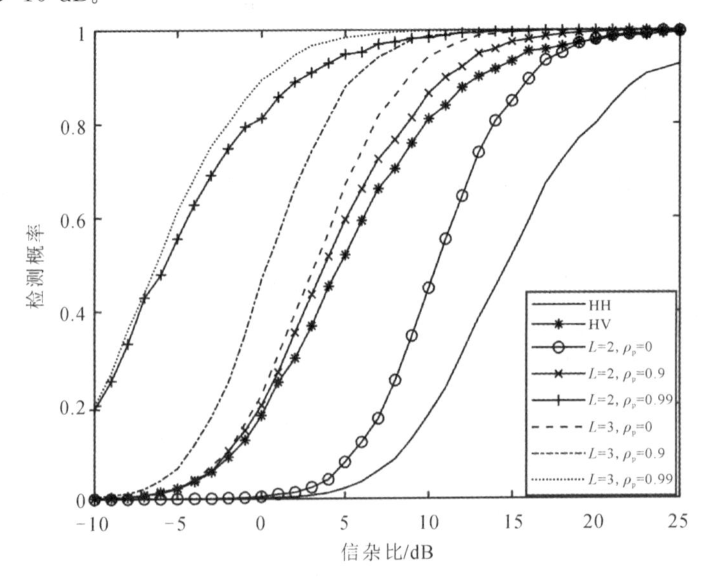


图 11.1　$\rho_t=0$ 时不同极化检测器的检测概率曲线

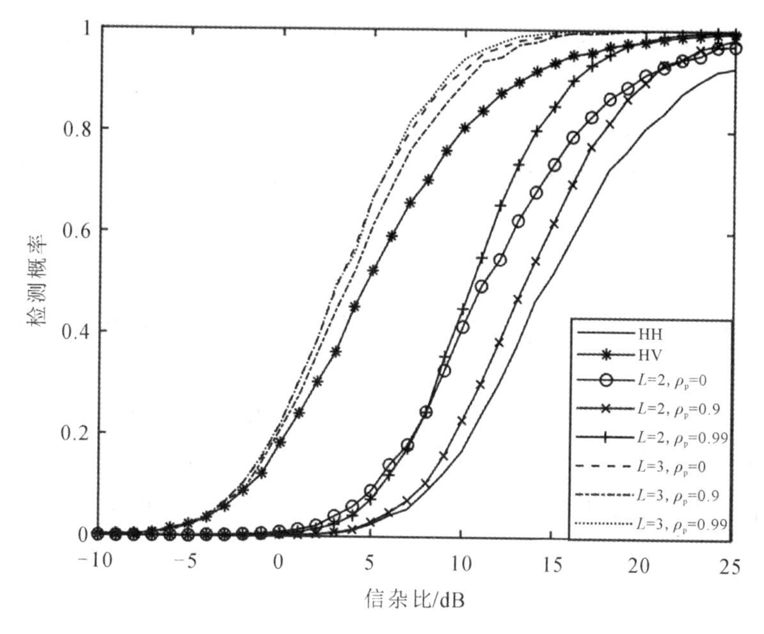


图 11.2 $\rho_t=0.9$ 时不同极化检测器的检测概率曲线

从图 11.1 中可以看出，自适应检测器的检测性能在很大程度上受极化通道数、杂波与目标的极化特性影响，图中展示了三个极化通道上目标复幅度独立时的情形，根据不同检测器的性能概率曲线，我们作以下讨论：

(1) 当 HH 和 VV 极化通道中的杂波不相关(对应 $\rho_p=0$)时，双通道 HH、VV 组合的检测性能相对于单个 HH 或 VV 通道的检测器也能够产生明显的提升。因为对 Swerling Ⅰ型目标起伏的平均消除了一些目标衰减，当 $P_D=0.9$ 时性能增益约为 7～8 dB。

(2) 当 HH 和 VV 极化通道中的杂波相关(对应 $\rho_p=0.9$ 和 $\rho_p=0.99$)时，双通道极化检测器会受到杂波对消作用的影响，而独立的目标回波则不受该影响，这与讨论(1)中的目标衰减平均作用累积在一起，产生了较大的性能改善。

(3) 由于使用了信杂比比 HH 和 VV 通道高 10 dB 的 HV 通道回波数据，三通道 HH、VV 和 HV 检测器的检测性能在 $\rho_p=0$ 时优于双通道 HH 和 VV 检测器。

(4) 随着 HH 和 VV 极化通道中杂波相关性的增大，三通道检测器相对于双通道带来的增益有所下降。由于同极化通道间杂波的相消作用，HH 和 VV 通道组合的等效信杂比逐渐接近 HV 通道。

图 11.2 显示了相关同极化目标回波情形下各种自适应检测器的检测概率曲线，其中 $\rho_t=0.9$，从图中同样可以观察到讨论(1)～(4)，但有以下两点不同之处：

(1) 由于两个极化通道中的目标回波是相关的，所以目标衰减的平均作用效果弱于图11.1中的情况。

(2) 与图11.1中不相关目标情形下的实验结果不同，当自适应检测器对消不同极化通道的相关杂波时，目标回波也被对消，因此随着杂波相关性的增加，检测器的检测性能提升并不大。

从上述讨论中可以看出，当同时处理的极化通道数从 $L=2$ 扩展到 $L=3$，即在两个同极化通道的基础上加入交叉极化通道时，由于HV通道具有更大的信杂比，检测性能得到了明显提升。因为极化方式的互易性，两个交叉极化通道HV和VH携带相同的信息，因此在实验中并未仿真计算利用四个线性极化通道检测器的检测概率。此外，在四个极化通道条件下未知参数估计带来的自适应损失比三极化通道的更大，因此平均HV和VH通道中回波数据作为合成后的第三极化通道是同时利用四个极化通道信息的有效方式。

其他参数不变而 $\alpha_t=0.01$ 时的仿真实验结果如图11.3所示。在不同极化通道间杂波相关性最强(对应 $\rho_p=0.99$)时，三通道极化检测器相对于双通道极化检测器检测性能提升最高，但由于三个极化通道的信杂比相同，因此从 $L=2$ 到 $L=3$ 整体性能的改善较小。

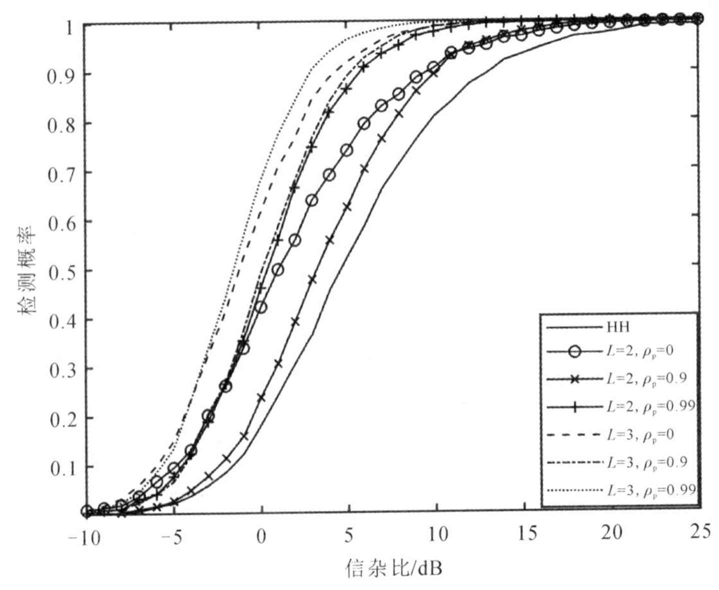


图11.3 $\alpha_t=0.01$ 且 $\rho_t=0.9$ 时不同极化检测器的检测概率曲线

与其他自适应检测器相同，极化 GLRT 检测器需要足够的辅助数据以避免杂波协方差矩阵估计误差带来的检测性能损失，数量上至少需要三倍于杂波协方差矩阵大小，即 $3LM$ 个参考单元。例如，对 $L=3$ 和 $M=16$ 的情况，需要的参考单元数为 $3LM=144$，这不仅给雷达实时处理带来了巨大压力，同时工作场景中均匀杂波环境的选择也成为一个需要考虑的问题。

为了减少辅助数据不足对检测器检测性能的影响，下面介绍一种利用极化杂波协方差矩阵先验信息的自适应极化检测器。将三极化通道对应的杂波协方差矩阵 $\boldsymbol{R}$ 建模为

$$\boldsymbol{R}=\begin{bmatrix}\boldsymbol{R}_{\mathrm{HH/HH}} & \boldsymbol{R}_{\mathrm{HH/VV}} & 0\\ \boldsymbol{R}_{\mathrm{VV/HH}} & \boldsymbol{R}_{\mathrm{VV/VV}} & 0\\ 0 & 0 & \boldsymbol{R}_{\mathrm{HV/HV}}\end{bmatrix}=\begin{bmatrix}\boldsymbol{R}_{/\!/} & 0\\ 0 & \boldsymbol{R}_{\perp}\end{bmatrix} \tag{11.2.8}$$

式(11.2.8)给出的形式将杂波协方差矩阵拆分为同极化分量(子矩阵 $\boldsymbol{R}_{/\!/}$)和交叉极化分量(子矩阵 $\boldsymbol{R}_{\perp}$)，因此有 $\boldsymbol{x}=[\boldsymbol{x}_{/\!/}^{\mathrm{H}},\ \boldsymbol{x}_{\perp}^{\mathrm{H}}]^{\mathrm{H}}$，$\boldsymbol{x}_{/\!/}^{\mathrm{H}}=[\boldsymbol{x}_{\mathrm{HH}}^{\mathrm{H}},\ \boldsymbol{x}_{\mathrm{VV}}^{\mathrm{H}}]^{\mathrm{H}}$，$\boldsymbol{x}_{\perp}=\boldsymbol{x}_{\mathrm{HV}}$，$\boldsymbol{s}=[\boldsymbol{s}_{/\!/}^{\mathrm{H}},\ \boldsymbol{s}_{\perp}^{\mathrm{H}}]^{\mathrm{H}}$、$\boldsymbol{s}_{/\!/}=[a_{\mathrm{HH}}^{*}\boldsymbol{s}_0^{\mathrm{H}},\ a_{\mathrm{VV}}^{*}\boldsymbol{s}_0^{\mathrm{H}}]^{\mathrm{H}}$，$\boldsymbol{s}_{\perp}=a_{\mathrm{HV}}\boldsymbol{s}_0$。通过单独估计同极化和交叉极化分量的两个协方差矩阵 $\boldsymbol{R}_{/\!/}$ 和 $\boldsymbol{R}_{\perp}$，得到 GLRT 检测器的形式为

$$\left[1-\frac{\boldsymbol{x}_{/\!/}^{\mathrm{H}}\hat{\boldsymbol{R}}_{/\!/}^{-1}\boldsymbol{\Sigma}_{/\!/}(\boldsymbol{\Sigma}_{/\!/}^{\mathrm{H}}\hat{\boldsymbol{R}}_{/\!/}^{-1}\boldsymbol{\Sigma}_{/\!/})^{-1}\boldsymbol{\Sigma}_{/\!/}^{\mathrm{H}}\hat{\boldsymbol{R}}_{/\!/}^{-1}\boldsymbol{x}_{/\!/}}{K+\boldsymbol{x}_{/\!/}^{\mathrm{H}}\hat{\boldsymbol{R}}_{/\!/}^{-1}\boldsymbol{x}_{/\!/}}\right]\times\left[1-\frac{|\boldsymbol{x}_{\perp}^{\mathrm{H}}\hat{\boldsymbol{R}}_{\perp}^{-1}\boldsymbol{s}_0|^2}{(\boldsymbol{s}_0^{\mathrm{H}}\hat{\boldsymbol{R}}_{\perp}^{-1}\boldsymbol{s}_0)(K+\boldsymbol{x}_{\perp}^{\mathrm{H}}\hat{\boldsymbol{R}}_{\perp}^{-1}\boldsymbol{x}_{\perp})}\right]\underset{H_1}{\overset{H_0}{\gtrless}}\zeta_0 \tag{11.2.9}$$

其中：$\boldsymbol{\Sigma}_{/\!/}=\boldsymbol{I}_2\otimes\boldsymbol{s}_0$；$\hat{\boldsymbol{R}}_{/\!/}$ 和 $\hat{\boldsymbol{R}}_{\perp}$ 是同极化和交叉极化的样本协方差矩阵；$\zeta_0$ 是与虚警概率有关的检测门限，同时可以得到虚警概率的解析表达式为

$$P_{\mathrm{FA}}=\lambda_0^{-N_{\perp}}+N_{\perp}\lambda_0^{-N_{\perp}}\sum_{m=0}^{L_{/\!/}-1}\begin{pmatrix}N_{/\!/}+m-1\\ m\end{pmatrix}\frac{1}{m-1}(\lambda_0-1)^{m+1}\times$$
$${}_2F_1(m+1,\ N_{/\!/}-N_{\perp}+m+1,\ m+2,\ 1-\lambda_0) \tag{11.2.10}$$

其中：$\lambda_0=1/\zeta_0$；$N_{/\!/}=K-ML_{/\!/}+1$；$L_{/\!/}=L-1$；$N_{\perp}=K-M+1$；${}_2F_1$ 是(2，1)阶的超几何函数。检测概率的表达式为

$$P_{\mathrm{D}}=\int_0^1\int_0^1 P_{\mathrm{d}}(\rho_{/\!/},\ \rho_{\perp})p_{\rho_{/\!/}}(\rho_{/\!/})p_{\rho_{\perp}}(\rho_{\perp})\mathrm{d}\rho_{/\!/}\ \mathrm{d}\rho_{\perp} \tag{11.2.11}$$

图 11.4 比较了式(11.2.2)给出的三极化通道自适应检测器和式(11.2.9)给出的基于杂波协方差矩阵模型的 GLRT 检测器的检测概率曲线，在仿真实验中相干累积脉冲数

$M=8$，辅助单元数 $K=3LM=72$，杂波极化相关系数 $\rho_p=0.9$，其他参数与图 11.1 对应的仿真实验相同。从图 11.4 中可以看出，与式(11.2.2)给出的三极化通道自适应检测器相比，基于杂波协方差矩阵模型的检测器得到了一定检测概率的增益，利用极化杂波协方差矩阵先验信息的 GLRT 检测器因杂波协方差矩阵估计误差带来的检测性能损失较低，使用 72 个参考单元的数据来估计最多 16×16 的协方差矩阵，而三极化通道自适应检测器却需要估计 24×24 的协方差矩阵。

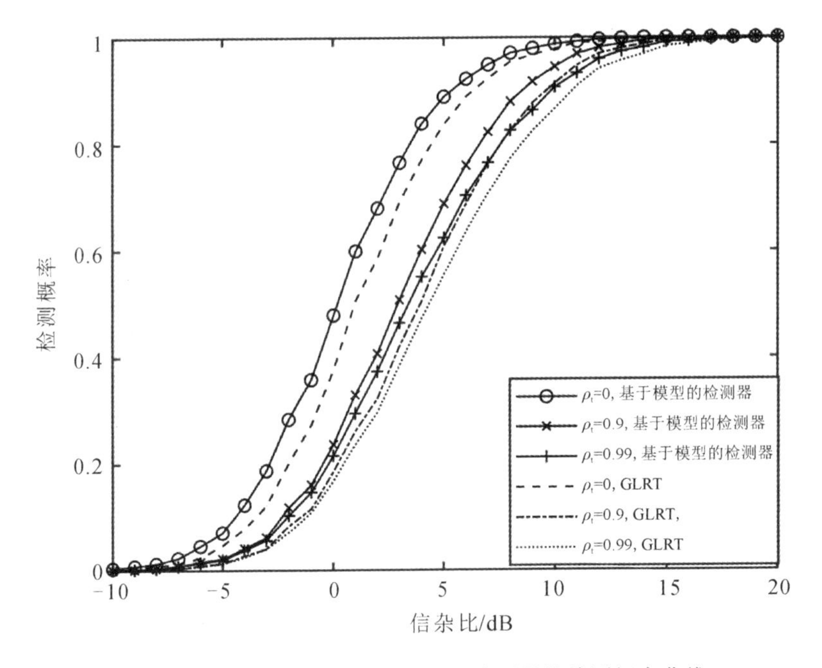


图 11.4　GLRT 检测器和基于模型检测器的检测概率曲线

参考单元数对 GLRT 检测器和基于杂波协方差矩阵先验模型检测器检测概率的影响如图 11.5 所示，仿真实验中的参数设置与图 11.4 相同。两种检测器所用参考单元数量为待估计杂波协方差矩阵大小的 3 倍，GLRT 检测器使用的参考单元数 $K=72$，基于模型的检测器使用的参考单元数 $K=48$，相比前者减少了 30％的辅助数据需求量。从图 11.5 中可以明显看出，用更少辅助数据的基于模型的检测器取得了与 GLRT 检测器相同的检测概率。图 11.6 显示了参考单元数减少到 $K=30$ 时两个检测器的检测概率，以研究非均匀杂波环境下仅有 30 个参考单元可用时对检测器检测性能的影响。在该实验条件下，GLRT 检测器出现了严重的检测性能损失，相比之下基于模型的检测器更适用于非均匀杂波环境。

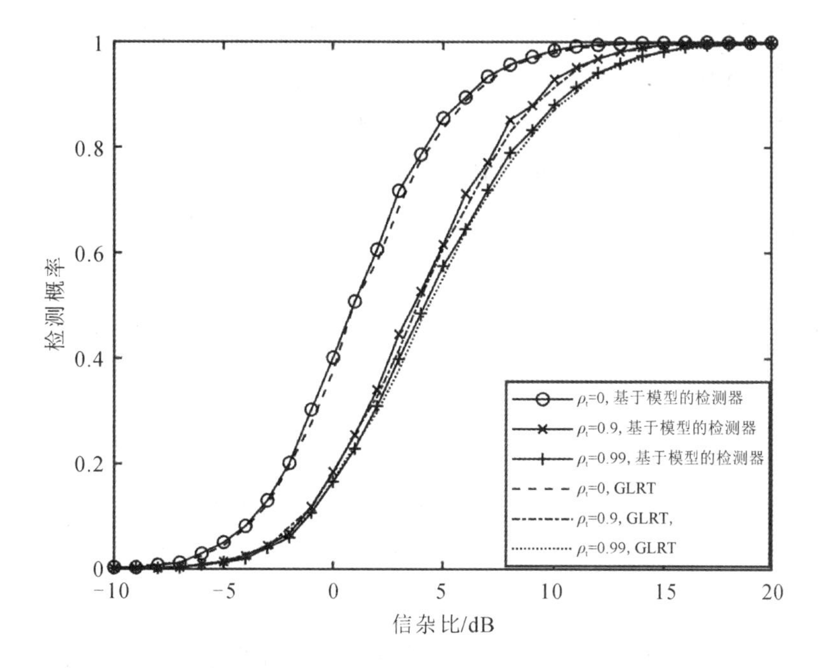


图 11.5 参考单元数对 GLRT 检测器和基于模型检测器检测概率的影响

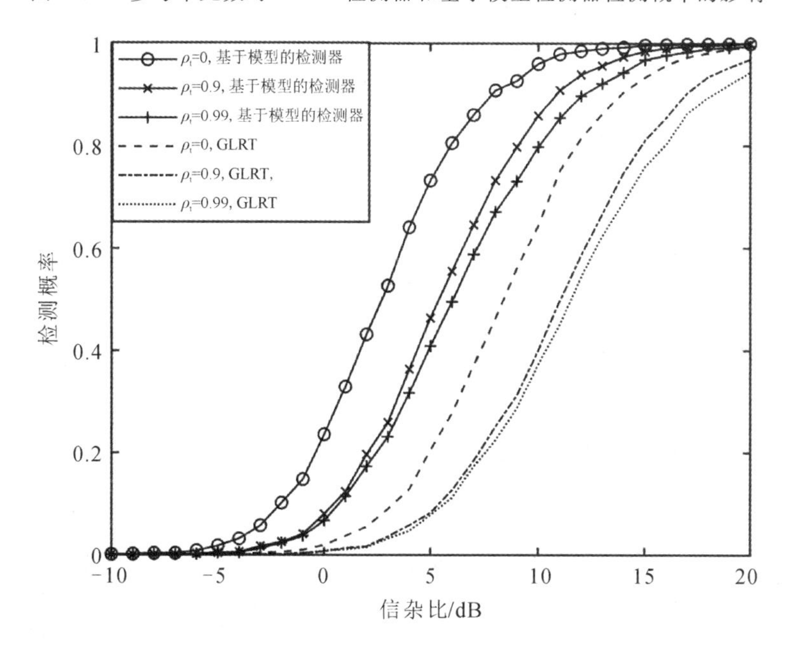


图 11.6 参考单元数较少时 GLRT 检测器和基于模型检测器的检测概率曲线

将海杂波建模为复合高斯模型时，需要考虑因极化方式不同造成的平均功率、多普勒谱和海尖峰等特征的差异性，如交叉极化通道整体的平均功率水平通常小于同极化通道。本节在推导复合高斯杂波背景下的极化自适应检测器时，将 HH、VV、HV 和 VH 等四个通道中的海杂波建模为纹理服从 Gamma 分布的复合高斯模型，四个极化通道下的纹理分量为服从相同分布但参数不同的随机变量 $\tau_1$、$\tau_2$、$\tau_3$ 和 $\tau_4$，对应 Gamma 分布的形状参数分别为 $\nu_1=\nu_{HH}$、$\nu_2=\nu_{VV}$、$\nu_3=\nu_{HV}$、$\nu_4=\nu_{VH}$，尺度参数分别为 $\mu_1$、$\mu_2$、$\mu_3$、$\mu_4$，以此反映每个极化通道上杂波的统计特性不同。因此，各极化通道对应的纹理分量 $\tau_i$ 的 PDF 为

$$p_{\tau_i}(\tau_i)=\frac{1}{\Gamma(\nu_i)}\left(\frac{\nu_i}{\mu_i}\right)^{\nu_i}\tau_i^{\ \nu_i-1}\exp\left(-\frac{\nu_i}{\mu_i}\tau_i\right),\quad i=1,2,3,4 \tag{11.2.12}$$

其中，形状参数 $\nu_i$ 表示杂波的非高斯性，$\nu_i$ 越小杂波非高斯性越强，反之 $\nu_i=\infty$ 对应于高斯杂波。HH 和 VV 极化通道下的海杂波与对应的海表面涌浪结构有一定关联，在复合高斯模型海杂波上表现为纹理分量之间的相关性，可以用相关系数 $\rho_\tau$ 来表示。

在复合高斯杂波背景下使用基于高斯杂波模型推导的极化检测器时，式(11.2.3)和式(11.2.4)分别给出的虚警概率与检测概率的解析表达式不再适用，检测门限将与杂波纹理分量的形状参数 $\nu_i$ 有关。图 11.7 和图 11.8 显示了杂波非高斯性对不同极化通道检测器检

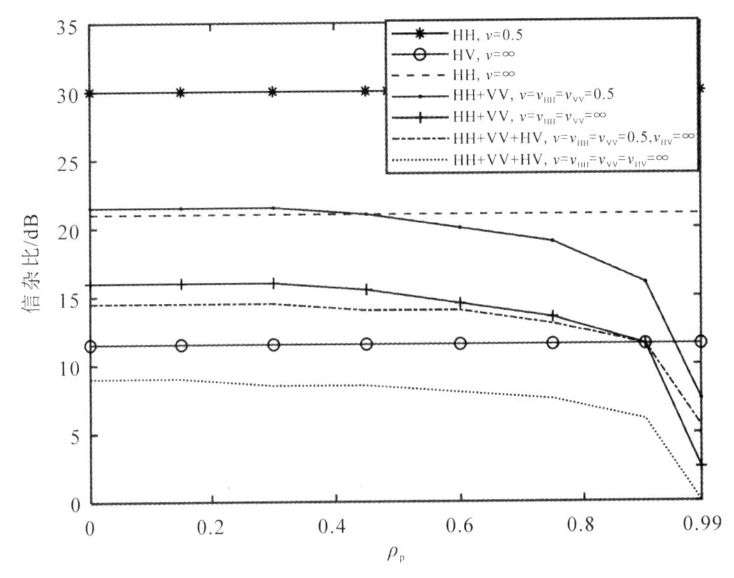


图 11.7　$\rho_\tau=0$ 时各检测器检测概率达到 0.9 所需的信杂比

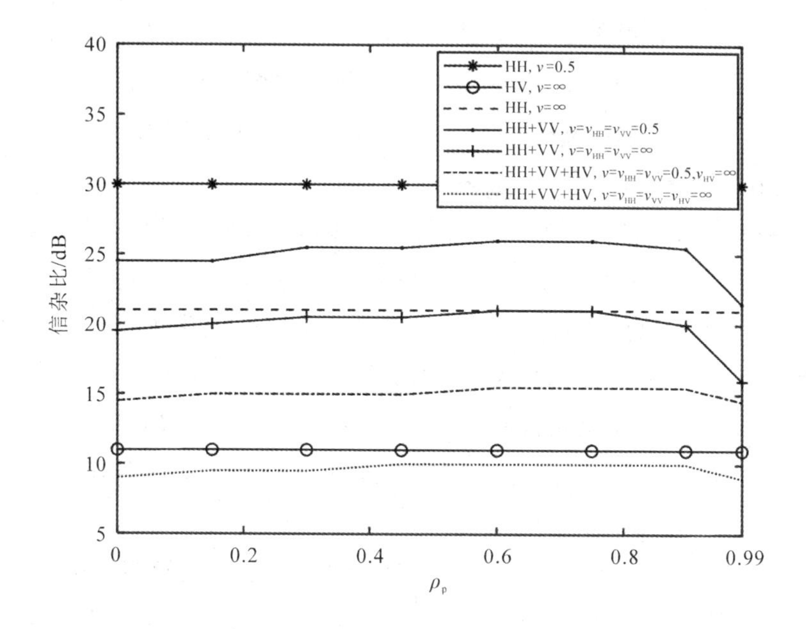


图 11.8 $\rho_t=0.99$ 时各检测器检测概率达到 0.9 所需的信杂比

测概率的影响，图中曲线表示的是检测概率 $P_D=0.9$ 时各检测器在不同杂波极化相关系数 $\rho_p$ 下所需的 HH 通道信杂比，两幅图分别对应目标信号不相关($\rho_t=0$)和目标信号强相关($\rho_t=0.99$)的情形。仿真实验中假设 HV 极化通道下的杂波服从高斯分布(即 $\nu_{HV}=\infty$)，而同极化通道为 $\nu_{HH}=\nu_{VV}=0.5$ 的 K 分布杂波，虚警概率设为 $P_{FA}=10^{-4}$。从图 11.7 和图 11.8 中可以看出，单极化通道检测器的检测概率曲线与通道间杂波极化相关系数 $\rho_p$ 和目标信号相关系数 $\rho_t$ 无关，因此有三条常数曲线。当 HH 通道杂波形状参数 $\nu_{HH}=0.5$ 时，单极化通道检测器的检测概率达到 0.9 需要的信杂比为 30 dB；当 HH 通道杂波服从高斯分布即 $\nu_{HH}=\infty$)时，所需的信杂比降为 12 dB。在仿真实验中 $\alpha=0.01$，$\alpha_t=0.1$，这表示 HH 通道的信杂比比杂波同样服从高斯分布的 HV 通道低 10 dB，因此 HV 通道检测器在相同的检测概率下所需的信杂比较 HH 通道低了 10 dB。

图 11.7 显示的是 $\rho_t=0$ 时各极化检测器检测概率达到 0.9 时所需的信杂比，从图中可以看出无论是高斯还是非高斯杂波背景，处理 HH 和 VV 双通道回波的极化检测器在检测概率达到 0.9 时需要的信杂比总是比 HH 单通道检测器低。此外，从多极化通道检测器对应的检测概率曲线随 $\rho_p$ 的变化趋势可以看出，由于杂波的对消作用，检测器达到相同检测概率所需的信杂比随杂波通道间相关性的增大而降低，当相关性足够大时，HH 通道和 VV 通道的组合达到同样检测概率时所需信杂比低于 HV 通道，这表示双极化通道 HH 和

VV 组合由于杂波对消作用产生的等效信杂比高于 HV 通道的信杂比。在加入 HV 通道后，检测器同时处理的极化通道数增加到 3 个，从检测概率曲线变化趋势中可以看出，相比于双极化通道检测器，三极化通道检测器带来的性能提升随同极化通道杂波之间相关性增大而产生的提升有一定程度的减弱。

图 11.8 显示的是各极化检测器检测概率达到 0.9 时所需的信杂比，可以看到在不同形状参数下三通道组合的性能相对于单个同极化通道或两个同极化通道的组合改善较为明显，但由于不同极化通道间目标信号对消对杂波对消作用的抵消，三极化通道检测器检测性能提升来自高信杂比 HV 通道的加入，因此在高斯杂波背景下，三极化通道检测器的检测性能较单个 HV 通道只有有限的提升，而当两个同极化通道的杂波为幅度分布重拖尾的非高斯杂波时，三极化通道检测器的检测概率甚至低于单个 HV 通道检测器。

从以上仿真实验中可以看出，尽管目标信号在两个同极化通道间强相关时三极化通道极化检测器的检测性能相对于单个交叉极化通道提升较小甚至略有下降，但在实际应用中这只是一种特殊情形。一般而言，三极化通道检测器不但能充分利用交叉极化通道的回波信息，还能将两个同极化通道中杂波和目标的极化信息用于提升检测性能。

接下来推导一种复合高斯杂波背景下的极化自适应检测器，该检测器利用目标回波与杂波极化信息实现了较好的检测效果。此外，该检测器不受代表杂波局部功率起伏的纹理分量的影响，理论上对纹理概率分布具有恒虚警特性。

设单个 CPI 内有 $M$ 个相干脉冲，$L$ 个极化通道上接收的待检测单元回波用 $L$ 个 $M$ 维复矢量 $\boldsymbol{x}_1$，$\boldsymbol{x}_2$，…，$\boldsymbol{x}_L$ 表示。在 $H_0$ 假设下 $\boldsymbol{x}_i=\sqrt{\tau_i}\boldsymbol{g}_i$，其中 $\boldsymbol{g}_i$ 为散斑分量，建模为复高斯分布随机向量，$\tau_i$ 是纹理分量，建模为非负的随机常数。在 $H_1$ 假设下 $\boldsymbol{x}_i=\sqrt{\tau_i}\boldsymbol{g}_i+a_i\boldsymbol{s}_0$，其中 $a_i$ 是未知的目标复幅度，$\boldsymbol{s}_0$ 为导向向量，$\boldsymbol{s}_0=[1, \exp(\mathrm{j}2\pi f_\mathrm{d}), \cdots, \exp(\mathrm{j}2\pi f_\mathrm{d}(M-1))]^\mathrm{T}$；$f_\mathrm{d}$ 为目标归一化多普勒频率。为方便表示，将 $L$ 个复向量 $\boldsymbol{x}_1$，$\boldsymbol{x}_2$，…，$\boldsymbol{x}_L$ 排列为 $LM$ 维列向量 $\boldsymbol{x}=[\boldsymbol{x}_1^\mathrm{T}, \boldsymbol{x}_2^\mathrm{T}, \cdots, \boldsymbol{x}_L^\mathrm{T}]^\mathrm{T}$。目标信号向量表示为相同的 $LM$ 维列向量 $\boldsymbol{s}=[a_1\boldsymbol{s}_0^\mathrm{T}, a_2\boldsymbol{s}_0^\mathrm{T}, \cdots, a_L\boldsymbol{s}_0^\mathrm{T}]^\mathrm{T}$，不同极化通道的目标复幅度用 $L$ 维向量 $\boldsymbol{a}=[a_1, a_2, \cdots, a_L]^\mathrm{T}$ 表示，定义导向矩阵 $\boldsymbol{\Sigma}=\boldsymbol{I}_L\otimes\boldsymbol{s}_0$，因此目标信号可以表示为 $\boldsymbol{s}=\boldsymbol{\Sigma a}$。在 $H_0$ 和 $H_1$ 假设中，杂波协方差矩阵 $\boldsymbol{R}$ 和极化散斑协方差矩阵 $\boldsymbol{R}_0$ 的关系为 $\boldsymbol{R}=\boldsymbol{\Gamma R}_0\boldsymbol{\Gamma}$，其中 $\boldsymbol{\Gamma}=\boldsymbol{T}\otimes\boldsymbol{I}_M$，$\boldsymbol{T}=\mathrm{diag}\{\sqrt{\tau_1}, \sqrt{\tau_2}, \cdots, \sqrt{\tau_L}\}$，$\otimes$表示克罗内克积，$\boldsymbol{I}_M$ 为 $M$ 阶单位阵，$\boldsymbol{R}_0$ 可以分解为多个块矩阵，即

$$\boldsymbol{R}_0=\begin{bmatrix}\boldsymbol{R}_{01/1} & \boldsymbol{R}_{01/2} & \cdots & \boldsymbol{R}_{01/L}\\ \boldsymbol{R}_{02/1} & \boldsymbol{R}_{02/2} & \cdots & \boldsymbol{R}_{02/L}\\ \cdots & \cdots & & \cdots\\ \boldsymbol{R}_{0L/1} & \boldsymbol{R}_{0L/2} & \cdots & \boldsymbol{R}_{0L/L}\end{bmatrix} \tag{11.2.13}$$

其中，$\boldsymbol{R}_{0i/j}=E[\boldsymbol{g}_i\boldsymbol{g}_j]$，$\boldsymbol{R}_0$ 包含了散斑分量在极化通道间的时间相关性信息。给定 $\tau_1$，$\tau_2$，…，$\tau_L$ 时，待检测数据 $\boldsymbol{x}$ 的 PDF 为

$$p_x(\boldsymbol{x}|\tau_1, \tau_2, \cdots, \tau_L; H_\gamma)=(\pi^{LM}|\boldsymbol{R}|)^{-1}\exp[-(\boldsymbol{x}-\gamma\boldsymbol{s})^{\mathrm{H}}\boldsymbol{R}^{-1}(\boldsymbol{x}-\gamma\boldsymbol{s})] \tag{11.2.14}$$

其中 $\gamma=0$ 表示 $H_0$ 假设，$\gamma=1$ 表示 $H_1$ 假设。为便于推导，定义矩阵 $\boldsymbol{A}=\mathrm{diag}\{a_1, a_2, \cdots, a_L\}$，向量 $\boldsymbol{\theta}=\mathrm{diag}\{1/\sqrt{\tau_1}, 1/\sqrt{\tau_2}, \cdots, 1/\sqrt{\tau_L}\}^{\mathrm{T}}$ 以及 $LM\times L$ 矩阵：

$$\boldsymbol{X}=\begin{bmatrix}x_1 & 0 & \cdots & 0\\ 0 & x_2 & \cdots & 0\\ \cdots & \cdots & & \cdots\\ 0 & 0 & \cdots & x_L\end{bmatrix} \tag{11.2.15}$$

根据

$$\boldsymbol{\Gamma}^{-1}\boldsymbol{x}=(\boldsymbol{T}^{-1}\otimes\boldsymbol{I}_M)\boldsymbol{x}=\boldsymbol{X}\boldsymbol{\theta} \tag{11.2.16}$$

$$\boldsymbol{\Gamma}^{-1}\boldsymbol{s}=\boldsymbol{\Gamma}^{-1}\boldsymbol{\Sigma}\boldsymbol{a}=(\boldsymbol{T}^{-1}\boldsymbol{a}\otimes\boldsymbol{s}_0)=\boldsymbol{\Sigma}\boldsymbol{T}^{-1}\boldsymbol{a}=\boldsymbol{\Sigma}\boldsymbol{A}\boldsymbol{\theta} \tag{11.2.17}$$

式(11.2.14)可重写为

$$p_x(\boldsymbol{x}\mid\tau_1, \tau_2, \cdots, \tau_L; H_\gamma)=\frac{1}{\pi^{LM}\left(\prod_{i=1}^{L}\tau_i\right)^M|\boldsymbol{R}_0|}\exp(-\boldsymbol{\theta}^{\mathrm{H}}(\boldsymbol{X}-\gamma\boldsymbol{\Sigma}\boldsymbol{A})^{\mathrm{H}}\times \boldsymbol{R}_0^{-1}(\boldsymbol{X}-\gamma\boldsymbol{\Sigma}\boldsymbol{A})\boldsymbol{\theta}),\quad \gamma=0, 1 \tag{11.2.18}$$

式(11.2.18)给出的形式好处在于未知参数$\{\tau_i\}$和$\{a_i\}$在方程内解耦合，从而更方便自适应检测器的推导。

假设极化散斑协方差矩阵 $\boldsymbol{R}_0$ 已知，复合高斯杂波背景下多极化通道广义似然比检验形式为

$$\frac{\max\limits_{\tau_1, \tau_2, \cdots, \tau_L, a}\{P_x(\boldsymbol{x}|\tau_1, \tau_2, \cdots, \tau_L; H_1)\}}{\max\limits_{\tau_1, \tau_2, \cdots, \tau_L}\{P_x(\boldsymbol{x}|\tau_1, \tau_2, \cdots, \tau_L; H_0)\}}\underset{H_0}{\overset{H_1}{\gtrless}}\lambda \tag{11.2.19}$$

$\boldsymbol{A}$ 的最大似然估计值为

$$\boldsymbol{A}=(\boldsymbol{\Sigma}^{\mathrm{H}}\boldsymbol{R}_0^{-1}\boldsymbol{\Sigma})^{-1}\boldsymbol{\Sigma}^{\mathrm{H}}\boldsymbol{R}_0^{-1}\boldsymbol{X} \tag{11.2.20}$$

将式(11.2.20)代入式(11.2.19)，得到只关于 $\tau_1$，$\tau_2$，…，$\tau_L$ 的最大似然函数。求解 $\tau_1$，$\tau_2$，…，$\tau_L$ 的最大似然估计值相当于求式(11.2.21)最小的 $\tau_1$，$\tau_2$，…，$\tau_L$，即

$$\min_{\tau_1,\tau_2,\cdots,\tau_L}\left\{LM\ln\pi+M\sum_{i=1}^{L}\ln\tau_i+\ln|\boldsymbol{R}_0|+\theta^H\boldsymbol{\Psi}^{(\gamma)}\theta\right\} \tag{11.2.21}$$

其中，$\boldsymbol{\Psi}^{(\gamma)}=\boldsymbol{X}^{\mathrm{H}}[\boldsymbol{R}_0^{-1}-\gamma\boldsymbol{R}_0^{-1}\boldsymbol{\Sigma}(\boldsymbol{\Sigma}^{\mathrm{H}}\boldsymbol{R}_0^{-1}\boldsymbol{\Sigma})^{-1}\boldsymbol{\Sigma}^{\mathrm{H}}\boldsymbol{R}_0^{-1}]\boldsymbol{X}$ 是 $L\times L$ 的厄密特矩阵，$\gamma=0$ 对应 $H_0$ 假设，$\gamma=1$ 对应 $H_1$ 假设。求式(11.2.21)关于 $\tau_1$，$\tau_2$，…，$\tau_L$ 的导数并置零，可以得到包含 $L$ 个未知参数的 $L$ 个非线性方程组。对于任何 $L$ 都可以给出该方程的一组数值解，然而只有 $L=2$ 时可以得到一组闭式解，两种假设下未知参数 $\tau_1$ 和 $\tau_2$ 的值为

$$\begin{cases}\tau_1^{(\gamma)}=\dfrac{1}{M}\boldsymbol{\Psi}_{11}^{(\gamma)}\left(1+\mathrm{Re}\{\boldsymbol{\Psi}_{12}^{(\gamma)}\}/\sqrt{\boldsymbol{\Psi}_{11}^{(\gamma)}\boldsymbol{\Psi}_{22}^{(\gamma)}}\right)\\[2ex]\tau_2^{(\gamma)}=\dfrac{1}{M}\boldsymbol{\Psi}_{22}^{(\gamma)}\left(1+\mathrm{Re}\{\boldsymbol{\Psi}_{12}^{(\gamma)}\}/\sqrt{\boldsymbol{\Psi}_{11}^{(\gamma)}\boldsymbol{\Psi}_{22}^{(\gamma)}}\right)\end{cases} \tag{11.2.22}$$

将式(11.2.22)和式(11.2.20)代入式(11.2.19)，可以得到双极化通道下与纹理分量无关的广义似然比检测器(下文简记为 TF-GLRT 检测器)形式为

$$\frac{\sqrt{\boldsymbol{\Psi}_{11}^{(0)}\boldsymbol{\Psi}_{22}^{(0)}}+\mathrm{Re}\{\boldsymbol{\Psi}_{12}^{(0)}\}}{\sqrt{\boldsymbol{\Psi}_{11}^{(0)}\boldsymbol{\Psi}_{22}^{(0)}}+\mathrm{Re}\{\boldsymbol{\Psi}_{12}^{(1)}\}}\underset{H_0}{\overset{H_1}{\gtrless}}\lambda^{1/2M}=\eta \tag{11.2.23}$$

TF-GLRT 使用最大似然估计值代替两个极化通道中未知的纹理分量 $\tau_1$ 和 $\tau_2$，因此检测器与纹理分布无关。TF-GLRT 联合利用两个通道的极化信息，如 HH 和 HV 通道，HH 和 VV 通道或 VV 和 VH 通道，以消除杂波和检测目标。在实验中选择 HH 和 HV 通道或者 HH 和 VV 通道的组合进行性能分析，并使用 NMF 作为单极化通道检测器的代表以进行检测性能对比。

由于 TF-GLRT 对两个极化通道中的纹理分量 $\tau_1$ 和 $\tau_2$ 具有恒虚警特性，假设极化散斑协方差矩阵 $\boldsymbol{R}_0$ 已知，则虚警概率 $P_{\mathrm{FA}}$的解析表达式为

$$P_{\mathrm{FA}}=\eta^{-2(M-1)}[1+2(M-1)\ln(\eta)],\quad \eta>1 \tag{11.2.24}$$

式(11.2.24)表明 $P_{\mathrm{FA}}$仅取决于脉冲数 $M$ 和检测门限，则根据设定的 $P_{\mathrm{FA}}$可以计算出相应的检测门限。关于检测概率解析表达式的推导较为复杂，这里仅分析两个极化通道上目标复幅度独立的 Swerling Ⅰ型目标的情况，其方差分别为 $\sigma_{t_1}^2$ 和 $\sigma_{t_2}^2$，给定 $\tau_1$ 和 $\tau_2$ 时检测概率 $P_{\mathrm{D}}$ 为

$$P_{\mathrm{D}}(\tau_1,\tau_2)=\left(\frac{\tau_2+\xi_2\sigma_{t_2}^2}{\tau_2\eta^2+\xi_2\sigma_{t_2}^2}\right)^{M-1}\times\int_1^{\eta^2}\left(\frac{(\tau_1+\xi_1\sigma_{t_1}^2)(\tau_2+\xi_2\sigma_{t_2}^2)z}{\xi_1\sigma_{t_1}(z+\tau_1\eta^2/\xi_1\sigma_{t_1}^2)}\right)^{M-1}\times\frac{\tau_2}{(z\tau_2+\xi_2\sigma_{t_2}^2)^M}\mathrm{d}z \tag{11.2.25}$$

其中，$\xi_1=\|\boldsymbol{L}_1^{\mathrm{H}}\boldsymbol{s}_0\|^2$ 和 $\xi_2=\|\boldsymbol{L}_2^{\mathrm{H}}\boldsymbol{s}_0\|^2$，$\boldsymbol{L}_1$ 和 $\boldsymbol{L}_2$ 为两个极化通道的白化滤波器。要获得一般条件下的 $P_{\mathrm{D}}$ 表达式，需要在 $\tau_1$、$\tau_2$ 的联合分布上对式(11.2.25)求期望。当两个极化通道中的杂波或目标信号相关时，只能采用蒙特卡罗实验来确定检测概率。

假设 $L$ 个极化通道中复合高斯海杂波的纹理分量 $\tau_1, \tau_2, \cdots, \tau_L$ 为服从 Gamma 分布的随机变量，其 PDF 如式(11.2.12)所示。首先分析 TF-GLRT 在高斯杂波背景下的检测性能，在仿真实验中虚警概率 $P_{\mathrm{FA}}=10^{-4}$，脉冲累积数 $M=8$，目标归一化多普勒频率 $f_{\mathrm{d}}=1/8$；两个极化通道下杂波的形状参数 $\nu_1=\nu_2=\infty$，$\alpha_{\mathrm{t}}=1$，高斯型杂波协方差矩阵 $\boldsymbol{C}$ 的一阶迟滞相关系数 $\rho=0.9$，相关系数为 $\rho_{\mathrm{p}}$ 的两个极化通道杂波协方差矩阵可以表示为

$$\boldsymbol{R}_0=\begin{bmatrix}1 & \rho_{\mathrm{p}}\\ \rho_{\mathrm{p}} & 1\end{bmatrix}\otimes\boldsymbol{C} \tag{11.2.26}$$

信杂比定义为

$$\mathrm{SCR}=\frac{\sigma_{\mathrm{t}_1}^2}{\mu_1} \tag{11.2.27}$$

两个极化通道的杂波功率满足 $\mu_2=\alpha\mu_1$。

TF-GLRT 与单通道自适应检测器在上述仿真实验条件下的检测概率对比如图 11.9 和图 11.10 所示。从实验结果中可以看出，检测器的检测性能在很大程度上取决于极化通道间杂波相关系数 $\rho_{\mathrm{p}}$ 的大小。随着相关性的增强，TF-GLRT 能够对两个极化通道之间的杂波进行一定程度的对消，从而提升检测性能。此外，检测器的检测概率还与两个通道上目标复幅度之间的相关性 $\rho_{\mathrm{t}}$ 有关，目标相关矩阵 $\boldsymbol{R}_{\mathrm{t}}$ 定义为

$$\boldsymbol{R}_{\mathrm{t}}=E[\boldsymbol{a}\boldsymbol{a}^H]=\begin{bmatrix}\sigma_{\mathrm{t}_1}^2 & \rho_{\mathrm{t}}\sqrt{\sigma_{\mathrm{t}_1}^2\sigma_{\mathrm{t}_2}^2}\\ \rho_{\mathrm{t}}\sqrt{\sigma_{\mathrm{t}_1}^2\sigma_{\mathrm{t}_2}^2} & \sigma_{\mathrm{t}_2}^2\end{bmatrix}=\begin{bmatrix}\sigma_{\mathrm{t}_1}^2 & \rho_{\mathrm{t}}\sqrt{\alpha_{\mathrm{t}}}\sigma_{\mathrm{t}_1}^2\\ \rho_{\mathrm{t}}\sqrt{\alpha_{\mathrm{t}}}\sigma_{\mathrm{t}_1}^2 & \alpha_{\mathrm{t}}\sigma_{\mathrm{t}_1}^2\end{bmatrix} \tag{11.2.28}$$

其中，$\rho_{\mathrm{t}}$ 为 $\alpha_1$ 和 $\alpha_2$ 之间的相关系数(即两个通道上目标复幅度之间的相关系数)，$\alpha_{\mathrm{t}}=\sigma_{\mathrm{t}_2}^2/\sigma_{\mathrm{t}_1}^2$。假设目标为 Swerling Ⅰ型目标，$\alpha_1$ 和 $\alpha_2$ 均为零均值复高斯随机变量。图 11.9 显示了 $\alpha_{\mathrm{t}}=1$ 时不相关目标回波(即 $\rho_{\mathrm{t}}=0$)对应的仿真实验结果，TF-GLRT 的检测概率总是高于单通道检测器，随着 $\rho_{\mathrm{p}}$ 的增加两种检测器之间检测概率的差距在逐渐增大。图 11.10 显示了 $\rho_{\mathrm{t}}=0.9$ 对应的仿真实验结果，其中目标对消与杂波对消同时存在，在两个极化通道间杂波相关系数达到极高水平(即 $\rho_{\mathrm{p}}=0.99$)之前，TF-GLRT 的检测性能增益随着 $\rho_{\mathrm{p}}$ 的增加提升较小。

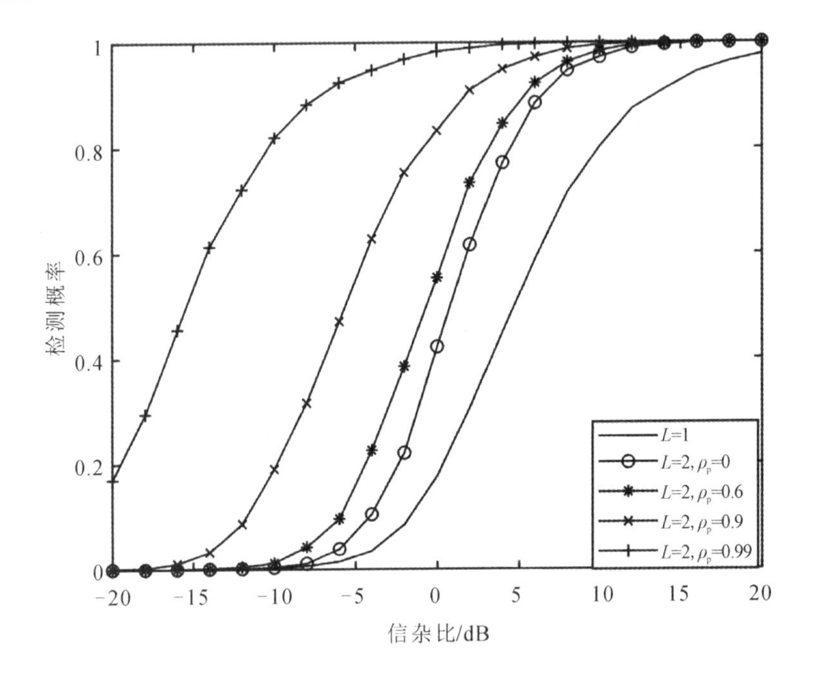


图 11.9 $\alpha_t=1$ 时 TF-GLRT 与单通道检测器的检测概率曲线

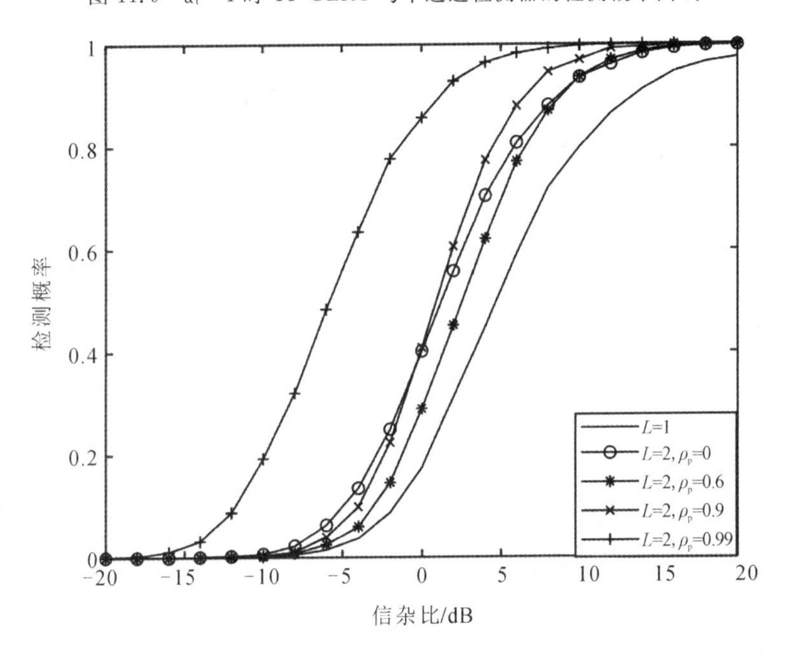


图 11.10 $\rho_t=0.9$ 时 TF-GLRT 与单通道检测器的检测概率曲线

在杂波非高斯特性较强情况下，TF-GLRT 与单极化通道检测器的检测概率曲线如图 11.11 和图 11.12 所示，其中图 11.11 对应 $\rho_p=0$，图 11.12 对应 $\rho_p=0.9$。此外，在仿真实验中虚警概率 $P_{FA}=10^{-4}$，脉冲累积数 $M=8$，目标归一化多普勒频率 $f_d=1/8$；两个极化通道下杂波的形状参数 $\nu_1=\nu_2=0.5$，尺度参数 $\mu_2=\mu_1$；$\alpha=1$，$\alpha_t=1$。如图 11.11 所示，当两个极化通道上的杂波不相关(即 $\rho_p=0$)时，TF-GLRT 的检测概率关于 $\rho_t$ 的变化并不明显。TF-GLRT 相对于单通道检测器带来的检测性能提升随 $\rho_t$ 的增加而略有下降，如在 $P_D=0.9$ 的条件下，TF-GLRT 相对于单通道检测器的增益在 $\rho_t=0$ 时为 9 dB，在 $\rho_t=0.99$ 时为 7 dB。这种现象可以认为是两个极化通道上目标回波相关性较弱时，检测器对目标起伏的平均作用更加明显而使得检测概率变高。如图 11.12 所示，当两个极化通道上的杂波相关性较强(即 $\rho_p=0.9$)时，TF-GLRT 的检测概率对目标极化相关性的变化非常敏感。在 $P_D=0.9$ 的条件下，TF-GLRT 相对于单通道检测器的增益在 $\rho_t=0$ 时约为 16 dB，而在 $\rho_t=0.99$ 时仅为 9 dB。当 $\rho_p=0.9$ 时，对于较低的 $\rho_t$ 值，检测器对两个极化通道之间相关杂波的对消作用和不相关目标回波起伏的平均作用使检测性能得到提升。当目标回波在极化通道间的相关性很强(如 $\rho_t=0.99$)时，检测性能提升主要来自杂波的对消作用，而目标回波的平均作用消失，甚至产生了不利于目标检测的对消。

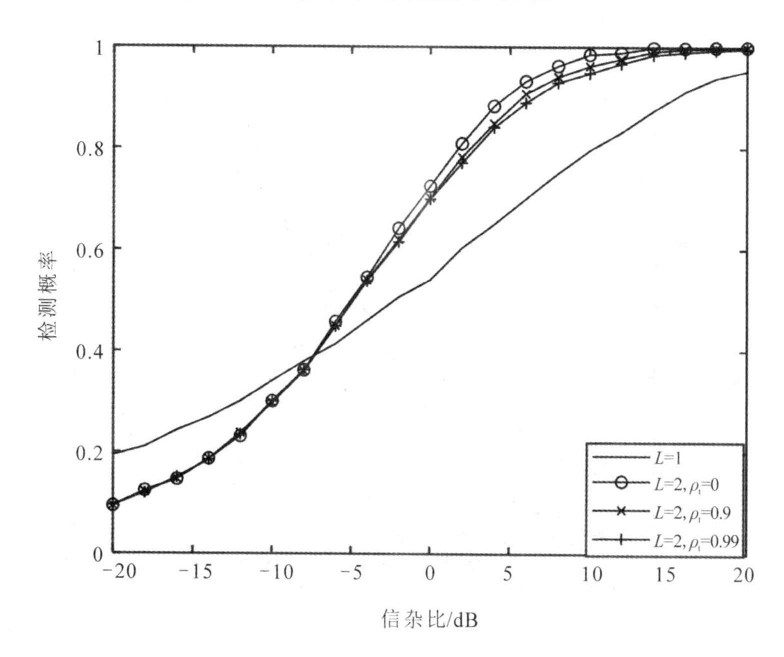


图 11.11 $\rho_p=0$ 时 TF-GLRT 与单通道检测器在 K 分布杂波下的检测概率曲线

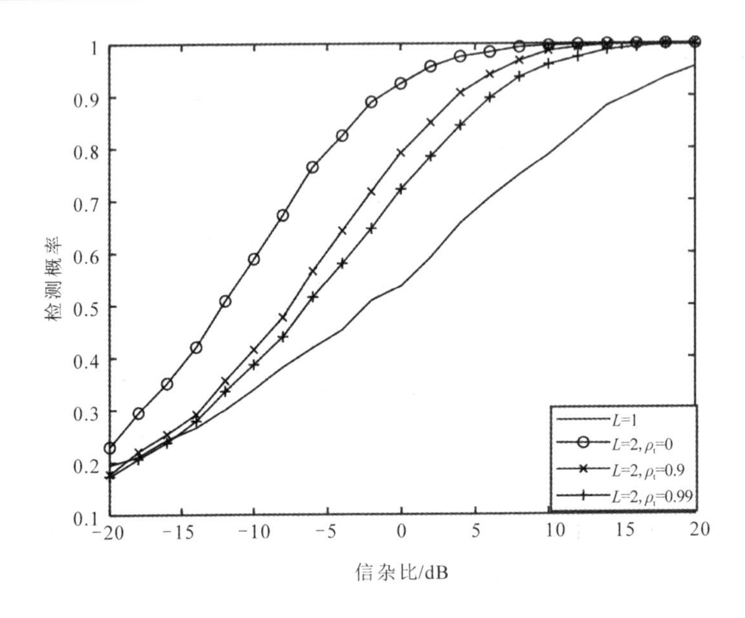


图 11.12 $\rho_p=0.9$ 时 TF-GLRT 与单通道检测器在 K 分布杂波下的检测概率曲线

图 11.13 显示了 K 分布杂波和高斯杂波背景下单通道检测器和 TF-GLRT 检测概率的比较结果，其中 $\rho_t=0$、$\rho_p=0$，即杂波和目标回波在极化通道间都不相关，$\alpha=0.01$、$\alpha_t=0.1$。从图 11.13 中可以看出，非高斯杂波背景下 TF-GLRT 的检测性能好于高斯杂波背景下的

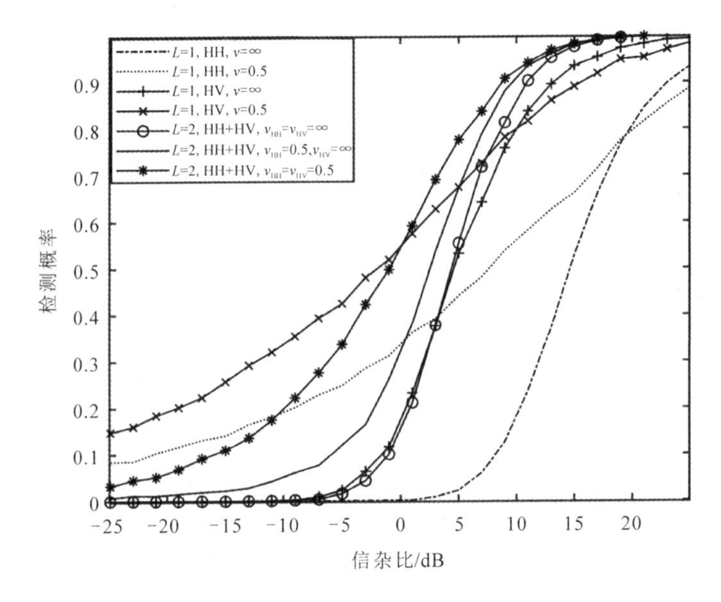


图 11.13 不同 $\nu$ 值对应的 TF-GLRT 的检测概率曲线

检测性能。从仿真实验中设定的参数可以看出，HV 通道的信杂比比 HH 通道高 10 dB，TF-GLRT 较 HV 单通道的性能改善远小于 HH 通道，这表示 HV 通道对双极化通道的检测贡献更大。

图 11.14～图 11.16 显示了非高斯杂波背景下两个极化通道中杂波和目标信号的不同功率比对应检测器的检测概率曲线。图 11.14 显示了 $\alpha_t=0.01$ 时不同 $\alpha$ 对应的检测性能，仿真实验中 $\nu_1=\nu_2=0.5$，$\rho_t=0$，$\rho_p=0.9$。在 $P_D=0.9$ 的条件下，当 $\alpha$ 从 0.1 变为 0.01 时，TF-GLRT 的增益为 4 dB，这是由于在第二极化通道上信杂比的增加和极化特性的利用；当 $\alpha$ 从 0.01 下降到 0.002 时，TF-GLRT 相对于单通道检测器的检测概率提升降低到 4 dB，由此说明增加第二通道的信杂比比利用极化信息对检测概率的影响更大。

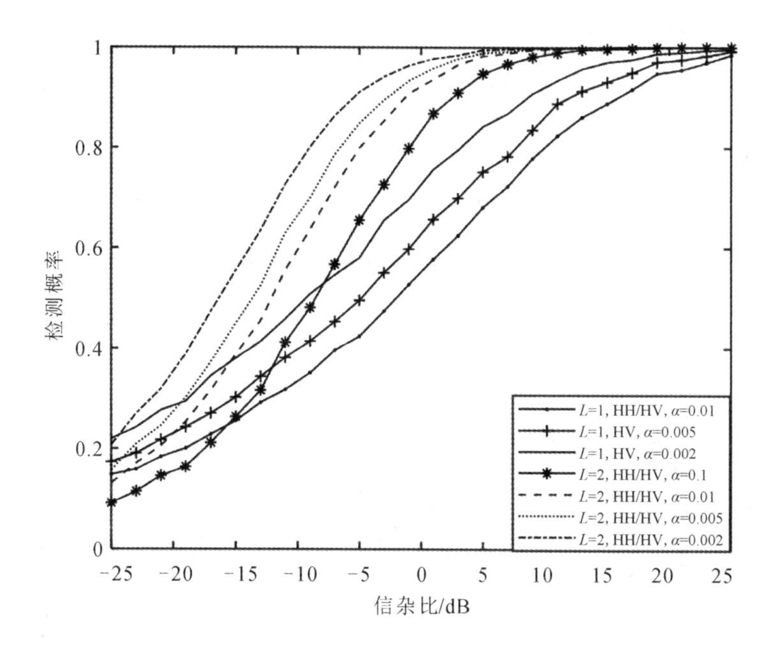


图 11.14 不同 $\alpha$ 值对应的 TF-GLRT 的检测概率曲线

图 11.15 和图 11.16 显示了 $\alpha=0.01$ 时不同 $\alpha_t$ 对应检测器的检测概率曲线，仿真实验中 $\nu_1=\nu_2=0.5$，$\rho_t=0$。由于第二个通道的杂波功率比第一个通道低 20 dB，当 $0.01<\alpha_t<1$ 时，第二个极化通道的信杂比大于第一个极化通道，此时将第二个极化通道作为参考通道。相反地，对于 $\alpha_t<0.01$ 的情况，第一个极化通道的信杂比较高，此时将其作为参考通道。

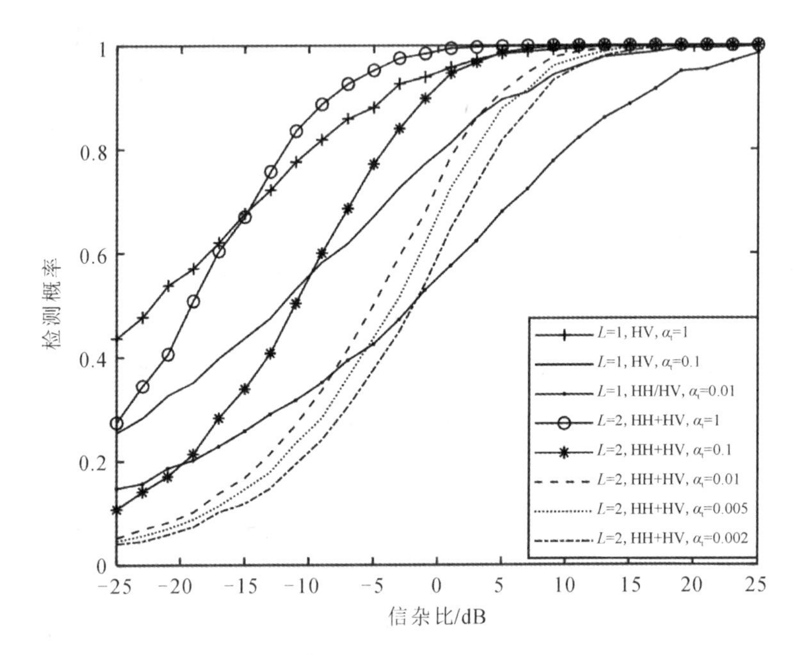


图 11.15　$\rho_p=0$ 时不同 $\alpha_t$ 对应的 TF-GLRT 的检测概率曲线

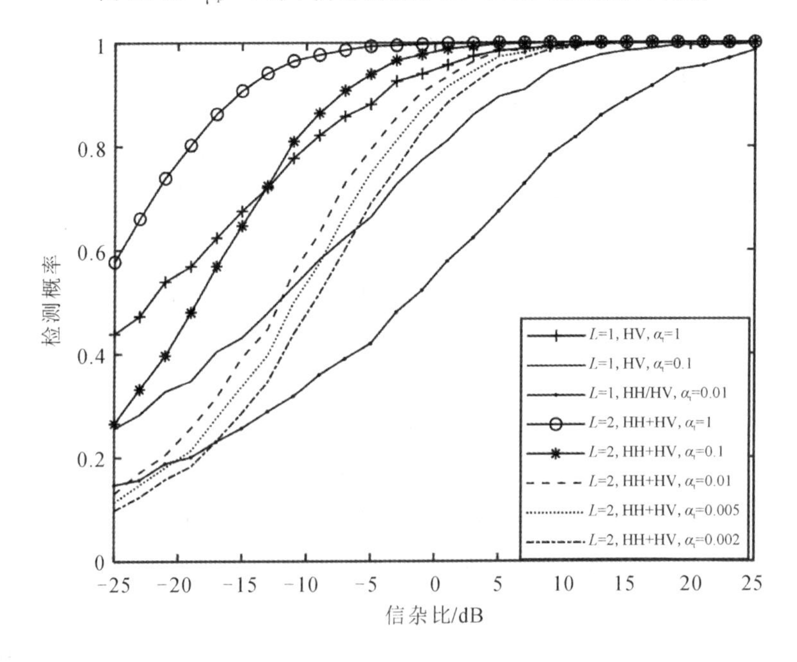


图 11.16　$\rho_p=0.9$ 时不同 $\alpha_t$ 对应的 TF-GLRT 的检测概率曲线

图 11.15 显示了 $\rho_p=0$ 时的实验结果，当 $\alpha_t=1$ 时第二个极化通道的信杂比比第一个通道大 20 dB，因此 TF-GLRT 的检测概率与只使用第二个通道的检测器相似。当 $\alpha_t$ 减小到 0.01 时，联合两个通道获得的信杂比增益会增加。随着 $\alpha_t$ 的降低，TF-GLRT 的检测概率曲线向第一通道对应的检测概率曲线方向移动。图 11.16 显示了 $\rho_p=0.9$ 时的情况，此时检测性能的提升来自两个极化通道杂波的对消作用。当 $\alpha_t$ 为 1 时，在 $P_D=0.9$ 处 TF-GLRT 相对于参考通道的检测结果产生了 11 dB 的增益；当 $\alpha_t$ 为 0.01 时，产生了 15 dB 的增益。在图 11.14 和图 11.15 中讨论的双极化通道检测器适用于两个同极化的组合通道(HH-VV)或同极化和交叉极化通道(HH-HV 或 VV-VH)，而图 11.16 对应的仿真实验预设了杂波相关系数 $\rho_p=0.9$ 的条件，因此仅适用于组合同极化通道检测器的检测性能分析。

在实际应用中杂波散斑协方差矩阵 $\boldsymbol{R}_0$ 是未知的，需要从待检测单元周围选取 $K$ 个均匀杂波单元 $\boldsymbol{x}(k)=[\boldsymbol{x}_1(k), \boldsymbol{x}_2(k)]^{\mathrm{T}}(k=1, 2, \cdots, K)$ 用于估计 $\boldsymbol{R}_0$，以使 TF-GLRT 对杂波协方差矩阵结构自适应。在估计过程中，首先需要消除第 $k$ 个距离单元上杂波纹理分量 $\tau_1(k)$ 和 $\tau_2(k)$ 的影响，对两个极化通道的辅助数据分别用纹理值归一化得到 $\boldsymbol{x}^n(k)=[\boldsymbol{x}_1^{n(\mathrm{T})}(k), \boldsymbol{x}_2^{n(\mathrm{T})}(k)]^{\mathrm{T}}(k=1, 2, \cdots, K)$，其中

$$\boldsymbol{x}_1^n(k)=\frac{\boldsymbol{x}_1(k)}{\sqrt{\dfrac{1}{M}\|\boldsymbol{x}_1(k)\|^2}} \tag{11.2.29}$$

以及

$$\boldsymbol{x}_2^n(k)=\frac{\boldsymbol{x}_2(k)}{\sqrt{\dfrac{1}{M}\|\boldsymbol{x}_2(k)\|^2}} \tag{11.2.30}$$

归一化消除了纹理分量的影响，归一化辅助数据对应的样本协方差矩阵 $\hat{\boldsymbol{R}}_0$ 在理论上与两个极化通道上的杂波局部功率无关，极化散斑协方差矩阵 $\boldsymbol{R}_0$ 的估计值为

$$\hat{\boldsymbol{R}}_0=\frac{1}{K}\sum_{k=1}^{K}\boldsymbol{x}^n(k)\boldsymbol{x}^{n(\mathrm{H})}(k) \tag{11.2.31}$$

该估计方法是单极化通道上 NSCM 方法的扩展，使用相应杂波散斑协方差矩阵估计值的自适应极化检测器在理论上关于杂波功率起伏是 CFAR 的。图 11.17 研究了非高斯杂波背景下自适应极化检测器在不同 $\rho_t$ 值下的检测性能，仿真实验中 $\nu_1=\nu_2=0.5$、$\rho_p=0.9$ 和 $K=48$，此外设定两个极化通道间纹理分布的相关系数 $\rho_\tau=0.995$。图 11.17 中实线为已知杂波协方差矩阵检测器对应的检测概率曲线，虚线为使用杂波协方差矩阵结构估计值检测

器对应的检测概率曲线，从仿真实验结果中可以看出，自适应极化检测器的检测概率曲线与杂波协方差矩阵已知对应的曲线接近，只有 2.5～3 dB 的检测损失。

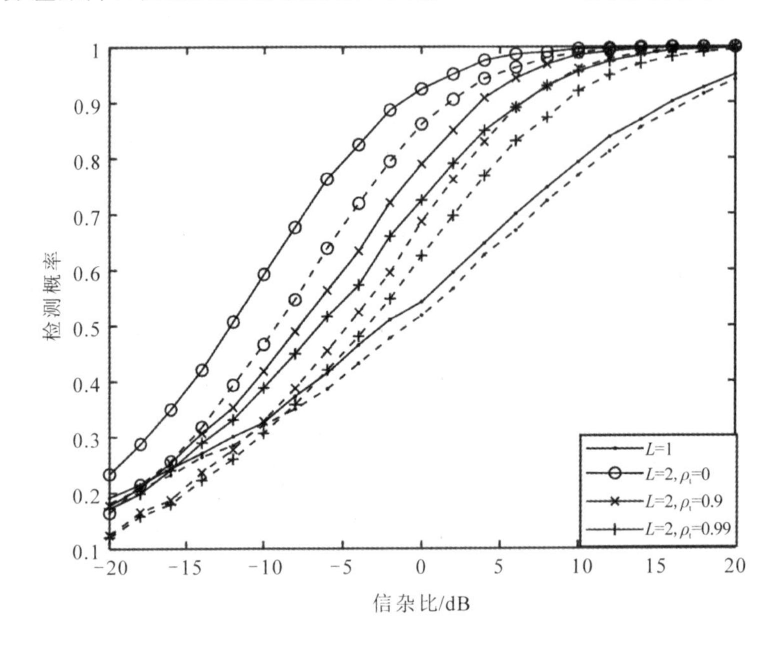


图 11.17 使用杂波协方差矩阵结构估计值对极化检测器检测概率的影响

### 11.2.2 Rao 检测器和 Wald 检测器

根据广义似然比检验推导得到的检测器在理论上并非最优检测器，为了检测性能以及稳健性的进一步提升，可以设计不同准则下的极化自适应检测器。对于复合高斯杂波背景下多极化通道的目标检测问题，De Maio 等学者首先在杂波散斑协方差矩阵已知的条件下推导了基于 Rao 检验和 Wald 检验的极化检测器，随后使用散斑协方差矩阵估计值替换真值得到了两种检测器的自适应形式。本小节将介绍这两种检测器的推导过程并进行检测性能评价。

与复合高斯杂波背景下基于两步广义似然比检验的检测器相同，基于 Rao 检验和 Wald 检验的极化检测器在推导过程中使用的是回波的条件 PDF(即假设纹理值已知)。如上文所述，只有极化通道数 $L=2$ 时，才能得到不同极化通道纹理估计值的闭式解，因此基于 Rao 检验和 Wald 检验的极化检测器是针对两个极化通道的回波数据设计的，通常可以选择 HH 和 HV 通道(或 VV 和 VH 通道)。

假设待处理的回波数据来自两个极化通道，同时杂波散斑协方差矩阵 $\boldsymbol{R}_0$ 已知，定义 $4\times1$ 维实向量 $\boldsymbol{\theta}_r=[\alpha_{R,1},\alpha_{R,2},\alpha_{I,1},\alpha_{I,2}]^T$，其中 $\alpha_{R,i}$ 和 $\alpha_{I,i}$ 分别是两个极化通道上目标复幅度 $\alpha_t(t=1,2)$ 的实部和虚部；定义 $2\times1$ 维向量 $\boldsymbol{\theta}_s=[\tau_1,\tau_2]^T$，$\tau_1$ 和 $\tau_2$ 分别是两个极化通道上海杂波的纹理分量；定义 $6\times1$ 维向量 $\boldsymbol{\theta}=[\boldsymbol{\theta}_r^T,\boldsymbol{\theta}_s^T]^T$，该向量包含了双极化二元假设检验问题中的全部未知参数。

对于利用回波极化信息的二元假设检验问题，Rao 检测器的形式为

$$\left.\frac{\partial\ln f(\boldsymbol{x}|\boldsymbol{R},\boldsymbol{\theta})}{\partial\boldsymbol{\theta}_r}\right|_{\boldsymbol{\theta}=\hat{\boldsymbol{\theta}}_0}^{T}[\boldsymbol{J}^{-1}(\hat{\boldsymbol{\theta}}_0)]_{\boldsymbol{\theta}_r,\boldsymbol{\theta}_r}\left.\frac{\partial\ln f(\boldsymbol{x}|\boldsymbol{R},\boldsymbol{\theta})}{\partial\boldsymbol{\theta}_r}\right|_{\boldsymbol{\theta}=\hat{\boldsymbol{\theta}}_0}\underset{H_0}{\overset{H_1}{\gtrless}}\gamma \tag{11.2.32}$$

其中：$\gamma$ 是根据期望虚警概率设置的检测门限；$\hat{\boldsymbol{\theta}}_0$ 是 $H_0$ 假设下 $\boldsymbol{\theta}$ 的最大似然估计值，$f(\boldsymbol{x}|\boldsymbol{R},\boldsymbol{\theta})$ 是主数据 $\boldsymbol{x}$ 在 $H_1$ 假设下的 PDF，其形式为式(11.2.14)，而

$$\frac{\partial}{\partial\boldsymbol{\theta}_r}=\left[\frac{\partial}{\partial\alpha_{R,1}},\frac{\partial}{\partial\alpha_{R,2}},\frac{\partial}{\partial\alpha_{I,1}},\frac{\partial}{\partial\alpha_{I,2}}\right]^T \tag{11.2.33}$$

表示符号对象关于 $\boldsymbol{\theta}_r$ 的求梯度运算。$\boldsymbol{J}(\boldsymbol{\theta})=\boldsymbol{J}(\boldsymbol{\theta}_r,\boldsymbol{\theta}_s)$ 为 Fisher 信息矩阵，即

$$\boldsymbol{J}(\boldsymbol{\theta})=\begin{bmatrix}\boldsymbol{J}_{\boldsymbol{\theta}_r,\boldsymbol{\theta}_r}(\boldsymbol{\theta}) & \boldsymbol{J}_{\boldsymbol{\theta}_r,\boldsymbol{\theta}_s}(\boldsymbol{\theta})\\ \boldsymbol{J}_{\boldsymbol{\theta}_s,\boldsymbol{\theta}_r}(\boldsymbol{\theta}) & \boldsymbol{J}_{\boldsymbol{\theta}_s,\boldsymbol{\theta}_s}(\boldsymbol{\theta})\end{bmatrix} \tag{11.2.34}$$

而

$$[\boldsymbol{J}^{-1}(\boldsymbol{\theta})]_{\boldsymbol{\theta}_r,\boldsymbol{\theta}_r}=(\boldsymbol{J}_{\boldsymbol{\theta}_r,\boldsymbol{\theta}_r}(\boldsymbol{\theta})-\boldsymbol{J}_{\boldsymbol{\theta}_r,\boldsymbol{\theta}_s}(\boldsymbol{\theta})\boldsymbol{J}_{\boldsymbol{\theta}_s,\boldsymbol{\theta}_s}^{-1}(\boldsymbol{\theta})\boldsymbol{J}_{\boldsymbol{\theta}_s,\boldsymbol{\theta}_r}(\boldsymbol{\theta}))^{-1} \tag{11.2.35}$$

首先计算 $H_1$ 假设下的 $f(\boldsymbol{x}|\boldsymbol{R},\boldsymbol{\theta})$ 关于 $\boldsymbol{\theta}_r$ 的梯度：

$$\begin{aligned}\frac{\partial\ln f(\boldsymbol{x}|\boldsymbol{R}_0,\boldsymbol{\theta})}{\partial\alpha_{R,t}}&=2\mathrm{Re}\{\boldsymbol{e}_t^T\boldsymbol{P}^H\boldsymbol{\Gamma}^{-1}\boldsymbol{R}_0^{-1}\boldsymbol{\Gamma}^{-1}(\boldsymbol{x}-\boldsymbol{P}\boldsymbol{a})\}\\ \frac{\partial\ln f(\boldsymbol{x}|\boldsymbol{R}_0,\boldsymbol{\theta})}{\partial\alpha_{I,t}}&=2\mathrm{Im}\{\boldsymbol{e}_t^T\boldsymbol{P}^H\boldsymbol{\Gamma}^{-1}\boldsymbol{R}_0^{-1}\boldsymbol{\Gamma}^{-1}(\boldsymbol{x}-\boldsymbol{P}\boldsymbol{a})\}\end{aligned} \tag{11.2.36}$$

其中：$t=1$ 或 2，且 $\boldsymbol{e}_1=[1,0]^T$，$\boldsymbol{e}_2=[0,1]^T$；Re{·}和 Im{·}分别表示取实部和虚部。在 Fisher 信息矩阵的块结构中有

$$\begin{aligned}\boldsymbol{J}_{\boldsymbol{\theta}_r,\boldsymbol{\theta}_r}(\boldsymbol{\theta})&=2\begin{bmatrix}\mathrm{Re}\{\boldsymbol{\Phi}(\boldsymbol{\theta})\} & -\mathrm{Im}\{\boldsymbol{\Phi}(\boldsymbol{\theta})\}\\ \mathrm{Im}\{\boldsymbol{\Phi}(\boldsymbol{\theta})\} & \mathrm{Re}\{\boldsymbol{\Phi}(\boldsymbol{\theta})\}\end{bmatrix}\\ \boldsymbol{J}_{\boldsymbol{\theta}_r,\boldsymbol{\theta}_s}(\boldsymbol{\theta})&=\boldsymbol{0}_{4,2}\end{aligned} \tag{11.2.37}$$

式中 $\boldsymbol{0}_{n,m}$ 是 $n\times m$ 维零矩阵。$\boldsymbol{\Phi}(\boldsymbol{\theta})=\boldsymbol{P}^H\boldsymbol{\Gamma}^{-1}\boldsymbol{R}_0^{-1}\boldsymbol{\Gamma}^{-1}\boldsymbol{P}$，由此可以得到

$$[\boldsymbol{J}^{-1}(\boldsymbol{\theta})]_{\boldsymbol{\theta}_r,\boldsymbol{\theta}_r}=(\boldsymbol{J}(\boldsymbol{\theta})_{\boldsymbol{\theta}_r,\boldsymbol{\theta}_r})^{-1}=\frac{1}{2}\begin{bmatrix}\mathrm{Re}\{\boldsymbol{\Phi}(\boldsymbol{\theta})\} & -\mathrm{Im}\{\boldsymbol{\Phi}(\boldsymbol{\theta})\}\\ \mathrm{Im}\{\boldsymbol{\Phi}(\boldsymbol{\theta})\} & \mathrm{Re}\{\boldsymbol{\Phi}(\boldsymbol{\theta})\}\end{bmatrix}^{-1} \tag{11.2.38}$$

$H_0$ 假设下 $\boldsymbol{\theta}$ 的最大似然估计值为 $\hat{\boldsymbol{\theta}}_0=[0, 0, 0, 0, \tau_1^{(0)}, \tau_2^{(0)}]^{\mathrm{T}}$，其中 $\tau_1^{(0)}$ 和 $\tau_2^{(0)}$ 分别是 $\tau_1$ 和 $\tau_2$ 在 $H_0$ 假设下的最大似然估计值，已由式(11.2.22)给出。将式(11.2.36)和式(11.2.38)代入式(11.2.32)，可以得到检测判决式为

$$\boldsymbol{d}^{\mathrm{T}}(\boldsymbol{J}(\hat{\boldsymbol{\theta}}_0)_{\boldsymbol{\theta}_r,\boldsymbol{\theta}_r})^{-1}\boldsymbol{d}\underset{H_0}{\overset{H_1}{\gtrless}}\gamma \tag{11.2.39}$$

式中

$$\boldsymbol{d}=2\begin{bmatrix}\mathrm{Re}\{\boldsymbol{e}_t^{\mathrm{T}}\boldsymbol{P}^{\mathrm{H}}\boldsymbol{\Gamma}_0^{-1}\boldsymbol{R}^{-1}\boldsymbol{\Gamma}_0^{-1}(\boldsymbol{x}-\boldsymbol{Pa})\}\\ \mathrm{Im}\{\boldsymbol{e}_t^{\mathrm{T}}\boldsymbol{P}^{\mathrm{H}}\boldsymbol{\Gamma}_0^{-1}\boldsymbol{R}^{-1}\boldsymbol{\Gamma}_0^{-1}(\boldsymbol{x}-\boldsymbol{Pa})\}\end{bmatrix} \tag{11.2.40}$$

而

$$\boldsymbol{\Gamma}_0=\begin{pmatrix}\sqrt{\tau_1^{(0)}} & 0\\ 0 & \sqrt{\tau_2^{(0)}}\end{pmatrix}\otimes\boldsymbol{I}_M \tag{11.2.41}$$

经过代数运算化简式(11.2.39)，可以得到极化 Rao 检测器的形式为

$$\boldsymbol{x}^{\mathrm{H}}\boldsymbol{\Gamma}_0^{-1}\boldsymbol{R}_0^{-1}\boldsymbol{P}(\boldsymbol{P}^{\mathrm{H}}\boldsymbol{R}_0^{-1}\boldsymbol{P})^{-1}\boldsymbol{P}^{\mathrm{H}}\boldsymbol{R}_0^{-1}\boldsymbol{\Gamma}_0^{-1}\boldsymbol{x}\underset{H_0}{\overset{H_1}{\gtrless}}\gamma_1 \tag{11.2.42}$$

式中 $\gamma_1$ 是(11.2.39)中检测门限的适当变形。

对于利用回波极化信息的二元假设检验问题，Wald 检测器的形式为

$$\hat{\boldsymbol{\theta}}_{r,1}^{\mathrm{T}}([\boldsymbol{J}^{-1}(\hat{\boldsymbol{\theta}}_1)]_{\boldsymbol{\theta}_r,\boldsymbol{\theta}_r})^{-1}\hat{\boldsymbol{\theta}}_{r,1}\underset{H_0}{\overset{H_1}{\gtrless}}\gamma \tag{11.2.43}$$

其中，$\hat{\boldsymbol{\theta}}_1=[\hat{\boldsymbol{\theta}}_{r,1}^{\mathrm{T}}, \hat{\boldsymbol{\theta}}_{s,1}^{\mathrm{T}}]^{\mathrm{T}}$ 是 $H_1$ 假设下 $\boldsymbol{\theta}$ 的最大似然估计。在式(11.2.14)的回波 PDF 上求使 $\boldsymbol{\theta}_r$ 最大的值，就等价于求使式(11.2.44)最小的 $\boldsymbol{\theta}_r$ 值：

$$\boldsymbol{h}=\underset{\boldsymbol{\theta}_r}{\mathrm{argmin}}(\boldsymbol{x}-\boldsymbol{Pa})^{\mathrm{H}}(\boldsymbol{\Gamma}_1\boldsymbol{R}\boldsymbol{\Gamma}_1)^{-1}(\boldsymbol{x}-\boldsymbol{Pa}) \tag{11.2.44}$$

$\mathrm{argmin}_{\boldsymbol{\theta}_r}(\cdot)$表示求使对象函数最小的 $\boldsymbol{\theta}_r$ 值，上述问题的解为

$$\boldsymbol{h}=\begin{bmatrix}\mathrm{Re}\{[\boldsymbol{P}^{\mathrm{H}}(\boldsymbol{\Gamma}\boldsymbol{R}_0\boldsymbol{\Gamma})^{-1}\boldsymbol{P}]^{-1}\boldsymbol{P}^{\mathrm{H}}(\boldsymbol{\Gamma}\boldsymbol{R}_0\boldsymbol{\Gamma})^{-1}\boldsymbol{x}\}\\ \mathrm{Im}\{[\boldsymbol{P}^{\mathrm{H}}(\boldsymbol{\Gamma}\boldsymbol{R}_0\boldsymbol{\Gamma})^{-1}\boldsymbol{P}]^{-1}\boldsymbol{P}^{\mathrm{H}}(\boldsymbol{\Gamma}\boldsymbol{R}_0\boldsymbol{\Gamma})^{-1}\boldsymbol{x}\}\end{bmatrix} \tag{11.2.45}$$

将 $\boldsymbol{h}$ 代入式(11.2.14)替换 $\boldsymbol{\theta}_{r,1}$，同时求使 PDF 最大的 $\boldsymbol{\theta}_s$ 值，可以得到其在 $H_1$ 假设下的最大似然估计 $\hat{\boldsymbol{\theta}}_{r,1}=[\tau_1^{(1)}, \tau_2^{(1)}]$，式中 $\tau_1^{(1)}$ 和 $\tau_2^{(1)}$ 分别是 $\tau_1$ 和 $\tau_2$ 在 $H_1$ 假设下的最大似然估计值，由式(11.2.22)给出。因此可以得到：

$$\hat{\boldsymbol{\theta}}_{r,1}=\begin{bmatrix}\mathrm{Re}\{[\boldsymbol{P}^{\mathrm{H}}(\boldsymbol{\Gamma}_1\boldsymbol{R}_0\boldsymbol{\Gamma}_1)^{-1}\boldsymbol{P}]^{-1}\boldsymbol{P}^{\mathrm{H}}(\boldsymbol{\Gamma}_1\boldsymbol{R}_0\boldsymbol{\Gamma}_1)^{-1}\boldsymbol{x}\}\\ \mathrm{Im}\{[\boldsymbol{P}^{\mathrm{H}}(\boldsymbol{\Gamma}_1\boldsymbol{R}_0\boldsymbol{\Gamma}_1)^{-1}\boldsymbol{P}]^{-1}\boldsymbol{P}^{\mathrm{H}}(\boldsymbol{\Gamma}_1\boldsymbol{R}_0\boldsymbol{\Gamma}_1)^{-1}\boldsymbol{x}\}\end{bmatrix} \tag{11.2.46}$$

式中

$$\boldsymbol{\Gamma}_1=\begin{pmatrix}\sqrt{\tau_1^{(1)}} & 0\\ 0 & \sqrt{\tau_2^{(1)}}\end{pmatrix}\otimes\boldsymbol{I}_M \tag{11.2.47}$$

将式(11.2.38)和式(11.2.47)代入式(11.2.43)并经过代数运算，可以得到极化 Wald 检测器的形式为

$$\boldsymbol{x}^{\mathrm{H}}\boldsymbol{\Gamma}_1^{-1}\boldsymbol{R}_0^{-1}\boldsymbol{P}(\boldsymbol{P}^{\mathrm{H}}\boldsymbol{R}_0^{-1}\boldsymbol{P})^{-1}\boldsymbol{P}^{\mathrm{H}}\boldsymbol{R}_0^{-1}\boldsymbol{\Gamma}_1^{-1}\boldsymbol{x}\underset{H_0}{\overset{H_1}{\gtrless}}\gamma_1 \tag{11.2.48}$$

其中 $\gamma_1$ 是式(11.2.43)中检测门限的适当变形。使用 11.2.1 节中提到的杂波散斑协方差矩阵估计方法，将估计值 $\hat{\boldsymbol{R}}_0$ 代入式(11.2.42)和式(11.2.48)，可得到自适应形式的极化 Rao 和极化 Wald 检测器。

下面使用仿真数据对本小节给出的两种极化检测器的检测性能进行评价。将两个极化通道上复合高斯海杂波的纹理分量建模为服从 Gamma 分布但分布参数不同的随机变量，其 PDF 如式(11.2.15)所示。信杂比、两个极化通道杂波散斑协方差矩阵以及目标相关矩阵的定义如式(11.2.26)、式(11.2.27)和式(11.2.28)所示。本次仿真实验中设虚警概率 $P_{\mathrm{FA}}=10^{-4}$，脉冲累积数 $M=8$，两个极化通道间纹理分量的相关系数 $\rho_\tau=0$，仿真目标归一化多普勒频率 $f_{\mathrm{d}}=1/8$，一阶迟滞相关系数 $\rho=0.9$。

研究参数单元数对极化 GLRT、Rao 和 Wald 检测器检测性能影响仿真实验的结果如图 11.18 和图 11. 19 所示。图 11.18 对应实验的参数设置为 $\rho_{\mathrm{t}}=0.28$、$\alpha_{\mathrm{t}}=1$、$\rho_{\mathrm{p}}=0.5$、$\alpha=1.6$；图 11.19 对应实验的参数设置为 $\rho_{\mathrm{t}}=0$、$\alpha_{\mathrm{t}}=0.19$、$\rho_{\mathrm{p}}=0$、$\alpha=0.18$。从实验结果中中可以看出极化自适应检测器的检测性能对参考单元数的依赖较强，此外，TF-GLRT 和 Wald 检测器的检测概率相对较高，两个检测器对辅助数据的依赖较小，而 Rao 检测器在本次仿真实验中检测性能最差。

研究杂波形状参数对极化 GLRT、Rao 和 Wald 检测器检测性能影响仿真实验的结果如图 11.20 和图 11.21 所示。图 11.18 对应实验的参数设置为 $\rho_{\mathrm{t}}=0.28$、$\alpha_{\mathrm{t}}=1$、$\rho_{\mathrm{p}}=0.5$、$\alpha=1.6$；图 11.19 对应实验的参数设置为 $\rho_{\mathrm{t}}=0$、$\alpha_{\mathrm{t}}=0.19$、$\rho_{\mathrm{p}}=0$、$\alpha=0.18$。从实验结果中可以看出三种极化检测器在形状参数数值较小时检测概率相对较高，Wald 检测器和 GLRT 检测器的检测概率近似相等，而 Rao 检测器低于前两者。

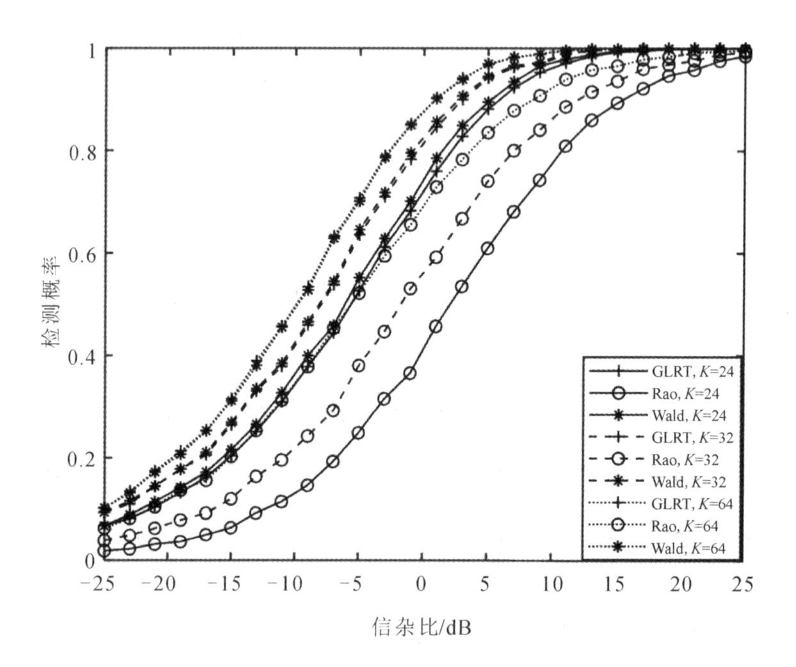


图 11.18 $\rho_{\mathrm{p}}=0.5$ 时参考单元数对三种检测器检测概率的影响

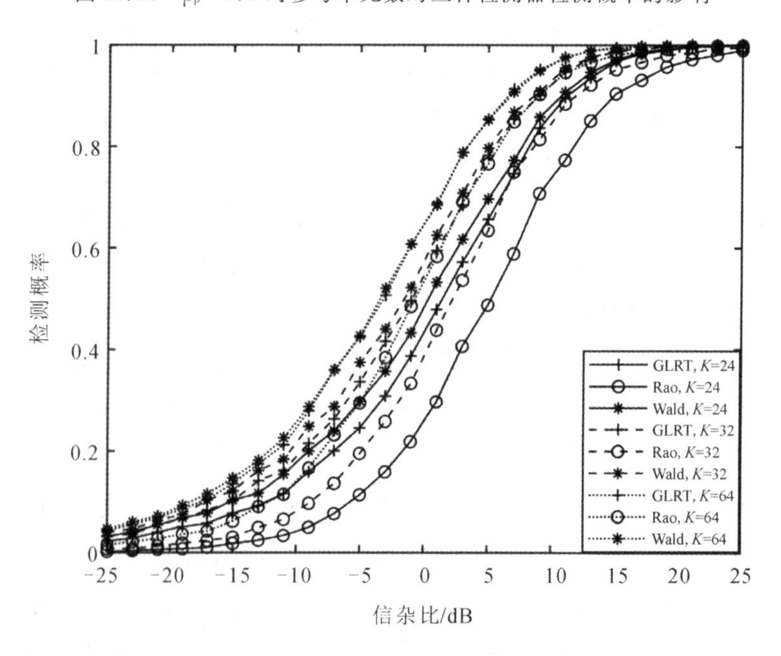


图 11.19 $\rho_{\mathrm{p}}=0$ 时参考单元数对三种检测器检测概率的影响

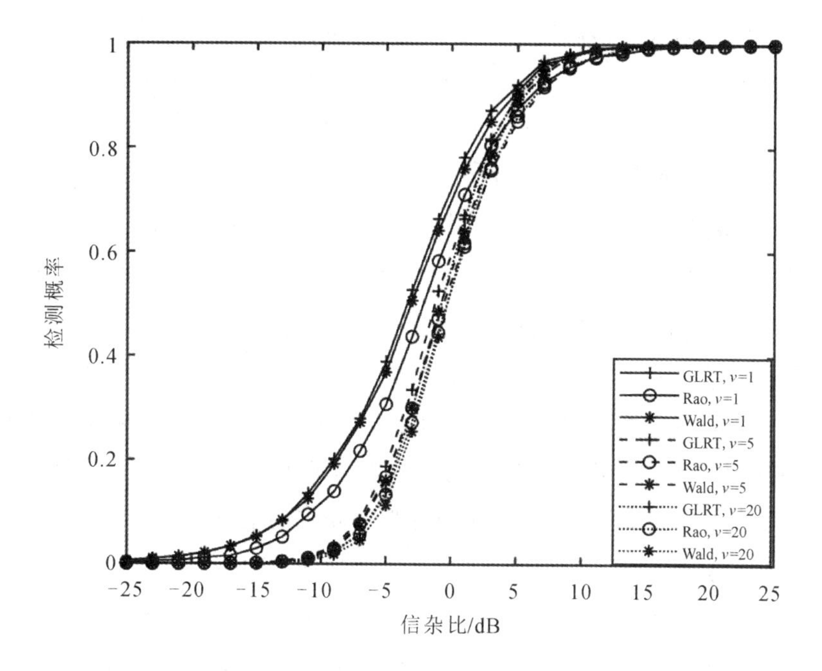


图 11.20 $\rho_{\mathrm{p}}=0.5$ 时形状参数对三种检测器检测概率的影响

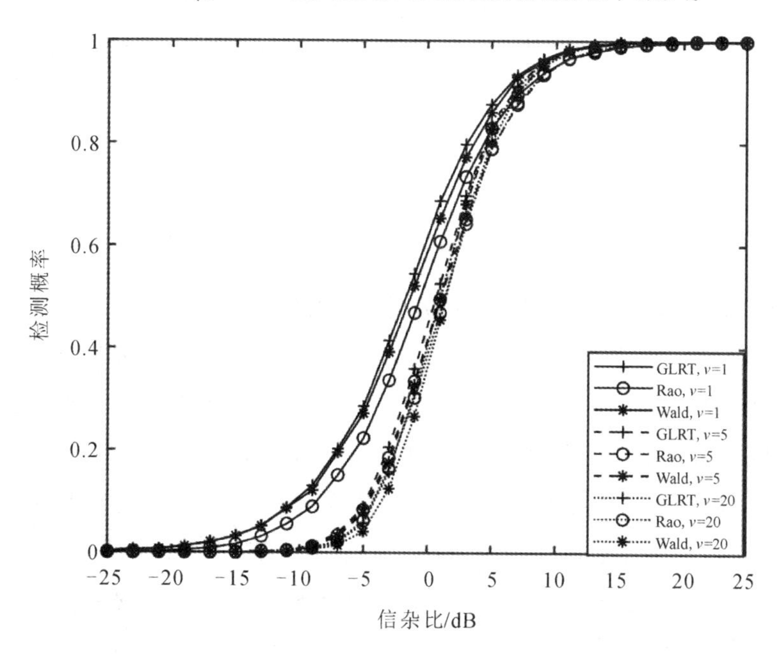


图 11.21 $\rho_{\mathrm{p}}=0$ 时形状参数对三种检测器检测概率的影响

除上文介绍的极化Rao检测器与极化Wald检测器外，为了解决非均匀杂波背景下检测器性能下降的问题，参考文献[11]提出了一种基于知识的自适应极化检测器，该检测器由基于极化知识的辅助数据选择算法和自适应极化检测器两部分组成，辅助数据选择算法用来剔除辅助数据中的异常点，在此操作之后回波数据的均匀性将得到增强。在该检测方法中，数据选择器从$K$组辅助数据中选择$K-M$组输入检测器中用于做杂波协方差矩阵估计并用于后续的检验统计量计算。仿真结果表明，在辅助数据选择之后杂波协方差矩阵的估计精度得到了提升，从而改善了自适应极化检测器的检测性能。

此外，参考文献[10]提出了一种不需要辅助数据的检测器，文中给出了一种新的目标模型。与前文介绍的自适应检测器不同的是，参考文献[10]中目标模型的参数代表了雷达的系统响应，包括天线阵列的导向向量和发射波形，极化检测器则使用GLRT进行推导。极化雷达需要在极化-时空联合域中处理接收到的信号，由于增加了极化通道，极化检测器相比于只处理单通道的检测器对辅助数据的数量大大增加。为了解决这一问题，参考文献[12]提出了一种用于极化阵列雷达的检测方法，该方法将杂波协方差矩阵分解为克罗内克积的结构，并基于该结构提出了对应的协方差矩阵估计方法。文献[12]给出的自适应子空间检测器的实验结果表明，这种估计方法较最大似然和归一化样本协方差矩阵的准确性有较大提升，在小样本情况下的检测概率要优于前面两种协方差矩阵估计方法。

# 本章小结

研究实测海杂波数据表明，利用多个极化通道的回波数据能够提升自适应检测器的检测性能。特别地，与仅使用HH或VV通道的检测器相比，将HV通道添加到两个同极化道中同时进行检测可以产生明显的检测性能提升。在交叉极化通道中，当目标比杂波的回波相对更弱时，只能得到较低的性能提升，但没有大的自适应损耗。

本章首先对极化体制雷达的目标检测问题进行介绍，建立了联合多极化回波信号进行检测时检测问题的模型。在高斯背景下，给出了扩展到多个通道的极化GLRT检测器，同时对其检测性能进行了分析，给出了检测概率和虚警概率的解析表达式，证明了所提出的检测器具有理想的CFAR属性。仿真实验表明，联合三个极化通道进行检测时，相比于双极化通道和单个通道有较明显的性能提升，但检测性能会受到目标和杂波极化特性的影响。随后，本章在极化协方差矩阵结构模型的基础上介绍了一种 GLRT 检测器，并给出了其检测性能的解析表达式，该检测器对辅助数据的依赖较小。在复合高斯杂波背景下，基于杂波高斯模型的检测器会产生明显的性能损失。为了解决检测方法失配的问题，本章引出了一种极化纹理无关的广义似然比检测器 TF-GLRT，用于非高斯杂波背景下的目标检测。TF-GLRT 联合两个极化通道的回波数据进行检测，仿真实验证明与单通道检测器相比，TF-GLRT 有较大的性能提升，表明了极化信息的利用可以有效提升检测性能。此外，本章还简要介绍了其他几种类型的极化检测器，包括基于 Rao 检验和 Wald 检验的检测器以及不需要辅助数据或需求量较少的自适应极化检测器等。

# 参考文献

[1] GIULI D. Polarization diversity in radars[J]. Proceedings of the IEEE, 1986, 74(2): 245-269.

[2] NOVAK L M, SECHTIN M B, CARDULLO M J. Studies of target detection algorithms that use polarimetric radar data[J]. IEEE Transactions on Aerospace and Electronic Systems, 1989, 25(2): 150-165.

[3] PARK H R, LI J, WANG H. Polarization-space-time domain generalized likelihood ratio detection of radar targets[J]. Signal Processing, 1995, 41(2): 153-164.

[4] PASTINA D, LOMBARDO P, BUCCIARELLI T. Adaptive polarimetric target detection with coherent radar Ⅰ: Detection against Gaussian background[J]. IEEE Transactions on Aerospace and Electronic Systems, 2001, 37(4): 1194-1206.

[5] DE MAIO A, RICCI G. A polarimetric adaptive matched filter[J]. Signal Processing, 2001, 81(12): 2583-2589.

[6] COLONE F, FILIPPINI F. Autoregressive model based polarimetric adaptive detection scheme part Ⅰ: Theoretical derivation and performance analysis[J]. IEEE Transactions on Aerospace and Electronic Systems, 2020, 56(5): 3762-3778.

[7] LOMBARDO P, PASTINA D, BUCCIARELLI T. Adaptive polarimetric target detection with coherent radar. Ⅱ. Detection against non-Gaussian background[J]. IEEE Transactions on Aerospace and Electronic Systems, 2001, 37(4): 1207-1220.

[8] DE MAIO A, ALFANO G. Polarimetric adaptive detection in non-Gaussian noise [J]. SIGNAL PROCESSING, 2003, 83(2): 297: 306.

[9] DE MAIO A, ALFANO G, CONTE E. Polarization diversity detection in compound-Gaussian clutter[J]. IEEE Transactions on Aerospace and Electronic Systems, 2004, 40 (1): 114 - 131.

[10] HURTADO M, NEHORAI A . Polarimetric detection of targets in heavy inhomogeneous clutter[J]. IEEE Transactions on Signal Processing, 2008, 56(4): 1349 - 1361.

[11] ZHAO Y, LI F. Knowledge-based adaptive polarimetric detection in heterogeneous clutter [J]. Journal of Systems Engineering and Electronics, 2014(3): 434 - 442.

[12] WANG Y, WEI X, HE Z, et al. Polarimetric detection in compound Gaussian clutter with kronecker structured covariance matrix[J]. IEEE Transactions on Signal Processing, 2017, 65(99): 4562 - 4576.

# 附录　英文缩略词中文对照

ARDTD(Adaptive Range Distributed Target Detector)　自适应距离分布式目标检测器

AMF(Adaptive Matched Filter)　自适应匹配滤波器

CAMLE(Constrained Approximate Maximum Likelihood Estimation)　约束渐进最大似然估计

CDF(Cumulative Distribution Function)　累积分布函数

CFAR(Constant False Alarm Rate)　恒虚警率

CNR(Clutter-to-Noise Ratio)　杂噪比

CPI(Coherent Processing Interval)　相干处理间隔

CSIR(Council for Scientific and Industrial Research)　科学与工业研究委员会

DND-OS(Doppler Frequency Components Number Dependent Order Statistics)　基于多普勒频率分量个数的顺序统计

ESPRIT(Estimating Signal Parameter via Rotational Invariance Techniques)　旋转不变技术估计信号参数

GLRT (Generally Likelihood Ratio Test)　广义似然比检验

GLRT-LTD(Generalized Likelihood Ratio Test-Linear Threshold Detector)　广义似然比检验线性门限检测器

IPIX(Ice Multiparameter Imaging X-Band Radar)　(探测)冰块 X 波段多参数成像雷达

LRT(Likelihood Ratio Test)　似然比检验

MAPE(Maximum A Posteriori Estimation)　最大后验估计

MC-OS(Multi-Channel Order Statistics)　多通道顺序统计量

MF(Matched Filter)　匹配滤波器

MTD(Moving Target Detector)　动目标检测

MTI(Moving Target Indication)　动目标显示

MUSIC(Multiple Signal Classification)　求根多重信号分类

NMF(Normalized Matched Filter) 归一化匹配滤波器

NSCM(Normalized Sample Covariance Matrix) 归一化样本协方差矩阵

OKD(Optimum K-distributed Detector) 最优 K 分布检测器

PD(Probability of Detection) 检测概率

PDF(Probability Density Function) 概率密度函数

PFA(Probability of False Alarm) 虚警概率

RCS(Radar Cross Section) 雷达截面积

SCM(Sample Covariance Matrix) 样本协方差矩阵

SCNR(Signal-to-Clutter-plus-Noise Ratio) 信杂噪比

SCR(Signal-to-Clutter Ratio) 信杂比

SIRV(Spherically Invariant Random Vector) 球不变随机向量

SNR(Signal-to-Noise Ratio) 信噪比